"好程序员成长"丛书

Python
快乐编程
——数据分析与实战

◎千锋教育高教产品研发部 / 编著

清华大学出版社
北京

内 容 简 介

本书以企业实际开发需求为依据，由浅入深地讲解技术知识。作者通过参考数百条企业发布的用人需求，精心整理，旨在解决企业用人需求的同时让读者对数据分析产生浓厚的兴趣，通过快乐学习的方式，达到高薪就业的目的。

全书共 11 章。前 5 章主要讲述 Python 在数据分析领域的应用与常用拓展库的使用，包括数据分析概述、IPython 的使用、NumPy 的使用、Pandas 的使用、Matplotlib 的使用；第 6～10 章主要讲述 Python 在数据分析领域的高级进阶操作，包括时间序列分析、数据处理的基本手段、基于文本的自然语言分析、Scikit-Learn 数据建模、数据可视化进阶；最后一章为实际案例，通过千锋教育的就业分析案例巩固前面所学内容。望读者勤加练习，早日成为技术全面的数据分析师。

本书主要面向数据分析小白、数据分析中级工程师等致力于数据分析方向的读者，包括高等院校及培训学校的老师和学生，是学习 Python 数据分析开发技术的必读之作。

图书在版编目（CIP）数据

Python 快乐编程. 数据分析与实战/千锋教育高教产品研发部编著. —北京：清华大学出版社，2021.3
(2022.8重印)
（"好程序员成长"丛书）
ISBN 978-7-302-56378-5

Ⅰ．①P…　Ⅱ．①千…　Ⅲ．①软件工具－程序设计　Ⅳ．①TP311.561

中国版本图书馆 CIP 数据核字（2020）第 166842 号

责任编辑：陈景辉　薛　阳
封面设计：胡耀文
责任校对：徐俊伟
责任印制：丛怀宇

出版发行：清华大学出版社
网　　　址：http://www.tup.com.cn，http://www.wqbook.com
地　　　址：北京清华大学学研大厦 A 座　　　　邮　　编：100084
社 总 机：010-83470000　　　　　　　　　　　邮　　购：010-62786544
投稿与读者服务：010-62776969，c-service@tup.tsinghua.edu.cn
质量反馈：010-62772015，zhiliang@tup.tsinghua.edu.cn
课件下载：http://www.tup.com.cn，010-83470236
印 装 者：三河市君旺印务有限公司
经　　销：全国新华书店
开　　本：185mm×260mm　　印　张：20　　　字　　数：470 千字
版　　次：2021 年 4 月第 1 版　　　　　　　　印　　次：2022 年 8 月第 3 次印刷
印　　数：2501～3500
定　　价：69.90 元

产品编号：084012-01

编委会

（排名不分先后）

前言

为什么要写这样一本书

当今的世界是知识爆炸的世界,科学技术与信息技术急速发展,新型技术层出不穷。但教材却不能将这些知识内容及时编入,导致教材的陈旧性与滞后性尤为突出;而且,在初学者还不会编写代码的情况下就开始讲解算法,这样只会吓跑初学者,让他难以入门。

IT 行业不仅需要理论知识,更需要实用型、技术过硬、综合能力强的人才,所以高校毕业生求职面临的第一道门槛就是技能与经验的考验,而学校往往只注重学生的基础教育和理论知识,忽略对学生实践能力的培养。

本书的理念和目标

为了解决上述问题,本书倡导快乐学习,实战就业。本书文字语言力求准确、通俗、易懂,在章节编排上力求循序渐进,在语法阐述上尽量避免术语和公式,从项目开发的实际需求入手,将理论知识与实际应用相结合,目的是让初学者能够快速成长为初级程序员,并拥有一定的项目开发经验,从而在职场中拥有一个坚实的起点。

千锋教育

前　言

在瞬息万变的 IT 时代,一群怀揣梦想的人创办了千锋教育,投身到 IT 培训行业。多年来,一批批有志青年加入千锋教育,为了梦想笃定前行。千锋教育秉承"用良心做教育"的理念,为培养顶级 IT 精英付出一切努力。为什么会有这样的梦想? 我们先来听一听用人企业和求职者的心声。

"现在符合企业需求的 IT 技术人才非常紧缺,这方面的优秀人才我们会像珍宝一样对待,可为什么至今没有需要的人才出现?"

"面试的时候,用人企业问我们能做什么、这个项目如何实现、需要多长的时间,我们当时都蒙了,回答不上来。"

"这已经是面试过的第 10 家公司了,如果再不行,是不是要考虑转行了? 难道大学都白学了?"

"这已经是参加面试的第 N 个求职者了,为什么都是计算机专业,但是问到项目如何实现时连设计思路都没有呢?"

这些问题并不是个别的,而是中国教育领域的普遍现象。高校的 IT 教育与企业的真实需求存在脱节,如果高校的相关课程仍然不进行更新,毕业生将面临难以就业的困境。许多用人单位表示,高校毕业生表面上知识丰富,但这些知识绝大多数在实际工作中派不上用场。针对上述问题,国务院也做出了关于加快发展现代职业教育的决定,而千锋教育所做的事情就是配合高校达成产学合作。

千锋教育在全国范围内拥有数十家分校、数百名讲师的团队;致力于打造 IT 职业教育全产业链人才服务平台,坚持"以教学为本"的方针,采用面对面教学;传授企业实用技能,教学大纲实时紧跟企业需求,拥有全国一体化的就业体系。千锋教育的价值观是"做真实的自己,用良心做教育"。

本书针对高校教师的服务

(1) 千锋教育基于多年的教育培训经验,精心设计了包含"教材＋授课资源＋考试系统＋测试题＋辅助案例"的教学资源包,节省教师的备课时间,缓解教师的教学压力,显著提高教学质量。

(2) 本书配备了千锋教育优秀讲师录制的教学视频,按照本书的知识结构体系部署到了教学辅助平台(扣丁学堂)上,可以作为教学资源使用,也可以作为备课参考。

高校教师如需索要配套教学资源,请扫描下方二维码,关注"扣丁学堂"微信公众号。

扣丁学堂

本书针对高校学生的服务

（1）学 IT 有疑问，就找千问千知。千问千知是一个有问必答的 IT 社区，平台上有专业的答疑辅导老师，承诺在工作时间 3 小时内答复学生在 IT 学习中遇到的专业问题。读者也可以扫描下方的二维码，关注"千问千知"微信公众号，浏览其他学生在学习中分享的问题和收获。

千问千知

（2）学习太枯燥，如果想了解其他学校的伙伴是怎样学习的，可以加入扣丁俱乐部。扣丁俱乐部是千锋教育联合各高校发起的公益计划，专门面向对 IT 感兴趣的大学生，提供免费的学习资源和问答服务，已有 30 万名学习者获益。

就业难，难就业，千锋教育让就业不再难！

关 于 本 书

本书既可作为高等院校本、专科计算机相关专业的数据分析入门教材，还包含千锋教育 Python 数据分析的全部课程内容，是一本适合广大计算机编程爱好者的优秀读物。

抢 红 包

读者如果需要本书的配套源代码、习题答案，请添加小千的 QQ 号或微信号 2133320438。

注意，小千会随时发放"助学金红包"。

致 谢

本书由千锋教育高教产品研发部组织编写，将千锋教育 Python 学科多年积累的实战案例进行整合，通过精雕细琢最终完成了本书。另外，多位院校老师参与了本书的部分编写与指导工作。除此之外，千锋教育五百多名学员参与到本书的试读工作中，他们站在初学者的角度对本书提出了许多宝贵的修改建议，在此一并表示衷心的感谢。

意 见 反 馈

在本书的编写过程中，虽然编者力求完美，但难免有不足之处，欢迎各界专家和读者朋友们给予宝贵意见。

千锋教育高教产品研发部

2021 年 3 月

目 录

第 1 章　数据分析概述 ·· 1

1.1　初步认识数据分析 ··· 1
1.2　数据分析的基本流程 ·· 2
1.3　Python 数据分析的工具 ·· 3
1.4　Jupyter Notebook 的基本使用 ··································· 4
　　1.4.1　下载与安装 ··· 5
　　1.4.2　功能界面 ·· 12
　　1.4.3　工作原理 ·· 14
　　1.4.4　基本使用 ·· 14
　　1.4.5　高级操作 ·· 16
小结 ·· 23
习题 ·· 24

第 2 章　IPython 的使用 ·· 25

2.1　IPython 基础 ·· 25
　　2.1.1　IPython 简介 ·· 25
　　2.1.2　IPython 使用技巧 ·· 26
　　2.1.3　IPython 魔术命令 ·· 28
2.2　IPython 中的开发工具 ··· 33
　　2.2.1　调试器 ··· 33
　　2.2.2　性能分析 ·· 35
小结 ·· 38
习题 ·· 38

第 3 章　NumPy 的使用 ··· 40

3.1　数组的使用 ·· 40
　　3.1.1　数组的创建 ·· 40
　　3.1.2　数组的属性 ·· 45
　　3.1.3　数组的运算 ·· 47

3.1.4　数组的索引 ·· 50

3.1.5　数组的变换 ·· 52

3.2　矩阵的使用 ·· 57

3.2.1　矩阵的创建 ·· 57

3.2.2　矩阵的合并 ·· 58

3.2.3　矩阵的运算 ·· 59

3.2.4　矩阵的属性 ·· 60

3.3　NumPy 实用技巧 ·· 61

3.3.1　通用函数的使用 ·· 61

3.3.2　数据的保存和读取 ·· 63

3.3.3　随机数生成 ·· 65

3.3.4　NumPy 与数据统计 ·· 66

小结 ·· 70

习题 ·· 70

第 4 章　Pandas 的使用 ·· 72

4.1　Pandas 的数据结构 ·· 72

4.1.1　Series 对象的创建 ·· 72

4.1.2　Series 对象的属性 ·· 74

4.1.3　DataFrame 对象的创建 ····································· 78

4.1.4　DataFrame 对象的属性 ····································· 80

4.2　Pandas 的索引对象 ·· 83

4.2.1　Series 索引的基本使用 ····································· 83

4.2.2　重建索引 ·· 85

4.2.3　索引的基本选取和过滤 ···································· 88

4.3　Pandas 的基本计算 ·· 91

4.3.1　算术运算和数据对齐 ······································ 91

4.3.2　自定义函数 ·· 95

4.3.3　排序 ·· 96

4.3.4　重复索引的基本使用 ······································ 97

4.4　Pandas 的统计功能 ·· 99

4.4.1　统计使用的基本函数 ······································ 99

4.4.2　常用统计方法 ·· 101

4.5　Pandas 的数据缺陷处理 ······································ 102

4.5.1　dropna 处理 Series 数据缺陷 ······························ 102

4.5.2　dropna 处理 DataFrame 数据缺陷 ··························· 103

4.5.3　fill 进行数据添加 ··· 103

4.6　Pandas 的层次化索引 ·· 104

　　4.6.1　基本创建 ·· 104

　　4.6.2　重排分级 ·· 106

　　4.6.3　根据级别进行汇报 ····································· 107

　　4.6.4　DataFrame 数据列的使用 ···························· 107

4.7　Pandas 的文件读取 ··· 108

　　4.7.1　读取/存储 Excel 文件 ································· 108

　　4.7.2　读取/存储 CSV 文件 ·································· 110

　　4.7.3　读写数据库 ··· 112

　　4.7.4　读取 HDF5 文件 ······································ 113

小结 ··· 113

习题 ··· 114

第 5 章　Matplotlib 的使用 ··· 116

5.1　Matplotlib 绘图流程 ··· 116

5.2　Matplotlib 基本使用 ··· 117

　　5.2.1　创建画布 ·· 117

　　5.2.2　添加子图 ·· 118

　　5.2.3　规定刻度与标签 ·· 120

　　5.2.4　添加图例 ·· 121

　　5.2.5　显示 ·· 123

5.3　Matplotlib 常用技巧 ··· 123

　　5.3.1　配置文件 ·· 124

　　5.3.2　rc 参数的基本配置 ····································· 125

　　5.3.3　中文显示配置 ··· 127

5.4　Matplotlib 基本图形 ··· 128

　　5.4.1　Matplotlib 绘制散点图 ································ 128

　　5.4.2　Matplotlib 绘制直方图 ································ 130

　　5.4.3　Matplotlib 绘制饼状图 ································ 131

　　5.4.4　Matplotlib 绘制折线图 ································ 133

　　5.4.5　Matplotlib 绘制箱型图 ································ 134

小结 ··· 136

习题 ··· 136

第 6 章　时间序列分析 ··· 138

6.1　时间对象——Timestamp ······································ 138

　　6.1.1　创建时间戳 ··· 138

　　6.1.2　指定与转换时区 ·· 139

　　6.1.3　最小时间/最大时间 ···································· 140

　　　6.1.4　常用属性 ……………………………………………………… 140

　6.2　时间对象——Period ………………………………………………… 141

　　　6.2.1　Period 对象的创建 ………………………………………… 141

　　　6.2.2　Period 对象的属性 ………………………………………… 142

　　　6.2.3　Period 对象的方法 ………………………………………… 143

　6.3　时间对象——Timedelta ……………………………………………… 145

　　　6.3.1　Timedelta 对象的创建 ……………………………………… 145

　　　6.3.2　Timedelta 对象的属性 ……………………………………… 146

　　　6.3.3　Timedelta 对象的方法 ……………………………………… 147

　　　6.3.4　时间间隔的基本运算 ………………………………………… 148

　6.4　DateTimeIndex 对象 ………………………………………………… 148

　　　6.4.1　DateTimeIndex 对象的创建 ………………………………… 148

　　　6.4.2　DateTimeIndex 对象的属性 ………………………………… 150

　　　6.4.3　DateTimeIndex 对象的方法 ………………………………… 154

　6.5　PeriodIndex 对象 …………………………………………………… 157

　　　6.5.1　PeriodIndex 对象的创建 …………………………………… 157

　　　6.5.2　PeriodIndex 对象的属性 …………………………………… 158

　　　6.5.3　PeriodIndex 对象的方法 …………………………………… 161

　6.6　TimedeltaIndex 对象 ………………………………………………… 161

　　　6.6.1　TimedeltaIndex 对象的创建 ………………………………… 161

　　　6.6.2　TimedeltaIndex 对象的属性 ………………………………… 162

　　　6.6.3　TimedeltaIndex 对象的方法 ………………………………… 163

　6.7　采样 …………………………………………………………………… 163

　　　6.7.1　采样的基本方法 ……………………………………………… 164

　　　6.7.2　降采样 ………………………………………………………… 166

　　　6.7.3　升采样 ………………………………………………………… 167

小结 …………………………………………………………………………… 167

习题 …………………………………………………………………………… 168

第 7 章　数据处理的基本手段 ……………………………………………… 171

　7.1　合并数据集 …………………………………………………………… 171

　　　7.1.1　主键合并数据 ………………………………………………… 171

　　　7.1.2　轴向数据合并 ………………………………………………… 174

　　　7.1.3　重叠数据的合并 ……………………………………………… 177

　　　7.1.4　索引键的合并 ………………………………………………… 178

　7.2　数据清洗 ……………………………………………………………… 180

　　　7.2.1　重复值的处理 ………………………………………………… 181

　　　7.2.2　异常值的处理 ………………………………………………… 184

7.2.3　缺失值的处理 ……………………………………………… 188

7.3　数据标准化 ……………………………………………………… 190

7.3.1　最小-最大标准化 ……………………………………… 190

7.3.2　Z-score 标准化 ………………………………………… 191

7.3.3　按小数定标标准化 ……………………………………… 192

7.4　数据类型的转换 ………………………………………………… 193

7.4.1　离散化连续数据 ………………………………………… 193

7.4.2　哑变量处理类型数据 …………………………………… 195

小结 ……………………………………………………………………… 197

习题 ……………………………………………………………………… 198

第 8 章　基于文本的自然语言分析 …………………………………… 201

8.1　基于文本的自然语言处理概述 ………………………………… 201

8.2　Jieba 基本介绍和使用 ………………………………………… 202

8.2.1　基本介绍 ………………………………………………… 202

8.2.2　安装 ……………………………………………………… 203

8.2.3　基本使用 ………………………………………………… 203

8.3　NLTK 的基本介绍和使用 ……………………………………… 210

8.3.1　NLTK 的基本介绍 ……………………………………… 210

8.3.2　NLTK 的安装 …………………………………………… 211

8.3.3　NLTK 基本使用 ………………………………………… 211

8.4　文本相似度 ……………………………………………………… 217

8.4.1　相似度分析 ……………………………………………… 217

8.4.2　基于 NLTK 的文本相似度分析 ………………………… 218

8.4.3　基于 Gensim 的文本相似度分析 ……………………… 220

8.5　情感分析 ………………………………………………………… 223

8.5.1　情感分析概述 …………………………………………… 223

8.5.2　基于朴素贝叶斯的分析 ………………………………… 224

8.5.3　基于情感词典的分析 …………………………………… 225

8.6　文本分类 ………………………………………………………… 226

小结 ……………………………………………………………………… 227

习题 ……………………………………………………………………… 228

第 9 章　Scikit-Learn 数据建模 …………………………………… 230

9.1　数据建模的基本概述 …………………………………………… 230

9.1.1　Scikit-Learn 的基本介绍 ……………………………… 230

9.1.2　数据建模的基本流程 …………………………………… 230

9.2　回归模型的应用与评价 ………………………………………… 236

9.2.1 回归模型的应用 ················· 236

9.2.2 回归模型的评价 ················· 237

9.2.3 回归模型的可视化 ··············· 240

9.3 聚类模型的应用与评价 ················· 241

9.3.1 聚类模型的创建 ················· 241

9.3.2 聚类模型的评价 ················· 243

9.3.3 聚类模型可视化 ················· 244

9.4 分类模型的应用与评价 ················· 245

9.4.1 创建分类模型 ··················· 245

9.4.2 分类模型的评价 ················· 247

小结 ································· 249

习题 ································· 250

第 10 章 数据可视化进阶 ················· 251

10.1 Seaborn ························· 251

10.1.1 安装 ······················· 251

10.1.2 可视化数据集 ················· 252

10.1.3 分类数据集 ··················· 256

10.2 Bokeh ·························· 261

10.2.1 安装 ······················· 262

10.2.2 柱状图 ····················· 262

10.2.3 散点图 ····················· 266

10.2.4 折线图 ····················· 269

10.2.5 时间轴 ····················· 270

10.3 Pyecharts ······················· 272

10.3.1 安装 ······················· 272

10.3.2 基本配置 ··················· 272

10.3.3 仪表图绘制 ················· 274

10.3.4 关系图 ····················· 277

10.3.5 平行坐标系 ················· 279

10.3.6 饼状图 ····················· 280

10.3.7 词云图 ····················· 282

10.3.8 地理地图 ··················· 283

10.4 空间可视化 ······················· 283

10.4.1 空间散点图 ··················· 283

10.4.2 空间柱状体 ··················· 285

小结 ································· 286

习题 ································· 286

第 11 章　数据分析案例——就业分析 ·· 288

　11.1　项目案例分析 ·· 288

　11.2　数据获取 ·· 288

　11.3　数据处理 ·· 295

　　　11.3.1　数据类型的转换 ·· 295

　　　11.3.2　去除重复值 ·· 296

　　　11.3.3　缺失值处理 ·· 296

　11.4　数据分析 ·· 297

　小结 ··· 303

XIII

目　录

第 1 章　数据分析概述

本章学习目标

- 了解数据分析的概念。
- 了解数据分析的分类。
- 了解数据分析的流程。
- 掌握 Python 数据分析环境的安装。
- 掌握 Jupyter Notebook 的基本使用。

自 1994 年我国正式接入互联网后,国内的互联网行业蓬勃发展,在网络中不断传递数据、共享数据。近期人工智能的兴起,又成为新一代互联网革命的开始。其中值得注意的是所有技术发展的前提都是要有足够价值的数据作为基础。随着网民活动的增强,网络数据也就越来越多,为了分析这些数据,出现了数据分析师的职位。本章将介绍数据分析基本知识,为步入数据分析领域的读者提供基础知识。

1.1　初步认识数据分析

视频讲解

在实际生产过程中会有大量的数据累积,为了提取数据中有价值的信息,通常会使用数据分析技术,提取其中有价值的信息。数据分析指通过一定的分析方法加工数据从而得到有价值信息的过程。例如,腾讯 QQ(以下简称 QQ)有一项功能,通过分析 QQ 账号通信列表中的好友互动频次,可以得到好友亲密度的特征值,通过此值可以大致判断此 QQ 账号交流频繁的 QQ 好友。

随着互联网与大众生活、生产的黏合度越来越高,互联网中数据不断叠加,数据分析越来越重要,在很多企业中设立了数据分析的岗位——数据分析师。企业需要数据分析师为公司描述用户画像以完善对应产品,使开发过程形成一个闭环,数据分析具体过程如图 1.1 所示。

接下来简单介绍数据分析师职位的主要技能。

数据分析师应该具有计算机科学的基本知识,能够使用计算机进行数据加工;还应具有基本的统计学知识,在生产中数据分析师手中的数据源一般是所研究问题周边化的数据,要想对研究的问题进行分析,都需要利用数学知识进行数据的概率化操作,数学知识是一名数据分析师的必备知识。另外,作为对应行业的数据分析师,还应具备从事对应行业的专业知识。

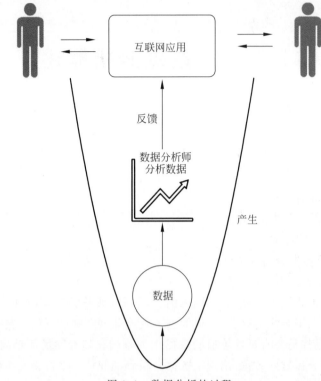

图 1.1　数据分析的过程

1.2　数据分析的基本流程

视频讲解

　　数据分析的基本流程如图 1.2 所示，包括需求分析、数据获取、数据预处理、分析建模、模型评价与优化、项目部署。

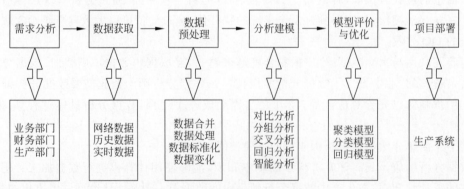

图 1.2　数据分析的基本流程

　　需求分析是实际中项目开发中的第一步，是分析问题、拆分问题的过程，通过需求分析能够让问题具体化，使开发者明确实现目标的每一步。在生活中解决问题的基本步骤也类似，例如，小千同学想买一部新手机，首先会进行问题分析，明确手机的品牌、型号、配置、预算、应用场景,经过对问题的具体分析后做出最后的决定。

数据获取是数据分析过程中最早接触数据的步骤,此步骤通过一些基本手段获取数据。数据分析师一般还可以承担部分爬虫工程师的工作,目前市场上比较抢手的爬虫工程师同时要具备数据分析的基本能力。数据分析师可以使用爬虫技术进行数据实时抓取,确保数据的有效性。对于一些实时性要求不高的数据,开发者可以通过文件导入的方式获取,一般使用.txt文件、.excel文件、.cvs文件、.json文件等,这些都是数据分析中常用的文件格式。

数据预处理是数据分析过程中重要的一步,数据预处理的好坏,关系到分析建模的效率。数据预处理过程可以大致分为数据合并、数据清洗、数据变换、数据标准化四个基本步骤。数据合并能够将数据进行简单归类,为分析数据创建好数据分类集;数据清洗可以将数据中的缺陷、错误数据等问题处理掉,最大程度地加大数据分析结果的准确度;数据变换可以将数据加工成建模时需要的形式,为数据建模做准备;通常数据标准化和数据变换作为同一步骤执行。

分析建模是数据分析的核心部分,通过模型可以研究数据中客观事物的规律,而模型就是这种规律的抽象,数据分析师可以通过异常值分析、对比分析、结构分析、分布分析等一系列分析方法将数据中的有用信息提取出来,最终进行相应的数据处理。

模型评价与优化则是对建立的模型的整体评估,可以通过一些基本指标进行模型评价,常用的分类模型指标有准确率、召回率、精准率、F1值(F1 value)等。不过对大多数回归模型的指标一般使用标准差、方差、均方差。模型优化要在实际生产中检测,如果模型开发不合理,就需要进行调参,甚至重构。

项目部署是指将数据分析的模型转换成代码,应用于项目实际开发。

1.3　Python 数据分析的工具

视频讲解

专业的数据分析师,通常使用R和Python进行混合编程,使用MATLAB进行建模分析和复杂的数学计算。本书主要讲述Python在数据分析领域的应用。

Python作为数据分析领域的主要开发语言有不少工具和优势,Python除了具有简单易用的特点外,主要优势在于能够满足快速开发的需求,能够实现数据在业务逻辑上的快速处理。Python为开发者提供了很多免费开源的库,其中有很多优秀的数据处理开源库,最常用的如IPython、NumPy、Pandas、Matplotlib、Scipy、Scikit-Learn等,接下来将对数据分析中常用的Python数据分析库进行简单的介绍,具体如表1.1所示。

表 1.1　常用的 Python 数据分析库

名　　称	特　　点
IPython	具有强大的交互式Shell;拥有Jupyter内核;具有交互式的数据可视化工具;具有可嵌入的解释器;具有高性能的并行计算工具
NumPy	具有快速高效的多维对象ndarray;具有对数组执行元素级计算以及直接对数组执行数学运算的函数;具有读写硬盘上基于数组的数据集的工具;可以用于线性代数运算、傅里叶变换及随机数生成;具有将C、C++代码集成到Python的工具

名　　称	特　　点
Pandas	兼具 NumPy 高性能的数组计算功能及电子表格和关系型数据库数据处理功能；具有复杂精细的索引功能；具有重塑、切片和切块、聚合以及选取数据子集等操作
Matplotlib	具有交互式图片绘制功能
Scikit-Learn	用于机器学习，是简单高效的数据挖掘和数据分析工具；开放源代码，可供商业使用；可在各种环境中重复使用

　　IPython 是 Python 科学计算标准工具集的组成部分，它将其他科学计算工具联系到一起，为交互式和探索式计算提供了一个强健而高效的环境。它是一个增强的 Python Shell，主要用于提高编写、测试、调试 Python 代码的速度，主要用于交互式数据处理和利用 Matplotlib 对数据进行可视化处理。

　　NumPy(Numerical Python)是 Python 科学计算的基础包，它提供了非常丰富的功能，具体如表 1.1 所示(不限于此)。NumPy 还可作为在算法之间传递数据的容器，对于数值型数据，NumPy 数组在存储和处理数据时比内置的 Python 数据结构高效，并且由低级语言(如 C 语言)编写的库可以直接操作 NumPy 数组中的数据，无须进行数据复制工作。

　　Pandas 提供了快速便捷处理结构化数据的大量数据结构与函数，它是使 Python 成为强大而高效的数据分析工具的重要因素之一。

　　Matplotlib 是用于绘制二维平面图表的 Python 第三方拓展库，该库可以绘制直方图、功率图、条形图等常用图表，是数据分析过程中常用的可视化工具库。

　　Scikit-Learn 是用于机器学习的 Python 第三方拓展库，该库可以用于数据分析过程中的数据建模环节。Scikit-Learn 中包含多种数据源，供开发者快捷调用。

　　上述讲解的 Python 库是在数据分析中可能会使用到的较为重要的 Python 库，本节内容只是为了让读者了解 Python 数据分析的内容，后续章节会详细介绍每一个库的功能及其使用。

1.4　Jupyter Notebook 的基本使用

　　大数据、人工智能时代的到来不断改变着人类的生活与生产，各种各样的人工智能产品层出不穷，无人驾驶、阿尔法狗机器人、小度机器人乃至苹果手机上的 Siri 都是智能类产品。2017 年，我国将人工智能写入政府工作报告，国务院同年发布了《新一代人工智能发展规划》，人工智能对国家发展，乃至国际中科研较量的重要性可见一斑。而人工智能的发展离不开数据，更离不开有效的数据分析。本章将介绍 Python 中 Jupyter Notebook 的相关知识。

　　Notebook 是唐纳德·克努特在 1984 年提出的"文艺编程"的一种形式，该形式旨在传播编程思想而非简单共享代码，强调告诉读代码的人代码编写者让计算机做了什么，而不是告诉计算机应该如何运行。Jupyter Notebook 于 2014 年为数据科学、科学计算、人工智能项目开发，因为兼容 40 种编程语言，具有共享笔记、交互式输出、大数据整合的特点而被广泛使用。由于 Jupyter Notebook 主要使用 Julia、Python、R 语言内核，后来更名为 Jupyter，在此之前也曾使用过 IPython Notebook 命名此工具。

本节将介绍 Jupyter Notebook 的基本使用，主要从该工具的安装、功能界面、运行原理、基本使用、高级操作几个方面进行介绍。学习完本节内容，读者可以通过反复练习掌握该工具的使用。

1.4.1 下载与安装

Jupyter Notebook 的安装有很多不同的方法，本书使用 Anaconda 工具进行安装，该安装方法非常适合初学者，首先介绍 Anaconda。

1. 简介

Anaconda 是一个开源的 Python 发行版本，可以看作 Python 的包管理工具，类似于 pip。其中包含 conda、Python 等一百八十多个科学包及其依赖项。由于包含的科学包数量较多，因此所占存储空间较大。1.3 节所讲的数据分析所需的 Python 库都包含在 Anaconda 中，接下来讲解 Anaconda 的下载与安装。

2. 下载

在浏览器中打开 Anaconda 官网，进入 Anaconda 下载首页，如图 1.3 所示。

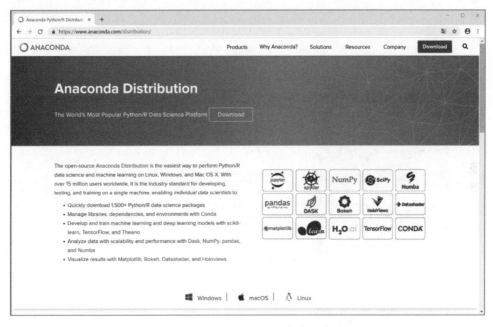

图 1.3　Anaconda 下载首页

单击图 1.3 中的 Windows 标志，进入 Anaconda 的 Windows 版本选择下载页，如图 1.4 所示。

在图 1.4 中，存在 Python 3.7 版本和 Python 2.7 版本，本书选择 Python 3.7 版本，并且选择其中 64-bit Graphical Installer，即 64 位的 Anaconda 进行下载。

3. 安装

下载好之后，找到 Anaconda3-2019.07-Windows-x86_64.exe 文件，双击安装。无须操作，等待一段时间后将出现安装欢迎页面，如图 1.5 所示。

数据分析概述

6

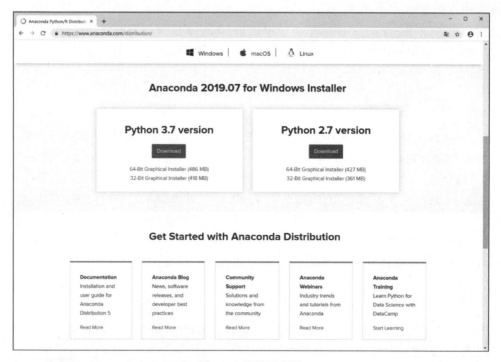

图 1.4　选择下载页

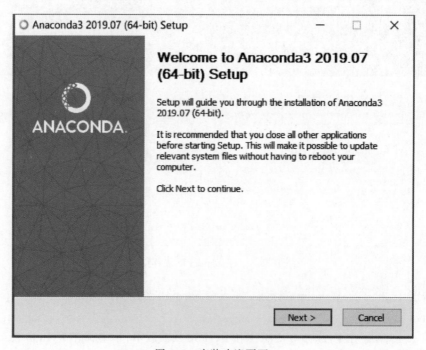

图 1.5　安装欢迎页面

单击图 1.5 中的 Next 按钮，进入安装协议页，如图 1.6 所示。

单击图 1.6 中的 I Agree 按钮，进入用户选择页面，如图 1.7 所示。

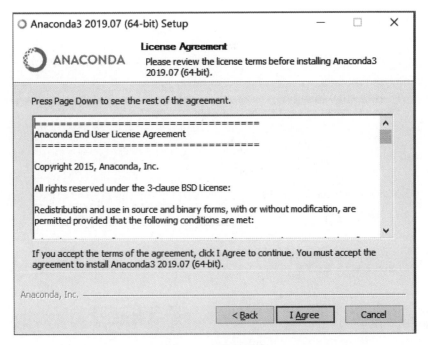

图 1.6　安装协议页

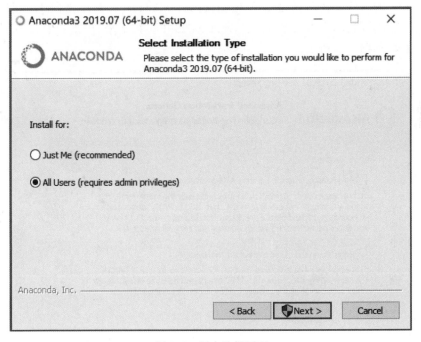

图 1.7　用户选择页面

　　在图 1.7 中有两个选项,一个是 Just Me 选项,意思是本软件只有自己(一个用户)使用;另一个是 All Users 选项,允许所有用户使用该软件。本书选择 All Users 单选按钮。接下来单击 Next 按钮,进入安装路径选择页,如图 1.8 所示。

数据分析概述

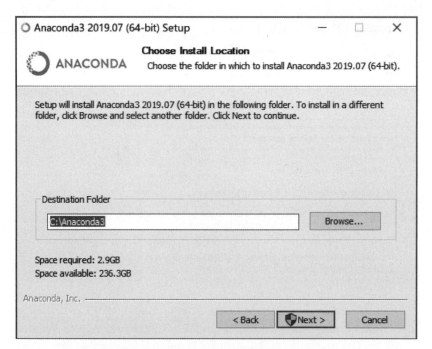

图 1.8　安装路径选择页

　　Anaconda 的默认安装路径是 C:\ProgramData\Anaconda3，单击图 1.8 中的 Browse 按钮可自定义安装路径，本书安装在 C:\Anaconda3 中。接下来，单击图中的 Next 按钮，进入安装选项页，如图 1.9 所示。

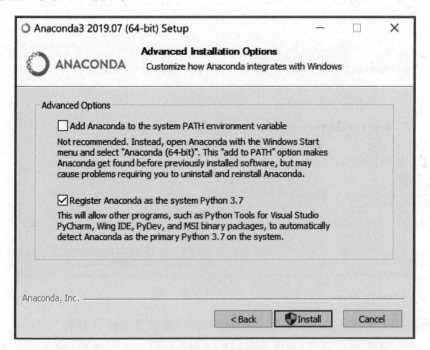

图 1.9　安装选项页面

在图 1.9 中有两个选项,第一个是"添加 Anaconda 到系统环境变量中",第二个是"注册 Anaconda 并使用 Python 3.7"。本书两个选项同时勾选。接下来单击 Install 按钮,进入安装页,如图 1.10 所示。

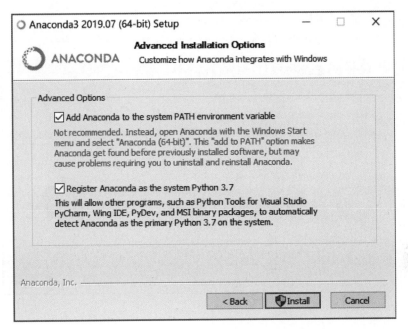

图 1.10　安装页

注意:安装时可能会出现黑窗口现象,这是安装过程中的正常现象,一段时间后会自动关闭。

接下来等待安装,安装完成界面如图 1.11 所示。

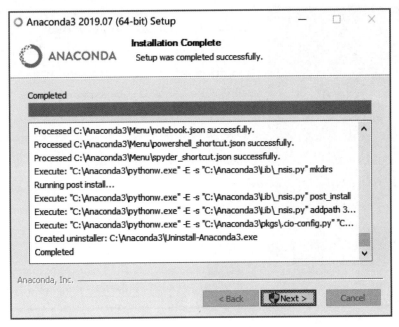

图 1.11　安装完成页

数据分析概述

单击图 1.11 中的 Next 按钮,进入 Anaconda 中的 PyCharm 介绍页,如图 1.12 所示。

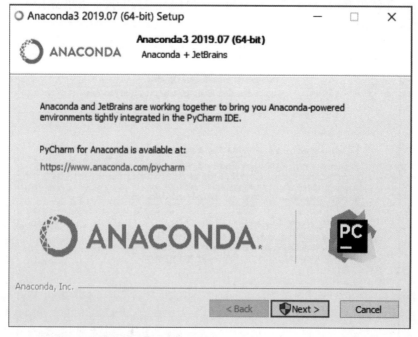

图 1.12　PyCharm 介绍页

在图 1.12 中,框内是安装 Visual Studio Code 的按钮,单击可直接安装,也可选择不安装。安装则等待安装完成,再单击 Skip 按钮。本书不安装 Visual Studio Code,直接单击 Skip 按钮,进入安装成功页,如图 1.13 所示。

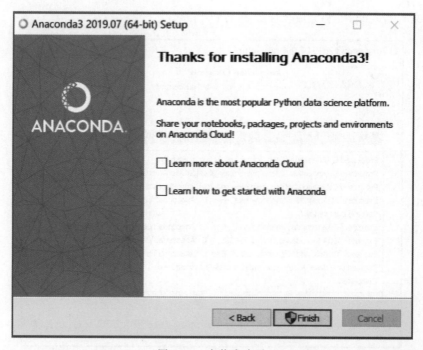

图 1.13　安装成功页

图 1.13 中两个选项是 Anaconda 的产品介绍,默认为勾选状态,本书不勾选。单击图 1.13 中的 Finish 按钮安装 Anaconda 成功。

4. 验证

整体安装步骤完成之后,需要再确认 Anaconda 是否可以使用。进入控制台,如图 1.14 所示。

图 1.14　控制台

输入 ipython 命令,执行结果如图 1.15 所示,即证明 Anaconda 可正常使用。

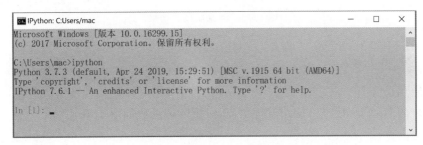

图 1.15　ipython 命令执行结果

5. 启动 Jupyter Notebook

开发者可以通过终端输入 Jupyter Notebook 命令启动 Jupyter Notebook 应用,Jupyter Notebook 命令执行结果如图 1.16 所示。

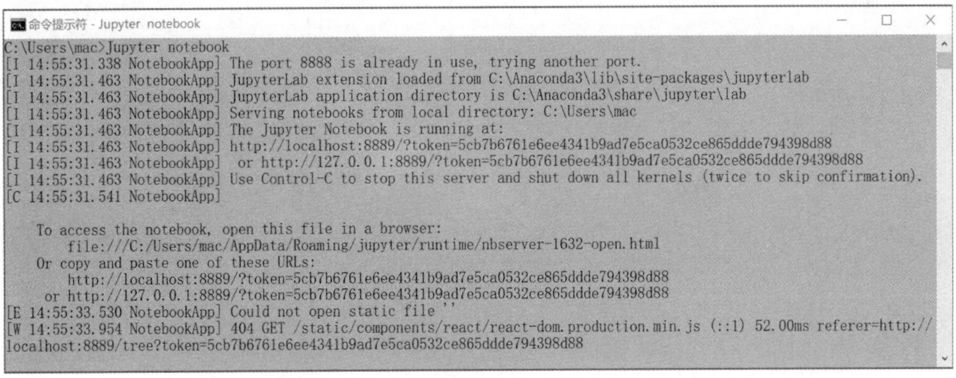

图 1.16　Jupyter Notebook 命令执行结果

运行成功之后自动跳转到默认浏览器,浏览器显示结果如图 1.17 所示。

在图 1.17 中,整个文件夹在 Jupyter Notebook 运行之后,可清楚地在浏览器中看到此文件夹下的所有文件并可进行相关操作。

数据分析概述

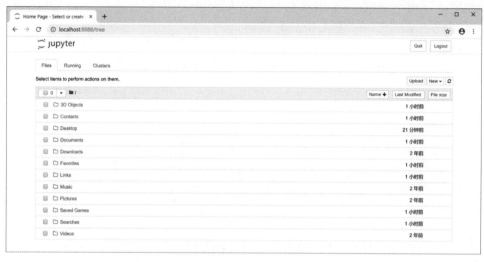

图 1.17　浏览器显示结果

视频讲解

1.4.2　功能界面

除了使用命令行方式启动 Jupyter Notebook 外，还可以使用快捷方式启动，开发者打开之前安装的 Anaconda 进入应用管理页面，应用管理页面如图 1.18 所示。

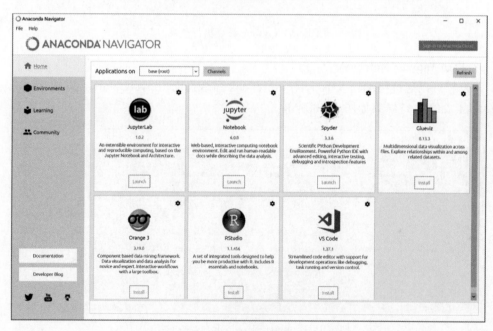

图 1.18　应用管理页面

通过图 1.18 可以看到，Anaconda 默认安装了 JupyterLab、Notebook、IPython、Spyder 等组件。本书只对 Jupyter Notebook 进行介绍。开发者通过单击 Launch 按钮启动 Jupyter Notebook 应用后进入主页面，Jupyter Notebook 主页面如图 1.19 所示。多次单击 Launch 按钮将会创建多个 Jupyter Notebook 实例，端口号由 8888 依次加 1，如启动单击两

次,第一个 Jupyter Notebook 实例的端口号默认为 8888,再次创建的 Jupyter Notebook 实例的端口号为 8889。

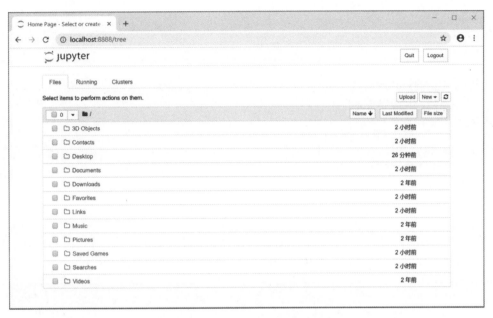

图 1.19 Jupyter Notebook 主页面

通过图 1.19 可以看到,启动后进入的默认页面,该页面中具有 Files、Running、Clusters 三个主要的选项卡。默认进入的是 Files 选项卡,该选项卡是进入的用户根目录,开发者可以通过单击右侧的 New 按钮进行新建文本文件(Text File)、文件夹(Folder)、终端(Terminal)、记事本(Notebook)。本书使用的是 Python 3.7 版本,所以图 1.20 中显示的是 Python 3,开发者也可以安装并创建 Python 2 内核版本文件。New 下拉菜单如图 1.20 所示。

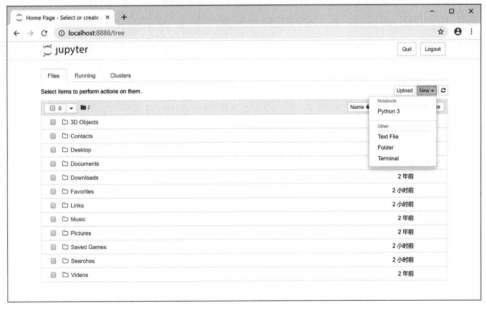

图 1.20 New 下拉菜单

数据分析概述

单击 Running 标签后可以看到正在运行的终端（Terminals）和记事本（Notebooks），如图 1.21 所示，开发者可以在此处管理所有正在运行的终端和笔记本。

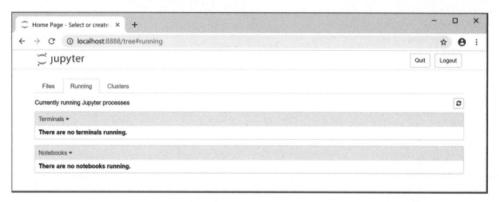

图 1.21　Running 选项卡

最后一个选项卡是 Clusters，该选项卡主要应用于集群开发和管理。单击该标签，进入如图 1.22 所示页面，可以看到要安装 IPython parallel 控制面板进行管理，本书并不涉及此内容。

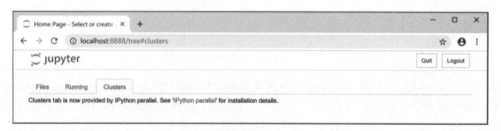

图 1.22　Clusters 选项卡

视频讲解

1.4.3　工作原理

了解 Jupyter Notebook 的运行原理可以帮助开发者更好地使用该工具，Jupyter Notebook 运行原理如图 1.23 所示，运行机制分为两部分，一部分是 Kernel（内核），主要负责运行代码，通过 ZeroMQ（一种通信中间件）和 Notebook Server（Notebook 服务器）通信，同时可以返回 Tab 补全信息，本书使用的是 Python 3 Kernel；另一部分是 Notebook Server，使用 Torando 框架搭建而成，具有高并发的特点。

开发者通过浏览器客户端与服务器交互，从而调用 Kernel 执行代码，Kernel 将执行结果返回给 Notebook Server，最终通过浏览器将执行结果展示给开发者。当开发者想要保存运行的代码时，Notebook Server 将使用.json 或者.ipynb 格式的文件进行保存，方便开发者之间进行文件共享。

视频讲解

1.4.4　基本使用

1. 创建新的记事本

开发者可以通过单击 Files 界面中的 New 按钮创建 Jupyter Notebook 文件（以后简称 Notebook），创建页面如图 1.24 所示。在"数据分析学习实践"文件夹中进行创建，单击 New 按钮选择 Python 3 内核进行创建。

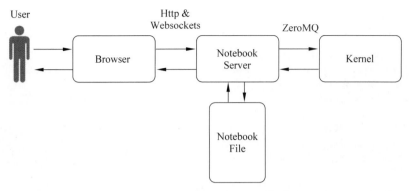

图 1.23　Jupyter Notebook 运行原理

图 1.24　创建页面

创建结果如图 1.25 所示。

图 1.25　创建结果

2. 运行代码

在单元格中填写如下代码,单击"运行"按钮,代码运行结果如图 1.26 所示。

```
print("欢迎来到千锋小课堂")
```

3. 停止代码

通过单击工具栏的中断服务或者选择 Kernel→Interrupt 命令停止代码运行。

图 1.26　代码运行结果

视频讲解

1.4.5　高级操作

1. Markdown

开发者可以使用 Markdown 进行单元格的注释。Jupyter Notebook 为方便开发者和社群中的其他人进行代码共享,同时对代码进行说明,囊括 Markdown 语法插件。具体代码如图 1.27 所示。

图 1.27　代码注释

下面从标题、列表、字体、表格、超链接、代码块几个方面对 Markdown 的基本使用进行说明。

1）标题

Markdown 语言的标题与 HTML 的标题等级相同,均分为 6 个等级。Markdown 使用"♯"号加空格标记等级,"♯"的个数为标题等级,一级标题字号最大,六级标题字号最小。标签编辑示例如图 1.28 所示。

图 1.28 为标签编辑示例,可以看到一级标题字体最大,字号大小呈递减趋势。单击"运行"按钮,标题展示结果如图 1.29 所示。

2）列表

Markdown 语法支持列表编辑,列表分为无序列表和有序列表,无序列表使用"＊""—""＋"进行编辑,有序列表使用数字和空格进行编辑,不同类型的元素块之间使用双空行进行声明。如有序列表和无序列表之间使用双空行。列表编辑示例如图 1.30 所示。

图 1.28　标题编辑示例

图 1.29　标题展示结果

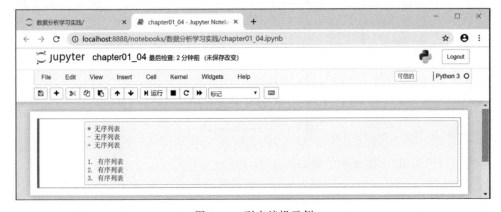

图 1.30　列表编辑示例

单击"运行"按钮,列表展示结果如图 1.31 所示。

图 1.31　列表展示结果

3）字体

Markdown 语法支持字体加粗和倾斜,加粗可以使用双下画线或者双星号声明,倾斜使用单下画线和单星号声明,若既要加粗又要倾斜则进行叠加即可。字体编辑示例如图 1.32所示。

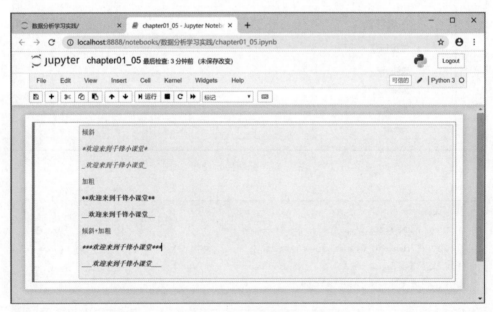

图 1.32　字体编辑示例

单击"运行"按钮,字体展示结果如图 1.33 所示。

4）表格

Markdown 语言支持表格编辑,通过"|"和"——"符号进行表格编辑,"|"用于进行列隔离,"——"用来进行表头声明。表格编辑示例如图 1.34 所示。

单击"运行"按钮后,表格展示结果如图 1.35 所示。

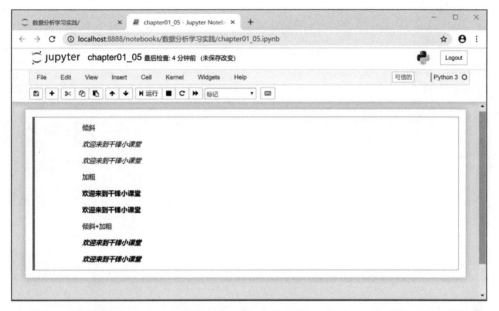

图 1.33　字体展示结果

图 1.34　表格编辑示例

图 1.35　表格展示结果

5）超链接

Markdown 支持超链接编辑，使用圆括号和方括号组合声明，方括号在前，用于内容说明；圆括号用于存放链接。链接编辑示例如图 1.36 所示。

图 1.36　链接编辑示例

单击"运行"按钮后，链接展示结果如图 1.37 所示。

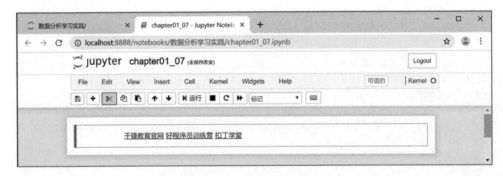

图 1.37　链接展示结果

6）代码块

Markdown 还支持代码块编辑，使用三个""""进行代码块声明。代码块编辑示例如图 1.38 所示编辑，注意要使用封闭声明。代码块展示结果如图 1.39 所示。

图 1.38　代码块编辑示例

图 1.39　代码块展示结果

2. 魔术指令

Jupyter Notebook 是基于 IPython 开发的项目,Jupyter Notebook 能够像 IPython 那样使用魔术命令行。

1) 通过 %timeit 指令查看平均运行时间

开发者可以通过 %timeit 魔术方法进行代码运行时间的测量,该魔术方法通过多次运行取平均值的方式进行测量,%timeit 时间测量结果如图 1.40 所示。此魔术方法的缺点是测量不够准确,会受到计算机内存中运行的程序的影响,如果想要准确测量,需要计算程序的运行周期。

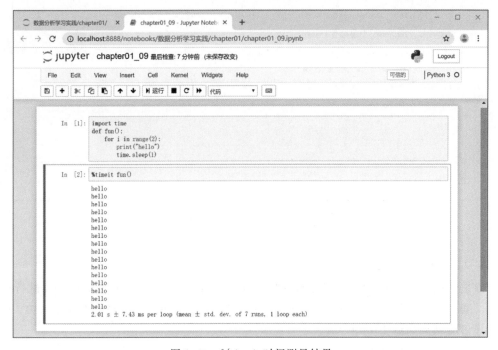

图 1.40　%timeit 时间测量结果

2) 使用 %time 测试代码运行时间

此魔术方法用于测量代码的运行时间,只测量本次运行时间,具有比较大的测量误差。%time 时间测量结果如图 1.41 所示。

图 1.41　%time 时间测量结果

3）使用%pdb 调试代码

%pdb 方法用于调试运行代码，会返回给用户代码运行的实际情况。%pdb 方法代码调试结果如图 1.42 所示。

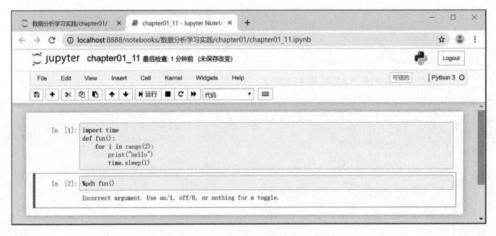

图 1.42　%pdb 方法代码调试结果

3. 导出功能与共享

导出功能是 Jupyter Notebook 的主要特点，开发者可以通过多种文档的形式进行代码共享。通过单击 File→Download as 命令导出文件，导出文件操作如图 1.43 所示。

导出的结果如图 1.44 所示。

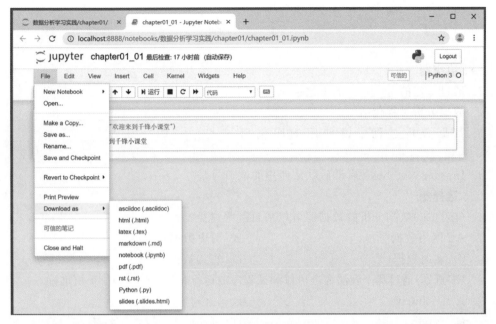

图 1.43　导出文件操作

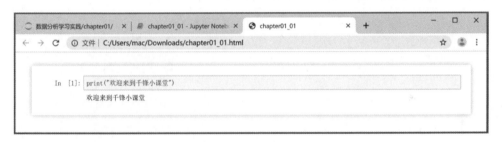

图 1.44　导出的结果

小　　结

大数据与人工智能时代的到来促进了数据分析行业的发展,本章可以为读者投身数据分析行业提供基础知识。数据分析是在大量数据中提取信息的过程。数据分析师不仅需要按照需求分析、数据获取、数据预处理、分析建模、模型评价与优化、项目部署步骤分析数据,还要掌握如 Jupyter Notebook 在数据分析中经常使用的开发工具。

本章主要介绍了数据分析相关基本概念,阐述了作为一名合格的数据分析师应该具有的职业素养。1.4 节从 Jupyter Notebook 的安装、界面的构成、基本使用和高级操作四个方面进行数据分析工具的介绍,望读者学完本章后勤加练习,早日为数据分析行业贡献自己的力量。

习　题

一、填空题

1. 通过一定的_____加工数据从而得到有_____的_____。

2. 数据分析过程包括_____、_____、_____、_____、_____和_____。

3. 数据分析过程中常使用的库包括_____、_____、_____、_____、_____和_____。

4. Jupyter Notebook 启动后默认使用的端口号是_____。

二、选择题

1. (多选题)数据分析的数据源可以来自哪些途径?(　　)

　　A. 网络数据　　　　　　　　　　B. 历史数据

　　C. 实时数据　　　　　　　　　　D. 直接数据

2. (多选题)通过哪个魔法命令可以测试程序的运行时间?(　　)哪个更准确?(　　)

　　A. %timeit　　　　　　　　　　B. %time

　　C. %pdb　　　　　　　　　　　 D. %run

三、简答题

想一想数据分析在实际生活中的应用,请至少举出 3 个例子。

第2章 IPython 的使用

本章学习目标

- 掌握 IPython 的魔术命令。
- 掌握 IPython 的开发工具。

Python 作为编程语言的后起之秀，有着十分完善的生态，无论是在科学计算领域、计算视觉领域、机器识别领域、人工智能领域都有着得天独厚的优势。现代企业利用 Python 敏捷开发的特点制造产品以达到快速占领市场的目的。IPython 是 Python 敏捷特点的杰出代表，学习本章内容将提高 Python 编程者生产效率，加深读者对 IPython 开发环境的理解。

2.1 IPython 基础

视频讲解

2.1.1 IPython 简介

IPython 是 Python 的一个交互式 Shell，比默认的 Python Shell 更方便，具有自动补全、自动缩进、运行 Bash 命令等功能，内置了许多强大的函数。IPython 遵守 BSD(Berkeley Software Distribution)协议，并且 IPython 为交互式计算提供了丰富的架构。

Anaconda 环境中自带 IPython，开发者无须安装，可以在终端内编写如下命令调用 IPython 环境。

```
$ ipython    # 不区分大小写
```

输入上述命令后进入 IPython 运行结果界面，如图 2.1 所示。

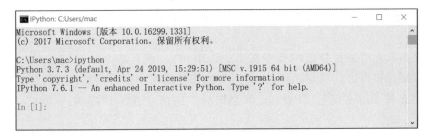

图 2.1 IPython 运行结果

进入 IPython 环境后，开发者可以输入如下代码进行测试。

```
print("Hello IPython!")
```

运行结果如图 2.2 所示。

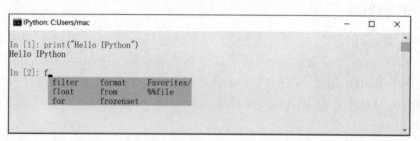

图 2.2　运行结果

视频讲解

2.1.2　IPython 使用技巧

2.1.1 节对 IPython 做了基本介绍,本节将从 IPython 的自动补全、内省、中断执行和快捷键四个方面讲述 IPython 的使用技巧。

1. 自动补全

自动补全功能,指开发者在输入一个标识符的部分内容时,提供下拉菜单自动推荐相关常用标识符,供用户选择以快速输入的一项功能。IPython 同时提供了该功能,如在 IPython 中输入"f"字符,按 Tab 键后的终端显示窗口如图 2.3 所示。

图 2.3　按 Tab 键后的终端显示窗口

从图 2.3 可以看出,当输入"f"字符并按下 Tab 键后,终端中就会出现以该字母开头的变量,然后通过键盘上的方向键寻找到所需内容,并按 Enter 键即可选择对应的字符。

2. 内省

内省是指开发者通过特定的指令输入,使 IPython 进行内部信息查找并反馈的功能。当开发者对某标识符的信息不明确时,可以在标识符的前面或后面加上问号("?")进行查询操作。开发者按 Enter 键后,IPython 将会把对应的信息显示在终端内,具体内省结果如图 2.4 所示。

通过图 2.4 可以看出,开发者借助 IPython 的内省功能查阅自定义 a 变量的相关信息,如 a 的数据类型、父类名等相关信息。

IPython 中还提供了 info()函数用于查看对象的相关信息。如查看 Pandas 中 DataFrame 对象的基本信息,开发者可以在 IPython 中创建如下代码。

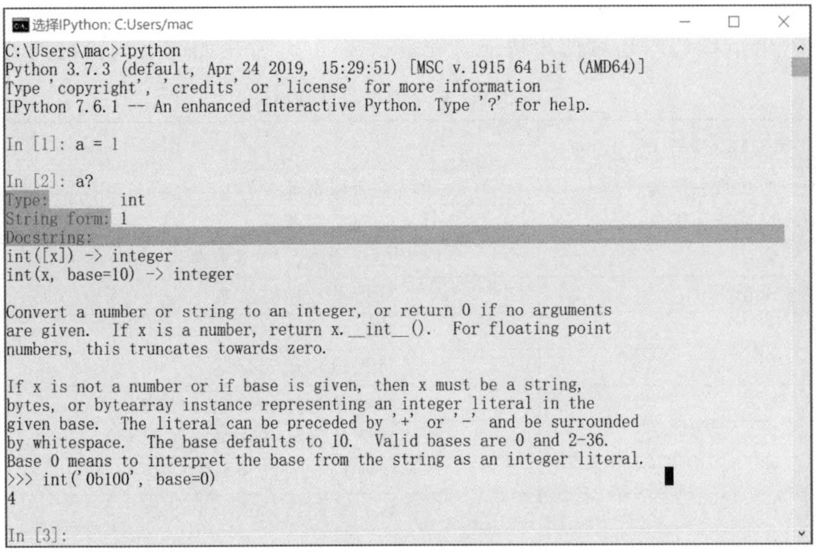

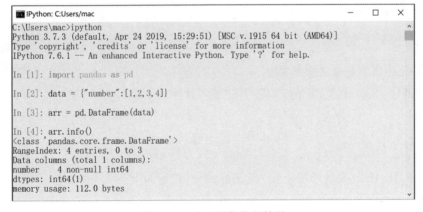

图 2.4 内省结果

```
import pandas as pd
data  = {"number":[1,2,3,4]}
arr = pd.DataFrame(data)
arr.info()
```

注意：关于 Pandas 的使用将在第 4 章说明。

info()函数执行结果具体如图 2.5 所示。

图 2.5 info()函数执行结果

通过 info()函数,可以看出该对象的类型、子对象的索引编号、数据列、数据值大小、内存使用大小等相关参数。

3. 中断执行

需要中断正在运行的代码时,可以使用 Ctrl+C 快捷键引发一个 KeyboardInterrupt,除一些特殊的情况外,绝大部分 Python 程序会立即停止执行。

4. 快捷键

使用 IPython 编码时还可使用快捷键完成所需操作,常用的键盘快捷键如表 2.1 所示。

表 2.1　常用的键盘快捷键

快　捷　键	作　　用
Ctrl＋P 或向上箭头	后向搜索命令
Ctrl＋N 或向下箭头	前向搜索命令
Ctrl＋R	按行读取反向历史搜索(部分匹配)
Ctrl＋Shift＋V	从剪贴板粘贴文本
Ctrl＋A	将光标移动到行首
Ctrl＋E	将光标移动到行尾
Ctrl＋K	删除从光标开始至行尾的文本
Ctrl＋U	清除从光标开始至行首的文本
Ctrl＋F	将光标向前移动一个字符
Ctrl＋B	将光标向后移动一个字符
Ctrl＋L	清屏

编码时灵活使用键盘快捷键可达到事半功倍的效果。

视频讲解

2.1.3　IPython 魔术命令

IPython 之所以比默认的 Python Shell 交互性更强、更方便,是因为 IPython 中包含很多魔术命令,本节将讲述常用的魔术命令。

1. ％run 命令

在 IPython 会话环境中,所有文件都可以通过％run 命令运行对应的程序。在 IPython 终端中输入如下指令,可以运行对应的文件。

```
In[xx]: % run 文件名
```

注意:文件名应包含文件的路径。

首先,创建 chapter02_01.py 文件,其中编写代码如下。

```
list = [i for i in range(100) if i % 2 == 0]
print(lst)
```

然后,在 IPython 会话环境下输入％run 命令,代码如下。

```
% run 文件路径 + chapter02_01.py
```

注意:本书使用的文件路径为 C:\Users\mac\数据分析学习实践\chapter02\chapter02_01.py。

上述代码实现了将 100 以内的偶数输出,使用％run 命令执行单个 Python 文件,具体运行结果如图 2.6 所示。

2. ％time 与％timeit 命令

％timeit 与％time 命令可快速测量代码运行时间。二者的不同之处在于％time 用于

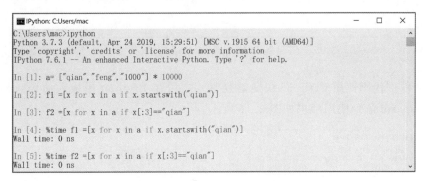

图 2.6　运行结果

测量代码的单次运行时间,而%timeit用于测量代码的平均运行时间。下面通过代码进行说明。

首先,打开终端输入ipython命令调出IPython交互环境,在终端中输入如下代码。

```
a = ["qian","feng","1000"] * 10000
f1 = [x for x in a if x.startswith("qian")]
f2 = [x for x in a if x[:3] == "qian"]
```

通过肉眼观察可以看出数据瞬间生成。

然后,使用魔术命令进行代码运行时间测试,需要在IPython环境中输入如下代码。

```
%time f1 = [x for x in a if x.startswith("qian")]
%time f2 = [x for x in a if x[:3] == "qian"]
```

测量单次运行时间结果如图2.7所示。

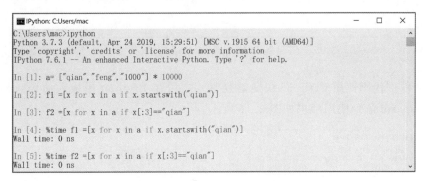

图 2.7　测量单次运行时间结果

通过上述代码可以看出,两次的运行结果不同,第一次运行时间为0ns,第二次运行时间为0ns。(注意:每次运行时间不一定相同。)

最后,使用%timeit测量代码的平均运行时间。开发者可以在终端中输入如下代码。

```
%timeit f1 = [x for x in a if x.startswith("qian")]
%timeit f2 = [x for x in a if x[:3] == "qian"]
```

测量平均运行时间结果如图2.8所示。

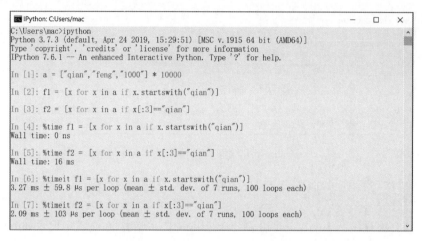

图 2.8　测量平均运行时间结果

通过上述代码可以看出，测试 f1、f2 均为运行 7 次取平均值获取的数据，f1 平均运行时间为 3.27ms，f2 平均运行时间为 2.09ms。（注意：由于计算机不同，每次运行的时间也不一定相同。）

3. %paste 命令

%paste 命令能够将剪贴板中复制的代码直接粘贴到 IPython 中并自动执行。例如，在记事本文件中编写了一段代码，如图 2.9 所示。

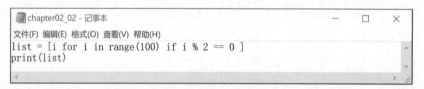

图 2.9　记事本中代码

现将文件中代码使用 Ctrl＋C 快捷键复制。之后在 IPython 中输入命令%paste 并按Enter 键，%paste 命令使用结果如图 2.10 所示。

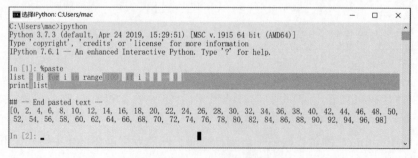

图 2.10　%paste 命令使用结果

4. %cpaste 命令

%cpaste 命令与%paste 命令类似，也是粘贴文本，有所不同的是，%cpaste 命令在输入后会出现提示信息，%cpaste 命令提示信息如图 2.11 所示。

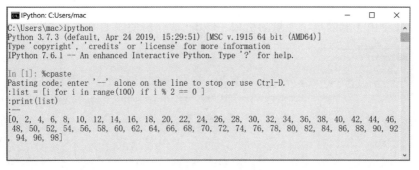

图 2.11   %cpaste 命令提示信息

图 2.11 中的提示信息意思是可不断粘贴代码到 IPython 中,直到输入"——"并按 Enter 键或使用 Ctrl+D 快捷键结束粘贴。粘贴过程如图 2.11 所示。将所有需粘贴的代码粘贴完成后,输入"——"并按 Enter 键。

注意:在粘贴过程中,若遇到粘贴代码出现错误,想直接终止程序,可使用 Ctrl+C 快捷键提前终止%cpaste 命令的执行。

5. %reset 命令

%reset 命令用于删除 interactive 命名空间(用于存储 Python 的变量和名称的空间)中全部的变量名。%reset 命令的使用如图 2.12 所示。

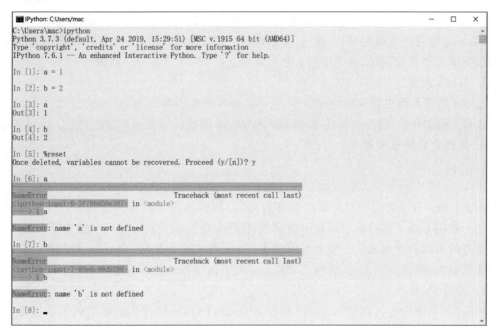

图 2.12   %reset 命令的使用

在图 2.12 中,程序定义了变量 a 和 b,并可直接输出变量 a 和 b 的值。当执行了%reset 命令并输入"y"(表示同意删除变量)后,再输出变量 a 和 b 程序直接报错,说明%reset 命令已经将变量删除。

6. %xdel 命令

%xdel 命令用于删除单个变量的引用。%xdel 命令的使用如图 2.13 所示。

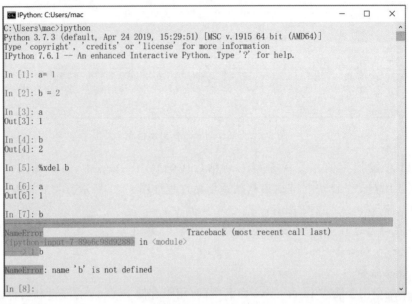

图 2.13　%xdel 命令的使用

在图 2.13 中,定义了两个变量 a、b,并分别赋值为 1、2 两个整数,在使用%xdel 命令之前,变量 a、b 均可正常调用,但当使用%xdel 命令删除变量 b 之后,再调用变量 a 正常输出 1,调用变量 b 则直接报错,说明变量 b 已被删除。

7. %hist 命令

%hist 是查看历史输入指令的命令。%hist 命令的使用如图 2.14 所示。

执行%hist 命令,然后直接按 Enter 键,IPython 直接将历史命令输出,如图 2.14 所示。

8. 其他常见的魔术命令

1) %pdb 命令

IPython 带有一个强大的调试器。无论何时控制台抛出一个异常,开发者可以使用%debug 魔术命令在异常点启动调试器。接着,可以调试模式下访问所有的本地变量和整个栈回溯。使用 u 或 d 进行向上或向下访问栈,使用 q 退出调试器。在调试器中输入"?"可以查看所有的可用命令列表。开发者可以使用%pdb 魔术命令激活 IPython 调试器,这样,每当异常抛出时,调试器就会自动运行。(注意:关于调试器的使用将在 2.2 节中说明。)

2) %pylab 命令

%pylab 魔术命令可以使 NumPy 和 Matplotlib 中的科学计算功能生效。该命令能够让开发者控制台进行交互式计算和动态绘图。

3) %logstart 命令

%logstart 命令可以开启 IPython 日志。该命令的使用格式为"%logstart [logname [logmodel]]",其中,"[]"中的内容为可选,logname 是日志的保存路径,logmodel 是日志模式。

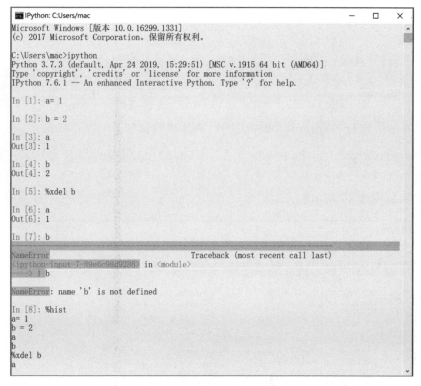

图 2.14　％hist 命令的使用

4）％magic 命令

％magic 命令是查看魔术命令，执行％magic 命令可直接显示所有魔术命令的详细文档。

5）％quickref 命令

显示 IPython 的快速参考。

2.2　IPython 中的开发工具

IPython 不仅具有基本 Shell 功能，并且集成并升级了 Python 内置的 pdb 调试器。针对代码的运行速率，IPython 还提供了简单易用的代码运行时间及性能分析工具，本节将详细介绍 IPython 中的开发工具。

2.2.1　调试器

视频讲解

IPython 中的调试器加强了 Python 中自带的 pdb 调试器，例如，语法高亮、Tab 自动补全、添加上下文参考等。IPython 中提供了％debug 魔术命令用于调用调试器，并直接跳转到引发异常的栈帧。下面通过代码说明。

首先，可以在 chapter02_02.py 文件中编写如下代码，用来引发异常。具体代码如下。

第
2
章

IPython 的使用

```
def sumAB(a,b):
    sum = a + b
    return sum
a = int(input("请输入整数 a:"))
c = int(input("请输入整数 b:"))
print(sumAB(a,b))
```

通过 IPython 运行 chapter02_02.py 文件,具体代码如下。

```
In[X]: run 文件路径 + chapter02_02.py
```

运行结果如图 2.15 所示。

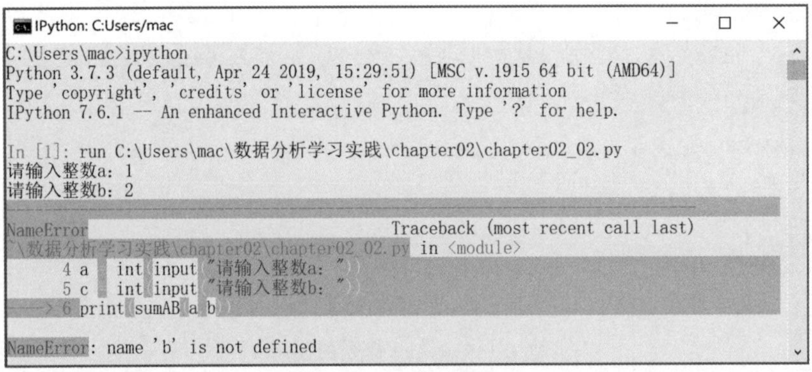

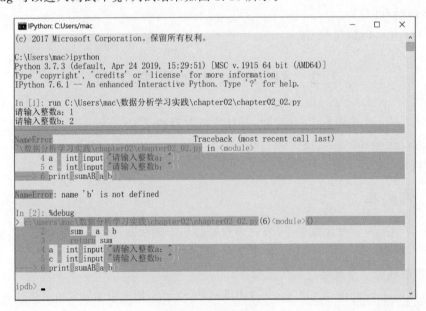

图 2.15　运行结果

通过图 2.15 可以看出,chapter02_02.py 脚本运行报错,开发者在 IPython 命令行中输入%debug 可以进入调试环境,调试结果如图 2.16 所示。

图 2.16　调试结果

在图 2.16 中,开始标志已经从"In[ ]:"变为"ipdb>",说明已进入调试器环境。

运行程序时还可设置断点实现单步调度,其中包含的操作如下。

- %run -d[文件名]:设置断点方式运行文件。
- 命令 s:进入脚本。
- 命令 b 2:在第 2 行设置断点。
- 命令 c:继续运行程序直到遇到断点。
- 命令 n:运行下一行。

若遇到 exception 抛出 throws_an_exception,可以使用如下命令调试。

- ipdb>s:以单步调试方法进入 exception 所在行。
- ipdb>! a:在变量 a 前加! 查看变量内容。

调试器其他命令如表 2.2 所示。

表 2.2　调试器命令

命　　令	功　　能
h(elp)	显示命令列表
help command	显示 command 的文档
c(ontinue)	恢复程序的执行
q(uit)	退出调试器,不再执行任何代码
b(reak) number	在当前文件的第 number 行设置断点
b path/to/file.py: number	在指定文件的第 number 行设置断点
s(tep)	单步进入函数调用
n(ext)	执行当前行并前进到当前级别的下一行
u(p)/d(own)	在函数调用栈中向上或向下移动
a(rgs)	显示当前函数的参数
debug statement	在新的(递归)调试器中调用语句 statement
l(ist) statement	显示当前行以及当前栈级别上的上下文参考代码
w(here)	打印当前位置的完整栈跟踪(包括上下文参考代码)

2.2.2　性能分析

代码性能是代码运行效率的主要参考指标。IPython 提供了性能分析模块 cProfile,该模块在程序执行时会记录程序中各函数执行所耗费的时间。cProfile 多使用于命令行中,最终将执行整个程序并输出代码的执行时间,下面将通过代码进行说明。

视频讲解

首先,将下面的代码保存至 chapter02_03.py 文件中,具体代码如下。

```
import numpy as np
from numpy.linalg import eigvals
def xrange(x):
    return iter(range(x))
def run_experiment(niter = 200):
    K = 200
    results = []
    for _ in xrange(niter):
        mat = np.random.randn(K, K)
```

```
        max_eigenvalue = np.abs(eigvals(mat)).max()
        results.append(max_eigenvalue)
    return results
some_results = run_experiment()
print ('Largest one we saw: % s' % np.max(some_results))
```

然后,使用如下命令运行该文件,具体命令如下。

```
python - m cProfile chapter02_03.py
```

注意:应将终端切换至 chapter02_03.py 文件所在文件夹。

cProfile 执行结果如图 2.17 所示。

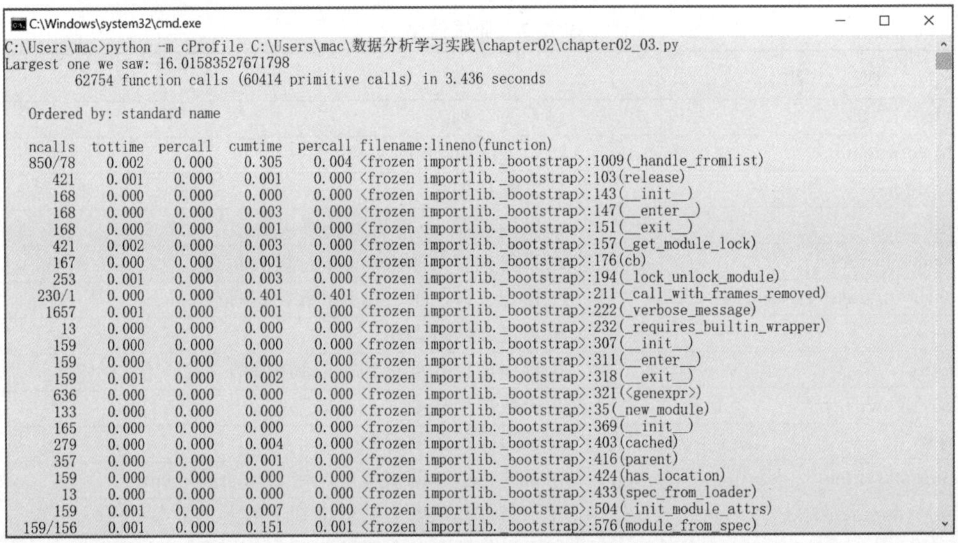

图 2.17　cProfile 执行结果

图 2.17 中展示了一部分输出结果,通过结果可以看出各函数在此次执行过程中所耗费的总时间(cumtime),cProfile 记录的是各函数从调用开始到结束的时间,不考虑调用期间是否调用其他函数,即调用其他函数时也不会停止计时,并计算总时间。

注意:上述运行无法直观地知道耗费时间最多的函数,若要更直观地查看时间,可以使用命令"python -m cProfile -s cumulative chapter02_03.py"。此命令是以 cumulative time 为基准进行排序输出,因此可以清楚地查看耗费时间由高到低的函数,cumulative time 执行结果如图 2.18 所示。

有时通过上述基本性能分析所得到的信息不足以说明函数的执行时间,对于此情况可使用 line_profiler 库实现性能的分析。IPython 提供了魔术命令％lprun,可对一个或多个函数进行逐行的性能分析。若想使用魔术命令％lprun,需要进行相关操作,具体如下。

1. 安装 line_profiler 库

开发者可以使用命令"conda install line_profiler"安装 line_profiler 库。

注意:不推荐使用 pip 进行安装。

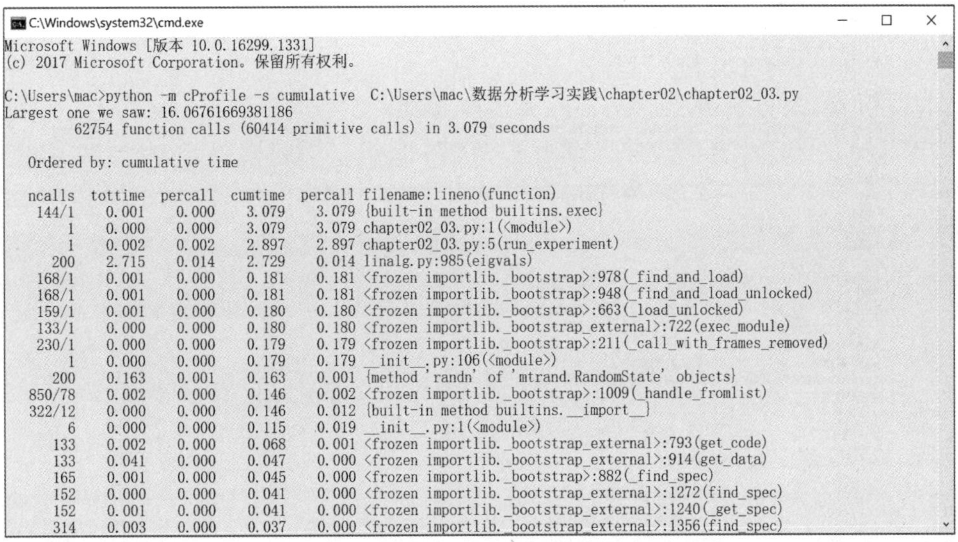

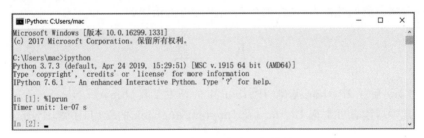

图 2.18　cumulative time 命令执行结果

2. 修改配置文件

由于 line_profiler 属于扩展文件，因此需要在配置文件（ipython_config. py）中添加下列内容，具体代码如下。

```
c. TerminalIPythonApp. extensions = ['line_profiler']
```

若系统中没有配置文件，则使用命令"ipython profile create 文件名称"创建配置文件，若没有指定文件名称，则默认创建名为"ipython_config. py"的配置文件。

3. 检测是否配置成功

输入%lprun 命令，运行结果如图 2.19 所示。

图 2.19　%lprun 命令运行结果

图 2.19 显示结果证明%lprun 命令已可正常使用，接下来使用%lprun 命令执行 chapter02_03. py 中的 run_experiment()函数，%lprun 命令执行结果如图 2.20 所示。

从图 2.20 中可以清晰看出，chapter02_03. py 文件中 run_experiment()函数每一行代码执行的时间，方便分析各行语句的性能。图 2.20 只分析了 run_experiment()这一个函数，其实%lprun 命令还可分析多个函数，其通用格式如下。

```
% lprun - f func1 - f func2 statement_to_profile
```

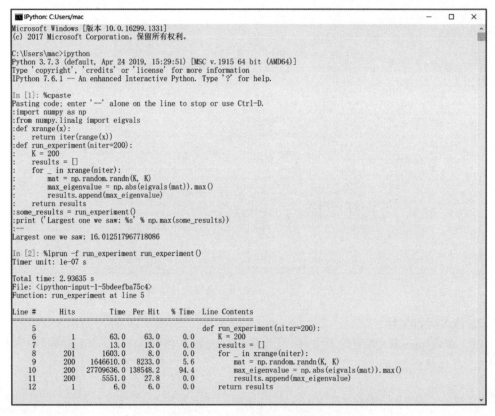

图 2.20　%lprun 命令执行结果

注意：参数 func1、func2 为被分析的函数名。

在分析程序性能时，可以使用%lprun 命令做微观性能分析，在使用%lprun 时，由于 %lprun 是将函数中每一行代码都进行分析，整体开销都会偏大，因此需要显式指明待测试的函数名，否则会造成开销大，使性能分析结果不被人信服。

小　　结

本章主要讲解了 IPython 基础、IPython 中的开发工具、Jupyter Notebook 三部分内容，通过本章的学习，读者可掌握 IPython 及 Jupyter Notebook 的使用，了解 IPython 中的其他开发工具。

习　　题

一、填空题

1. IPython 支 持 _____、_____、_____，内置了许多强大的 _____ 和 _____。

2. IPython 中可以通过 _____ 键进行快捷补全。

3. 用于测试代码运行时间的魔术命令是 _____ 和 _____。

4. IPython 调试器可以使用_____命令进行调用。

5. IPython 中提供了_____模块用于代码分析。

二、选择题

1. (多选题)启动 IPython 交互界面的命令是(　　)。

　　A. ipython　　　　　　B. Ipython　　　　　　C. IPython　　　　　　D. IPYTHON

2. IPython 终止正在运行的代码可以通过(　　)快捷键实现。

　　A. Ctrl+C　　　　　　B. Ctrl+A　　　　　　C. Ctrl+D　　　　　　D. Ctrl+B

3. 魔术命令中用于开启 IPython 日志的是(　　)。

　　A. %log　　　　　　　B. %Pylab　　　　　　C. %logstart　　　　　D. %debug

4. (多选题)有关 IPython 中调试器说法正确的是(　　)。

　　A. 基于 pdb 设计而成

　　B. 能够支持按行调试

　　C. pdb 中的调试命令 s 可以调用单步调试

　　D. w 命令用于打印部分栈跟踪

三、判断题

1. IPython 基于 BDS 协议开发。(　　)

2. IPython 键盘快捷键中可以使用 Ctrl+R 读取反向历史搜索。(　　)

3. %rundbg 为 IPython 中运行 dbg 的魔术命令。(　　)

4. 调试器不能用于多行调试。(　　)

四、简答题

1. IPython 的特点有哪些?

2. 常用的魔术命令有哪些?

第3章 NumPy 的使用

本章学习目标

- 掌握数组的使用。
- 掌握矩阵的运算。
- 掌握通用函数的使用。
- 掌握随机数模块的使用。
- 掌握数据的保存和读取。
- 掌握 NumPy 的数据统计方法。

NumPy 是 Python 语言的一个扩展程序库,支持大量的维度数组和矩阵运算。NumPy 还是一个运算速度非常快的数学库,具有强大的数组广播能力与整合 C/C++/FORTRAN 代码的工具,同时有线性代数、傅里叶变换、随机数生成等功能。本章将详细讲述 NumPy 的基本使用。

3.1 数组的使用

本节将从数组的创建、属性、运算、索引操作与形状变换等方面对数组做基本的介绍。

3.1.1 数组的创建

视频讲解

NumPy 最重要的特点是它具有 n 维数组对象 ndarray,该对象中的元素为一系列同类型(同质)的数据,其中元素的索引从 0 开始。ndarray 数组中的每一个元素在内存中都具有相同大小的存储区域。NumPy 数组对象的基本数据结构如图 3.1 所示。

数组对象的数据结构包括数组的类型、维度、形状、内存跨度、实际数据等相关参数。其中,数据类型用于说明数组中元素的数据类型;数组维度用于说明存储数组的维度参数;数组的形状用于说明数组行数和列数;数组的内存跨度用于计算数组的大小;数组的实际数据用于存储数组的元素。

NumPy 中的数组对象具有同质、存储快捷、易于处理、操作简单和支持数据向量化处理的特点,也正是因为以上特点,使 NumPy 成为数据分析师的工作利器。本节将介绍数组的创建方式,具体方式如表 3.1 所示。

表 3.1 数组对象的创建方式

创建函数	说　　明
array(object)	最基本的创建方式,参数 object 可迭代对象
arange(start,stop,step)	规定起始值、终止值与步长且不包括终止值

创建函数	说　　明
linspace(start,stop,n)	规定起始值、终止值与元素个数
logspace(start,stop,n)	创建以 10 为底的等比数列：起始值为 $10^{start} \sim 10^{stop}$ 的 n 个数据的集合
zeros(n)	创建包含 n 个 0 的数组(n 为(x,y)时，创建 x 行 y 列的全 0 数组)
eye(n)	创建 n 行 n 列的数组，且数组的对角线元素为 1，其他元素为 0
diag(args)	创建对角线元素为 args 的数组，大小为 args 中的元素个数，其他元素为 0
ones(n)	创建包含 n 个 1 的数组(n 为(x,y)时，创建 x 行 y 列的全 1 数组)
empty(n)	创建包含 n 个未初始化元素的数组(n 为(x,y)时，创建 x 行 y 列的未初始化元素的数组)

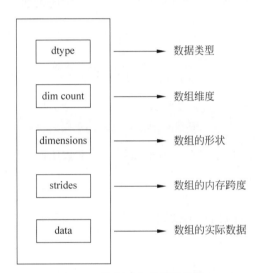

图 3.1　数组对象的数据结构

表 3.1 中列举了数组的创建方式，下面将进行详细讲述。

1. array 创建一维数组

array 类的具体形式如下。

```
numpy. array(object,dtype = None,copy = True,order = 'K',subok = False,ndmin = 0)
```

使用 array 创建数组的具体形式如上述代码，其中，参数 object 为类数组对象(可以是列表、元组、集合，以下统称对象)，该接口会返回一个数组对象；参数 dtype 可以指定数据类型，此参数将在数组的性质中讲解，其他参数本书并不涉及。使用 array 创建数组的具体代码如下。

```
In [1]: import numpy as np        # 导入 numpy 库,并创建别名
In [2]: list_1 = [1,2,3,4]        # 函数的基本使用
In [3]: arr_1 = np.array(list_1)  # 将 Python 列表进行创建
In [4]: arr_1
Out[4]: array([1,2,3,4])
```

运行结果如图 3.2 所示。

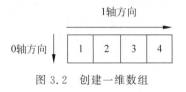

图 3.2　创建一维数组

由图 3.2 可以看出,使用 array 创建一个横向为 1 轴,纵向为 0 轴包含 4 个元素的数组(后面章节将会详细讲述有关轴的概念)。

2. array 创建多维数组

在创建数组时可以使用嵌套对象创建多维数组,具体代码如下。

```
In [5]: list_2 = [[1,2,3],[4,5,6]]        ♯ 定义嵌套列表
In [6]: arr_2 = np.array(list_2)          ♯ 创建数组
In [7]: arr_2                             ♯ 查看 arr_2 数组
Out[7]:
array([[1, 2, 3],
      [4, 5, 6]])
```

通过上述结果可以看出,创建多维数组和创建一维数组同样方便,开发者向 array 类传入不同的参数而改变数组形状。

3. arange 创建数组

NumPy 为了丰富数组的创建形式,提供了 arange()函数用于步进式(等差式)创建数组,该函数的具体形式如下。

```
numpy.arange([start,?]stop,?[step,?]dtype = None)
```

通过上述代码可知,arange()函数中参数 start 与 step 为可选参数,若只有一个参数,默认该参数为 stop(终止值),具体代码如下。

```
In [8]: arr_3 = np.arange(1,10,2)         ♯ 左闭右开 步进为 2
In [9]: arr_3
Out[9]: array([1, 3, 5, 7, 9])
```

4. linspace 创建数组

在 NumPy 中还提供了一个 linspace()函数用于步进式创建数组。linspace()函数与 arange()函数的区别在于 linspace()函数直接控制指定范围中的数据个数,间接控制步进值;而 arange()函数直接控制步进值,间接控制对应范围中的数据个数。linspace()函数的具体形式如下。

```
numpy.linspace(start,stop,num = 50,endpoint = True,retstep = False,dtype = None,
axis = 0)
```

通过上述代码可以看出,linspace()函数默认创建[start,stop]区间内均匀间隔的 50 个

数组数据。num 参数为默认在此区间中的数据个数。当 endpoint 为 True 时,默认可以包含 stop 边界值;当为 False 时,不包含 stop 边界值(其他参数本节不涉及)。使用 linspace()函数创建数组,具体代码如下。

```
In [10]: arr_4 = np.linspace(1,10,3)      # 全闭
In [11]: arr_4
Out[11]: array([1., 5.5, 10.])
```

通过上述代码可以看出,linspace()函数在[1,10]区间中生成了 1,5.5,10 这样的等差数列。

5. logspace 创建数组

logspace()函数与 linspace()函数类似,只是 start 与 stop 参数指代的数学参数不同,在 linspace()函数中两个参数指代的是闭区间的边界值;而在 logspace()函数中,指代的是以 10 为底的边界值的指数参数,该函数的具体形式如下。

```
numpy.logspace(start,stop,num = 50,endpoint = True,base = 10.0,dtype = None,axis = 0)
```

通过上述代码可知,logspace()函数默认在[10^{start},10^{stop}]区间内生成一个包含 50 个元素的等差数列,其他参数不再复述,具体代码如下。

```
In [12]: arr_5 = np.logspace(0,2,10)      # 全闭
In [13]: arr_5
Out[13]:
array([ 1.        , 1.66810054, 2.7825594, 4.64158883,
        7.74263683, 12.91549665, 21.5443469, 35.93813664,
        59.94842503, 100.        ])
```

6. eye 创建数组

在实际开发中,经常会使用对角线全 1 的数组,NumPy 同样为开发者考虑到了此类情况,提供了 eye()函数用于创建对角线全 1 数组,该函数的具体形式如下。

```
numpy.eye(N, M = None, k = 0, dtype = < class 'float'>, order = 'C')
```

通过上述代码可以看出,该函数包含若干参数,其中,参数 N 为数组行数,参数 M 为列参数,参数 M 默认为 None。若开发者不指定参数 N,eyes()函数将默认行数与列数同为 N 值。参数 k 为对角线选项,当 k 值为正数时指上对角线,k 值为负数时指下对角线。参数 order 为排序风格,默认使用行排序,具体代码如下。

```
In [14]: arr_6 = np.eye(4)
In [15]: arr_6
Out[15]:
array([[1., 0., 0., 0.],
       [0., 1., 0., 0.],
       [0., 0., 1., 0.],
       [0., 0., 0., 1.]])
```

通过上述代码可以看出,通过 eye()函数可以方便地创建对角线全 1 的数组。

7. diag 创建数组

NumPy 中提供了 diag()函数用于创建对角线数组,具体形式如下。

```
numpy.diag(v)
```

上述代码中,diag()函数的参数 v 是对象参数,该对象可以是列表、元组、集合。当 v 对象为一维对象时,生成的结果是以该对象为对角线的多维数组;当 v 对象为一个 n 维对象时,生成的结果是该多维对象转换成数组后的对角线数据。此处仅列举第一种情况,具体代码如下。

```
In [16]: arr_7 = np.diag([1,2,3])
In [17]: arr_7
Out[17]:
array([[1,0,0],
       [0,2,0],
       [0,0,3]])
```

通过上述代码可以看出,参数为一维对象时,结果是以该对象为对角线的矩阵。

8. zeros/ones 创建数组

zeros()函数与 ones()函数同为 NumPy 中用于快捷创建数组的函数,二者的不同之处在于 ones()函数创建全 1 数组,zeros()函数创建全 0 数组,函数的具体形式如下。

```
numpy.zeros(shape, dtype = float, order = 'C')
numpy.ones(shape, dtype = None, order = 'C')
```

通过上述代码可以看出,两个函数参数全部相同。其中,参数 shape 为元组形式的参数,例如,(M,N)指的是 M 行 N 列,其他参数不再重复讲解,具体代码如下。

```
In [18]: np.zeros(10)          # 创建具有 10 个元素的全 0 数组
Out[18]: array([0., 0., 0., 0., 0., 0., 0., 0., 0., 0.])
In [19]: np.ones(10)           # 创建具有 10 个元素的全 1 数组
Out[19]: array([1., 1., 1., 1., 1., 1., 1., 1., 1., 1.])
```

9. empty 创建数组

empty()函数用于创建空值(未初始化)数组,具体形式如下。

```
numpy.empty(shape, dtype = float, order = 'C')
```

此处参数不再重复讲解,具体代码如下。

```
In [20]: np.empty(20)
Out[20]:
array([2.68156159e + 154, 2.68156159e + 154, 5.43472210e - 323, 0.00000000e + 000,
       0.00000000e + 000, 0.00000000e + 000, 2.30651711e - 314, 2.24831013e - 314,
       2.24837675e - 314, 2.23404354e - 314, 2.23404227e - 314, 2.24890211e - 314,
```

$$2.30619069e-314, 2.24883092e-314, 2.23578244e-314, 0.00000000e+000,$$
$$0.00000000e+000, 0.00000000e+000, 0.00000000e+000, 0.00000000e+000])$$

创建后发现 np 并非是空值,这是因为 empty 创建的是未经过初始化的系统值。注意:由于计算机的运行状态不同,每次结果不一定相同。

3.1.2 数组的属性

视频讲解

数组在 NumPy 中作为一个重要的数据结构有着十分重要的地位。实际开发中,数组的属性的基本使用能大大提高开发者的生产效率。

1. 数组的属性

数组的属性主要包含类型、大小、形状、维度数等,本节将详细介绍数组属性的相关操作。数组的属性具体如表 3.2 所示。

表 3.2　数组的属性

属　　性	属 性 含 义
arr.dtype	arr 数组的元素类型(data-type 类型)
arr.size	arr 数组的大小(元素的总个数,int 类型)
arr.shape	arr 数组的形状(n 行 m 列,tuple 类型)
arr.itemsize	arr 数组中元素的字节数(单位为 B)
arr.ndim	arr 数组的维数(返回数组的维数,int 类型)

2. 查看属性

数组的属性可以通过“.”运算查看,具体代码如下。

```
In [1]: import numpy as np
In [2]: list_3 = [1,2,3]              # 函数的基本使用
In [3]: arr_8 = np.array(list_3)      # 创建 Python 列表
In [4]: arr_8.ndim                    # 查看维度属性
Out[4]: 1
In [5]: arr_8.shape                   # 查看数组类型
Out[5]: (3,)
In [6]: arr_8.dtype                   # 查看数组数据类型
Out[6]: dtype('int64')
```

上述代码通过“.”运算查看了数据的属性,能够帮助开发者快速地了解该对象的基本特点。

3. 数据类型及类型转换

NumPy 中的类型是延续了 Python 中的类型转换的便捷方式,通过调用强制转换函数进行类型更改。NumPy 中的数据类型如表 3.3 所示。

表 3.3　数据类型

类　　型	描　　述
bool	布尔数
int	所在平台决定的整数

NumPy 的使用

类　　型	描　　述
int8	有符号整数,范围是 $-2^7 \sim 2^7-1$
int16	有符号整数,范围是 $-2^{15} \sim 2^{15}-1$
int32	有符号整数,范围是 $-2^{31} \sim 2^{31}-1$
int64	有符号整数,范围是 $-2^{63}-1 \sim 2^{63}-1$
uint8	无符号整数,范围是 $0 \sim 2^8-1$
uint16	无符号整数,范围是 $0 \sim 2^{16}-1$
uint32	无符号整数,范围是 $0 \sim 2^{32}-1$
uint64	无符号整数,范围是 $0 \sim 2^{64}-1$
float16	半精度浮点数,其中,1 位表示正负号,5 位表示指数,10 位表示尾数
float32	单精度浮点数,其中,1 位表示正负号,8 位表示指数,23 位表示尾数
float64 或者 float	双精度浮点数,其中,1 位表示正负号,11 位表示指数,52 位表示尾数
complex64	用两个 32 位浮点数表示复数的实部和虚部
complex128 或者 complex	用两个 64 位浮点数表示复数的实部和虚部

数据类型的不同将导致数据在计算机内存中的存储方式不同,同时也说明数据计算精度是不同的。在 NumPy 中可以直接进行数据类型的相互转换,类型转换的函数名与对应的类型名相同,具体代码如下。

```
In [7]: data_1 = np.int8(10.1)        # 将小数转换成整数
In [8]: data_1
Out[8]: 10
In [9]: data_2 = np.int16(10.1)       # 将小数转换成整数
In [10]: data_2
Out[10]:10
In [11]: data_3 = np.float(True)      # 将 bool 值转换成小数
In [12]: data_3
Out[12]: 1.0
In [13]: data_4 = np.float(False)     # 将 bool 值转换成小数
In [14]: data_4
Out[14]: 0.0
In [15]: data_5 = np.bool(0)          # 将整数转换成 bool 值
In [16]: data_5
Out[16]: False
In [17]: data_6 = np.bool(1)          # 将整数转换成 bool 值
In [18]: data_6
Out[18]: True
```

上述代码的转换方式均是隐式转换。除上述方式外,还可以使用 astype()函数进行转换,具体代码如下。

```
In [19]: arr_9 = np.array([1,2,3])
In [20]: arr_9.dtype
Out[20]: dtype('int64')
In [21]: arr_9.astype(np.float)
Out[21]: arr_9
array([1.,2.,3.])
```

通过上述代码可知,NumPy中数据类型的转换可以通过 astype()函数显式地进行。

3.1.3 数组的运算

视频讲解

3.1.2节中简单地介绍了数组的属性,本节将介绍数组的常用运算。掌握好数组的计算是学好 NumPy 的关键,NumPy 数组的计算可以分为基本运算、逻辑运算、比较运算和广播计算。

1. 基本运算

数组和常数进行四则运算其实是数组中的每一个元素与常数进行相应的运算,具体代码如下。

```
In [1]: import numpy as np
In [2]: arr_10 = np.array([1,2,3])
In [3]: arr_10
Out[3]: array([1,2,3])
In [4]: arr_10 * 2            # array 与数组进行标量运算,乘法
Out[4]: array([2,4,6])
In [5]: arr_10 + 1            # 加法
Out[5]: array([2,3,4])
In [6]: arr_10 - 4            # 减法
Out[6]: array([-3, -2, -1])
In [7]: arr_10 / 2           # 除法
Out[7]: array([0.5, 1., 1.5])
```

通过上述代码可以看出,数组与常数的运算实际上是数组中每个元素与常数的运算。数组基本运算如图 3.3 所示。

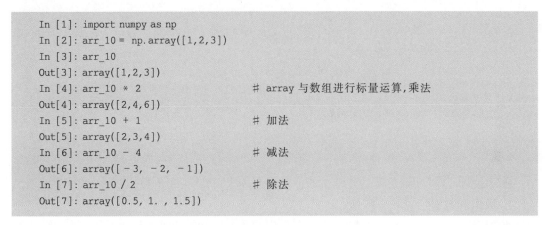

图 3.3　数组基本运算示意图

2. 逻辑运算

数组的逻辑运算主要使用到 all()函数与 any()函数。all()函数主要用来判断参数中的元素是否全部为真(相当于与运算);any()函数用来判断参数的元素是否含有真值(相当于或运算),具体代码如下。

```
In [8]: np.any(arr_10)           # 判断是否有真值
Out[8]: True
In [9]: np.all(arr_10)           # 判断是否全部为真值
Out[9]: True
In [10]: np.any(arr_10 > 2)      # 判断是否有大于 2 的数
Out[10]: True
In [11]: np.all(arr_10 > 2)      # 判断是否全部为大于 2 的数
Out[11]: False
```

3. 比较运算

NumPy 数组进行比较运算使用的是常规的比较运算符,如大于、小于、不等于、等于、大于等于、小于等于六种比较运算,具体代码如下。

```
In [12]: arr_11 = arr_10 + 2              # 创建数据
In [13]: arr_11
Out[13]: array([3,4,5])
In [14]: arr_10 < arr_11                   # 小于
Out[14]: array([ True, True, True])
In [15]: arr_10 > arr_11                   # 大于
Out[15]: array([False, False, False])
In [16]: arr_10 >= arr_11                  # 大于等于
Out[16]: array([False, False, False])
In [17]: arr_10 <= arr_11                  # 小于等于
Out[17]: array([True, True, True])
In [18]: arr_10 != arr_11                  # 不等于
Out[18]: array([True, True, True])
In [19]: arr_10 == arr_11                  # 等于
Out[19]: array([False, False, False])
```

通过上例可以看出,逻辑运算产生的值需要是一个 bool 类型的数组。

4. 数组和数组运算——广播

数组广播指的是不同形状的数组之间运算,需要将数组变换成可运算的形状。若数组间进行运算,则参数应具有相同的数据类型、元素个数;如果类型或个数不同,将会导致运算报错。

数组广播的基本法则如下。

(1) 所有输入数组向其中 shape 属性最长的看齐,数组中不足的部分通常在前面加 1 补齐。

(2) 输出数组的 shape 属性是输入数组 shape 属性的各个轴上的最大值。

(3) 如果输入数组的某个轴与输出数组的对应轴的长度相同或者其长度为 1,则这个数组能够用于计算,否则不能计算。

(4) 当输入数组的某个轴长度为 1 时,沿着此轴运算时使用此轴上的第一组值。

1) 一维数组的广播

一维数组的广播即一维数组的变换运算,运算过程如图 3.4 所示。

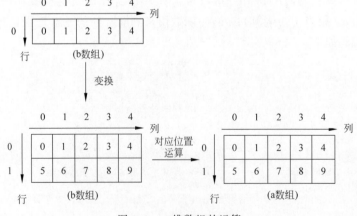

图 3.4 一维数组的运算

通过上述样例可以看到，a 与 b 两个数组相加，首先数组 b 进行自身扩充，当数组 b 的 shape 属性与数组 a 的 shape 属性相等后将对应位置相加，具体代码如下。

```
In [20]: arr_12 = np.arange(10).reshape((2,5))
In [21]: arr_12
Out[21]:
array([[0, 1, 2, 3, 4],
       [5, 6, 7, 8, 9]])
In [22]: arr_13 = np.arange(5)
In [23]: arr_13
Out[23]: array([0, 1, 2, 3, 4])
In [24]: arr_12 + arr_13              # 进行了简单的广播
Out[24]:
array([[ 0, 2, 4, 6, 8],
       [ 5, 7, 9, 11, 13]])
```

通过上述代码可以看出，数组 arr_13 与数组 arr_12 进行运算，结果数组 arr_12 中的每行都与数组 arr_13 对应相加。

2) 多维数组的广播

多维数组的广播运算，需要将行列进行相应运算，但是数组运算的前提是数组具有相同的 shape 属性。例如，数组 a 的形状为(2,1)，数组 b 的形状为(4,5)，则数组 a、b 不能进行运算；如果数组 b 的形状是(2,N)或者(N,1)，则数组 a、b 可进行运算。多维数组的运算过程如图 3.5 所示。

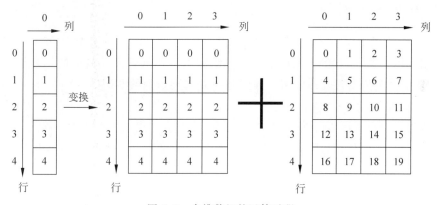

图 3.5　多维数组的运算过程

具体代码如下。

首先，创建两个数组 arr_14 与数组 arr_15，具体代码如下。

```
In [25]: arr_14 = np.arange(20).reshape((5,4))
In [26]: arr_14
Out[26]:
array([[ 0, 1, 2, 3],
       [ 4, 5, 6, 7],
       [ 8, 9, 10, 11],
```

50

```
        [12, 13, 14, 15],
        [16, 17, 18, 19]])
In [27]: arr_15 = np.arange(5).reshape((5,1))
In [28]: arr_15
Out[28]:
array([[0],
       [1],
       [2],
       [3],
       [4]])
```

然后，将数组 arr_14 与数组 arr_15 进行简单的加法运算，具体代码如下。

```
In [29]: arr_14 + arr_15
Out[29]:
array([[ 0,  1,  2,  3],
       [ 5,  6,  7,  8],
       [10, 11, 12, 13],
       [15, 16, 17, 18],
       [20, 21, 22, 23]])
```

通过上例可知，数组 arr_15 与数组 arr_14 运算，相当于数组 arr_15 与数组 arr_14 中的每一列进行运算。

视频讲解

3.1.4 数组的索引

本节将介绍数组的切片和索引。数组的切片和索引与 Python 语法中列表对象的切片和索引使用基本一致，二者的主要区别在于数组的维度比列表多。数组的切片以立体思维主导，而列表切片时以线性思维主导。本节将主要讲述数组的索引。

1. 基本索引

多维数组索引方式可以分为列表式索引和链式索引方式。列表式索引将行索引和列索引存储到列表中，中间使用逗号进行间隔，形式看起来很像 Python 中的列表；链式索引将行索引和列索引层叠式使用，索引的具体使用方式如下。

```
In [1]: arr_19 = np.array([[1,2,3],[4,5,6]])    # 创建数据
In [2]: arr_19
Out[2]:
array([[1, 2, 3],
       [4, 5, 6]])
In [3]: arr_19[1,2]                              # 第一种索引——列表式索引
Out[3]: 6
In [4]: arr_19[1][2]                             # 第二种索引——链式索引
Out[4]: 6
```

不管是列表式索引还是链式索引，都是将第一个参数看成行索引，将第二个参数看成列索引，只是二者的表现形式不同。

2. 切片

切片是将行列式数据进行多维选择，而不是简单的点式选择，也就是看成数据下标的范围选择，并非个别数据点的选择。在一维数组中切片操作和 Python 数据类型列表的切片基本一致；二维数组中的切片操作与一维数组略有不同，二维数组切片可以使用数据切片和简单切片两种方式。

使用切片索引方式进行简单索引如下。

```
In [5]: arr_19[:, :]      # 切片索引
Out[5]:
array([[1, 2, 3],
      [4, 5, 6]])
In [6]: arr_19[1:,1:]     # 切片索引
Out[6]: array([[5, 6]])
```

3. 布尔型索引

布尔型索引是通过布尔值进行索引的方式。布尔型索引可以类比于开关，用于确定数据位的显示与关闭，具体代码如下。

```
In [7]: arr_19 = np.array(["a","b","c","d","e","g","h"])    # 创建 bool 索引
In [8]: arr_19                                              # 查看 arr_19
Out[8]: array(['a', 'b', 'c', 'd', 'e', 'g', 'h'], dtype = '<U1')
In [9]: arr_20 = np.array(["a","b","c","d","e","g","h"])
In [10]: arr_20 == "b"
Out[10]: array([False, True, False, False, False, False, False])
In [11]: data_7 = np.random.randn(7,4)
In [12]: data_7
Out[12]:
array([[ -1.16203154, 0.21325289, 0.15660966, -1.34658198],
      [ -0.44074289, -1.38770763, -1.75999701, -1.54657229],
      [ 1.41104188, -0.77479864, -0.29149632, 1.11569646],
      [ 0.13031019, 1.77953792, -0.73293744, 0.11769516],
      [ -0.73199594, 0.27001473, 1.33819757, 0.63878737],
      [ -0.39692704, -0.03776295, 0.44077177, -0.59568699],
      [ -0.64753366, -1.66026295, 0.58696617, 1.45301264]])
In [13]: data_7[arr_20 == "b"] #
Out[13]: array([[ -0.44074289, -1.38770763, -1.75999701, -1.54657229]])
```

通过创建一个简单数组 arr_20，利用数组 arr_20 与条件判断产生 bool 数组从而索引数组 data_7 进行条件筛选，因为 bool 数组是一维数组，所以是对数组进行简单的行索引，返回值为数组的第二行（索引数为 1）数据。

4. 花式索引

花式索引就是利用整数列表和切片索引对数组进行数据选取，整数列表起到排序的作用，而切片索引是选择数据的作用，具体代码如下。

```
In [14]: arr_21 = np.arange(16).reshape((4,4))      # 创建数组
In [15]: arr_21
```

NumPy 的使用

```
Out[15]:
array([[ 0, 1, 2, 3],
       [ 4, 5, 6, 7],
       [ 8, 9, 10, 11],
       [12, 13, 14, 15]])
In [16]: arr_21[[1,0,2]]                    # 使用花式索引
Out[16]:
array([[ 4, 5, 6, 7],
       [ 0, 1, 2, 3],
       [ 8, 9, 10, 11]])
In [17]: arr_21[[1,2]][:,[0,1,2,3]]         # 使用花式索引
Out[17]:
array([[ 4, 5, 6, 7],
       [ 8, 9, 10, 11]])
```

花式索引的使用丰富了开发者数据处理的手段,在进行数据点、面选择时可以进行数据排序。

3.1.5 数组的变换

视频讲解

数组的形态变换是数据处理过程中经常用的处理手段。在实际应用过程中,经常通过数组形状的变换,提高数据处理形式和使用效率。数组变换的常用操作和函数如表 3.4 所示。

表 3.4 数组形态变换相关操作

操　作	函　数
改变数组形状	reshape
展平	ravel、flatten
合并	vstack、hstack、concatenate、column_stack、row_stack、dstack
分割	vsplit、hsplit、split

1. 形状变换

开发者可以通过 reshape() 函数改变数组的形状。使用时应注意,reshape() 函数接受数组形式的参数,并且 reshape() 函数参数的乘积应与改变前 shape 属性的乘积保持一致;使用 reshape() 函数重置形状之后,数组中的数据将重新组合,具体代码如下。

```
In [1]: import numpy as np
In [2]: arr_22 = np.arange(10).reshape((5,2))   # 创建数组
In [3]: arr_22                                   # 查看数组
Out[3]:
array([[0, 1],
       [2, 3],
       [4, 5],
       [6, 7],
       [8, 9]])
In [4]: arr_23 = arr_22.reshape((2,5))          # 改变数组的形状
In [5]: arr_23
```

```
Out[5]:
array([[0, 1, 2, 3, 4],
       [5, 6, 7, 8, 9]])
```

该代码通过 arange()和 reshape()函数创建数组 f 后,再次使用 reshape()函数进行数组形状的改变。

2. 展平

在实际开发过程中,偶尔也会遇到将数组进行展平的需求。NumPy 提供了 ravel()函数进行展平操作,具体代码如下。

```
In [6]: arr_23.ravel()
Out[6]: array([0, 1, 2, 3, 4, 5, 6, 7, 8, 9])
```

NunPy 还提供了 flatten()函数进行展平操作,与 ravel()函数不同的是,该函数可以选择不同的轴向进行展平,且默认横向展平,当参数为"F"时进行纵向展平,具体代码如下。

```
In [7]: arr_23.flatten()              ♯ 横向展平
Out[7]: array([0, 1, 2, 3, 4, 5, 6, 7, 8, 9])
In [8]: arr_23.flatten("F")           ♯ 纵向展平
Out[8]: array([0, 5, 1, 6, 2, 7, 3, 8, 4, 9])
```

3. 合并

开发者可以使用 vstack()、hstack()函数进行数据块的合并(堆砌)。vstack()函数对数组进行垂直合并;hstack()函数对数组进行横向合并。具体代码演示过程如下。

首先,使用 arange()函数创建数组 arr_24 与数组 arr_25,具体代码如下。

```
In [9]: arr_24 = np.arange(10).reshape((5,2))
In [10]: arr_24
Out[10]
array([[0, 1],
       [2, 3],
       [4, 5],
       [6, 7],
       [8, 9]])
In [11]: arr_25 = np.arange(4).reshape((2,2))
In [12]: arr_25
Out[12]:
array([[0, 1],
       [2, 3]])
```

然后,使用 vstack()函数对数据进行垂直合并,具体代码如下。

```
In [13]: np.vstack((arr_24, arr_25))          ♯ 垂直合并
Out[13]:
array([[0, 1],
       [2, 3],
       [4, 5],
```

```
      [6, 7],
      [8, 9],
      [0, 1],
      [2, 3]])
```

其次,使用 arange()函数生成数组 arr_26 为水平合并做准备,具体代码如下。

```
In [14]: arr_26 = np.arange(15).reshape((5,3))
```

最后,使用 hstack()函数将数组 arr_24 与数组 arr_26 进行水平合并,具体代码如下。

```
In [15]: np.hstack((arr_24, arr_26))              ♯ 水平合并
Out[15]:
array([[ 0, 1, 0, 1, 2],
      [ 2, 3, 3, 4, 5],
      [ 4, 5, 6, 7, 8],
      [ 6, 7, 9, 10, 11],
      [ 8, 9, 12, 13, 14]])
```

通过上述代码可以看出,不论是水平合并还是垂直合并,均需要被合并数据的合并轴向的数据长度一致。

NumPy 还为开发者提供了 concatenate()方法,使开发者可以自定义数组合并的轴向,具体代码如下。

```
In [16]: np.concatenate((arr_24, arr_25),axis = 0)   ♯ 沿 x 轴合并
Out[16]:
array([[0, 1],
      [2, 3],
      [4, 5],
      [6, 7],
      [8, 9],
      [0, 1],
      [2, 3]])
In [17]: np.concatenate((arr_24, arr_26),axis = 1)   ♯ 沿 y 轴合并
Out[17]:
array([[ 0, 1, 0, 1, 2],
      [ 2, 3, 3, 4, 5],
      [ 4, 5, 6, 7, 8],
      [ 6, 7, 9, 10, 11],
      [ 8, 9, 12, 13, 14]])
```

在其他资料中可能会使用 column_stack()、row_stack()、dstack()函数进行叠加,分别是按行叠加。按列叠加、按坐标(对应位置)叠加,以上三种函数的演示过程具体如下。

首先,使用 arange()函数创建数组 arr_26 与数组 arr_27,并查看数组数据,具体代码如下。

```
In [18]: arr_26 = np.arange(10).reshape((2,5))    # 创建数组 a
         arr_27 = arr_26 * 2                       # 创建数组 arr_27
In [19]: arr_26
Out[19]:
array([[0, 1, 2, 3, 4],
       [5, 6, 7, 8, 9]])
In [20]: arr_27
Out[20]:
array([[ 0, 2, 4, 6, 8],
       [10, 12, 14, 16, 18]])
```

然后，使用 dstack() 函数进行对应位置叠加，具体代码如下。

```
In [21]: np.dstack((arr_26, arr_27))              # 进行对应位置叠加
Out[21]:
array([[ 0, 0],
       [ 1, 2],
       [ 2, 4],
       [ 3, 6],
       [ 4, 8]],
      [[ 5, 10],
       [ 6, 12],
       [ 7, 14],
       [ 8, 16],
       [ 9, 18]]])
```

通过上述代码可以看出，将对应位置进行叠加后，数据发生了行列转换。

其次，使用 column_stack() 函数进行数组的横向叠加，具体代码如下。

```
In [22]: np.column_stack((arr_26, arr_27))
Out[22]:
array([[ 0, 1, 2, 3, 4, 0, 2, 4, 6, 8],
       [ 5, 6, 7, 8, 9, 10, 12, 14, 16, 18]])
```

最后，使用 row_stack() 函数将数据按列方向进行叠加，具体代码如下。

```
In [23]: np.row_stack((arr_26, arr_27))
Out[23]:
array([[ 0, 1, 2, 3, 4],
       [ 5, 6, 7, 8, 9],
       [ 0, 2, 4, 6, 8],
       [10, 12, 14, 16, 18]])
```

综合以上使用情况，可以看出数组的合并多种多样，在实际的开发运用中同样十分灵活。

4. 分割

数组分割可以使用 vsplit()、hsplit()、split() 函数进行操作。vsplit()、hsplit()、split() 函数

分别是纵向分割函数、横向分割函数及可选分割函数,具体演示过程如下。

首先,创建数组为分割数组做数据准备,具体代码如下。

```
In [24]: arr_28 = np.arange(16).reshape((4,4))
In [25]: arr_28
Out[25]:
array([[ 0,  1,  2,  3],
       [ 4,  5,  6,  7],
       [ 8,  9, 10, 11],
       [12, 13, 14, 15]])
```

然后,使用 vsplit() 函数进行纵向分割操作,具体代码如下。

```
In [26]: np.vsplit(arr_28,2)                    # 纵向分割
Out[26]:
[array([[0, 1, 2, 3],
       [4, 5, 6, 7]]), array([[ 8,  9, 10, 11],
       [12, 13, 14, 15]])]
```

其次,使用 hsplit() 函数进行横向分割操作,具体代码如下。

```
In [27]: np.hsplit(arr_28,2)                    # 横向分割
Out[27]:
[array([[ 0,  1],
       [ 4,  5],
       [ 8,  9],
       [12, 13]]), array([[ 2,  3],
       [ 6,  7],
       [10, 11],
       [14, 15]])]
```

最后,使用 split() 函数进行自定义分割操作,具体代码如下。

```
In [28]: np.split(arr_28,2,axis = 1)            # 可选分割 - 沿 1 轴进行分割
Out[28]:
[array([[ 0,  1],
       [ 4,  5],
       [ 8,  9],
       [12, 13]]),
array([[ 2,  3],
       [ 6,  7],
       [10, 11],
       [14, 15]])]
In [29]: np.split(arr_28,2,axis = 0)            # 可选分割 - 沿 0 轴进行分割
Out[29]:
[array([[0, 1, 2, 3],
       [4, 5, 6, 7]]), array([[ 8,  9, 10, 11],
       [12, 13, 14, 15]])]
```

通过上述过程可以看出，数组的分割操作十分灵活，不同的函数可以快捷地完成不同的效果。

本节主要讲述了数组的创建、属性、运算、索引，以及不同的变换操作。通过本节的学习，读者对 NumPy 中数组的操作有了大致了解。望读者结合大量实践熟练运用，提升数据分析技能。

3.2 矩阵的使用

NumPy 中除了 ndarray 数据类型外，还具有另一种数据类型——矩阵，本节将从矩阵的创建、合并、运算和属性四个方面详细讲述 NumPy 中矩阵的使用。

3.2.1 矩阵的创建

视频讲解

NumPy 为开发者提供了 mat() 与 matrix() 函数用于矩阵的创建，具体形式如下。

```
numpy.mat(data, dtype = None)                    # 使用 mat()创建
numpy.matrix(data, dtype = None, copy = True)    # 使用 matrix()创建
```

上述方法中的 data 参数是伪数组（如字符串、列表、字典、元组等），dtype 默认类型为空，返回值为 matrix 数据类型。

1. mat()函数创建矩阵

开发者可以直接利用 mat() 函数创建矩阵，具体代码如下。

```
In [1]: import numpy as np
In [2]: mat_1 = np.mat("1 2 3; 4 5 6; 7 8 9")    # 使用 mat()创建矩阵
```

此处使用的是字符串形式的数据进行矩阵的创建，通过终端查看具体数据如下。

```
In [3]: mat_1
Out[3]:
matrix([[1, 2, 3],
        [4, 5, 6],
        [7, 8, 9]])
```

开发者可以使用 type() 函数查看数据的具体数据类型，具体代码如下。

```
In [4]: type(mat_1)                              # 查看 mat_1 是否为矩阵类型
Out[4]: numpy.matrixlib.defmatrix.matrix
```

通过查看数据类型，发现该数据为 matrix 类型，即矩阵类型。

2. matrix()函数创建矩阵

NumPy 还允许开发者使用 matrix() 函数进行矩阵创建，具体代码如下。

第 3 章

NumPy 的使用

```
In [5]: mat_2 = np.matrix([[1,2,3],[4,5,6],[7,8,9]])    # 使用 matrix 创建矩阵
In [6]: mat_2                                            # 查看
Out[6]:
matrix([[1, 2, 3],
        [4, 5, 6],
        [7, 8, 9]])
```

通过比较上述两种创建方式可以发现，二者在使用上并无差别。在实际开发中可以混合使用。

3.2.2 矩阵的合并

视频讲解

实际开发中经常会用到矩阵的合并操作，NumPy 提供了 bmat() 函数用于矩阵的合并操作。具体形式如下。

```
numpy.bmat(obj, ldict = None, gdict = None)
```

bmat() 函数默认可以接受字符串对象、嵌套列表或者数组，当 gdict 为 None 或者 obj 参数为非字符串对象时，将允许 ldictc 参数替换本地对应值，当 obj 为非字符串对象时，gdict 参数用于替换全局对应值。

综上所述，只有当 obj 为非字符串对象时 ldict 和 gdict 才会起作用。当 obj 为字符串时，NumPy 会把字符串转换矩阵，否则将会在本地中寻找相应的变量内容，并将变量内容转换成相应的矩阵，bmat() 函数的具体使用将通过代码进行说明，具体过程如下。

首先，为矩阵运算准备数据。通过 ones() 函数创建全 1 数组——数组 arr_29，并利用数组 arr_29 转换成新数组——数组 arr_30，具体代码如下。

```
In [7]: arr_29 = np.ones((5,5))
In [8]: arr_29
Out[8]:
array([[1., 1., 1., 1., 1.],
       [1., 1., 1., 1., 1.],
       [1., 1., 1., 1., 1.],
       [1., 1., 1., 1., 1.],
       [1., 1., 1., 1., 1.]])
In [9]: arr_30 = arr_29 * 2
In [10]: arr_30
Out[10]:
array([[2., 2., 2., 2., 2.],
       [2., 2., 2., 2., 2.],
       [2., 2., 2., 2., 2.],
       [2., 2., 2., 2., 2.],
       [2., 2., 2., 2., 2.]])
```

然后，使用 bmat() 函数进行矩阵创建并合并，具体代码如下。

```
In [11]: np.bmat("arr_29 arr_30; arr_30 arr_29")
Out[11]:
matrix([[1., 1., 1., 1., 1., 2., 2., 2., 2., 2.],
        [1., 1., 1., 1., 1., 2., 2., 2., 2., 2.],
        [1., 1., 1., 1., 1., 2., 2., 2., 2., 2.],
        [1., 1., 1., 1., 1., 2., 2., 2., 2., 2.],
        [1., 1., 1., 1., 1., 2., 2., 2., 2., 2.],
        [2., 2., 2., 2., 2., 1., 1., 1., 1., 1.],
        [2., 2., 2., 2., 2., 1., 1., 1., 1., 1.],
        [2., 2., 2., 2., 2., 1., 1., 1., 1., 1.],
        [2., 2., 2., 2., 2., 1., 1., 1., 1., 1.],
        [2., 2., 2., 2., 2., 1., 1., 1., 1., 1.]])
```

本节主要介绍了矩阵的合并。

3.2.3 矩阵的运算

视频讲解

矩阵的运算包含矩阵加、减、乘、除,常见的矩阵运算函数如表3.5所示。

表 3.5　常见的矩阵运算函数

函　　数	说　　明
diag	以一维数组的形式返回矩阵的对角线
dot	矩阵乘法
trace	计算对角线元素的和
det	计算矩阵行列式
eig	计算矩阵的本征值和本征向量
inv	计算矩阵的逆
pinv	计算矩阵的 Moore-Penrose
qr	计算 QR 分解
svd	计算奇异值分解
lstsq	计算 Ax=b 的最小二乘解

上面列举了数据分析中常用的矩阵运算函数,但是此处不做详细讲解。本书只对矩阵的基本运算做演示,具体如下。

首先,准备数据——使用 mat() 函数创建矩阵,具体代码如下。

```
In [12]: mat_3 = np.mat("1 2 3; 4 5 6; 7 8 9")
In [13]: mat_4 = np.mat("7 8 9; 10 11 12; 13 14 15")
In [14]: mat_3
Out[14]:
matrix([[1, 2, 3],
        [4, 5, 6],
        [7, 8, 9]])
In [15]: mat_4
Out[15]:
matrix([[ 7, 8, 9],
        [10, 11, 12],
        [13, 14, 15]])
```

然后，对矩阵进行基本运算操作，具体代码如下。

```
In [16]: mat_3 + mat_4              # 矩阵相加
Out[16]:
matrix([[ 8, 10, 12],
        [14, 16, 18],
        [20, 22, 24]])
In [17]: mat_3 - mat_4              # 矩阵相减
Out[17]:
matrix([[-6, -6, -6],
        [-6, -6, -6],
        [-6, -6, -6]])
In [18]: mat_3 * 2                  # 矩阵与常数相乘
Out[18]:
matrix([[ 2, 4, 6],
        [ 8, 10, 12],
        [14, 16, 18]])
In [19]: mat_3 / 2                  # 矩阵与常数相除
Out[19]:
matrix([[0.5, 1. , 1.5],
        [2. , 2.5, 3. ],
        [3.5, 4. , 4.5]])
In [20]: mat_3 * mat_4              # 矩阵相乘
Out[20]:
matrix([[ 66, 72, 78],
        [156, 171, 186],
        [246, 270, 294]])
```

通过上述代码可以看出，矩阵之间的运算就是对应元素之间的运算。但是比较特殊的是，矩阵相乘并非对应元素之间运算，而是符合矩阵相乘的数学概念，，若要实现对应元素之间的相乘，需要使用 multiply() 函数进行操作，具体代码如下。

```
In [21]: np.multiply(mat_3, mat_4)     # 矩阵对应元素相乘
Out[21]:
matrix([[ 7, 16, 27],
        [ 40, 55, 72],
        [ 91, 112, 135]])
```

本节主要介绍的是矩阵的运算，通过本节的学习，开发者可以掌握 NumPy 操作矩阵进行基本运算。3.2.4 节中将对矩阵的基本属性进行讲解。

3.2.4　矩阵的属性

矩阵同数组一样具有相关属性，本节将对属性做出相关介绍。矩阵的属性包含转置、共轭转置、逆矩阵、视图。矩阵的属性具体如表 3.6 所示。

视频讲解

表 3.6　矩阵的属性

属　　性	说　　明
T	返回自身的转置
H	返回自身的共轭转置
I	返回自身的逆矩阵
A	返回自身数据的二维数组的一个视图

在实际开发过程中,经常需要查看矩阵的属性,具体代码如下。

```
Out[22]: mat_3.T              # 查看 mat_3 的转置
Out[22]:
matrix([[1, 4, 7],
        [2, 5, 8],
        [3, 6, 9]])
In [23]: mat_3.H              # 查看 mat_3 的共轭转置
Out[23]:
matrix([[1, 4, 7],
        [2, 5, 8],
        [3, 6, 9]])
In [24]: mat_3.I              # 查看 mat_3 的逆矩阵
Out[24]:
matrix([[ 3.15251974e+15, - 6.30503948e+15, 3.15251974e+15],
        [ - 6.30503948e+15, 1.26100790e+16, - 6.30503948e+15],
        [ 3.15251974e+15, - 6.30503948e+15, 3.15251974e+15]])
In [25]: mat_3.A              # 查看 mat_3 的视图
Out[25]:
array([[1, 2, 3],
       [4, 5, 6],
       [7, 8, 9]])
```

熟练掌握矩阵的相关属性能够帮助开发者提高生产效率,完成科学计算中的快捷转换。

本节主要从矩阵的创建、合并、运算和属性四个基本方面进行基本讲述。读者需要不断实践以巩固此节中所学内容。

3.3　NumPy 实用技巧

3.3.1　通用函数的使用

通用函数使用较为广泛,数组运算时经常会使用通用函数进行处理。掌握好通用函数能更快速地处理数据。通用函数分为一元函数和二元函数,一元函数只接受一个参数,二元函数能够接受两个参数,并对两个参数进行处理,二元函数处理的数组对象应具有一致的形状,具体代码如下。

```
In [1]: import numpy as np
In [2]: np.abs(func)                                    # 绝对值函数
Out[2]: array([1, 2, 3, 4])
In [3]: np.fabs(func)                                   # 快速绝对值函数
Out[3]: array([1., 2., 3., 4.])
In [4]: np.sqrt(func)                                   # 平方根函数
Out[4]: array([1. , 1.41421356, 1.73205081, 2. ])       # 数组的创建
In [5]: np.square(func)                                 # 平方函数
Out[5]: array([ 1, 4, 9, 16])                           #
In [6]: np.exp(func)                                    # 指数函数
Out[6]: array([ 2.71828183, 7.3890561 , 20.08553692, 54.59815003])
```

通过上述代码可以看出,一元函数的使用十分方便。除上述一元函数外,NumPy 中还具有许多一元函数,一元通用函数具体如表 3.7 所示。

表 3.7　一元通用函数

函　　数	说　　明
abs、fabs	绝对值函数/快速绝对值函数
sqrt	平方根函数
suqare	平方函数
exp	指数函数
log、log10、log2、log1p	对数函数
sign	计算元素的正负号
rint	四舍五入函数
ceil	计算大于或者等于该数的整数
cos、cosh、sin、sinh、tan、tanh	三角函数
arccos、arccosh、arcsin、arcsinh、arctan、arctanh	反三角函数

NumPy 中的二元函数使用如下代码。

```
In [7]: func_1 = np.array([5,6,7,8])
In [8]: np.add(func,func_1)                             # 相加函数
Out[8]: array([ 6, 8, 10, 12])
In [9]: np.subtract(func,func_1)                        # 相减函数
Out[9]: array([-4, -4, -4, -4])
In [10]: np.multiply(func,func_1)                       # 相乘函数
Out[10]: array([ 5, 12, 21, 32])
In [11]: np.divide(func,func_1)                         # 相除函数
Out[11]: array([0.2     , 0.33333333, 0.42857143, 0.5     ])
In [12]: np.power(func,func_1)                          # 求 A 的 B 次幂
Out[12]: array([1, 64, 2187, 65536])
```

NumPy 中二元函数列表如表 3.8 所示。

表 3.8 二元函数列表

函　　数	说　　明
add	将数组中元素对应相加
subtract	从第一个数组中减去第二个数组中的元素
multiply	数组元素相乘
divide、floor_divide	除法或向下整除法
power(A,B)	求 A 的 B 次幂
maximum、fmax	元素的最大值,fmax 将忽略 NaN
mininum、fmin	元素的最小值,fmin 将忽略 NaN
mod	函数求模运算(除法求余)
copysign	将第二组中数据复制给第一组数据
greater、greater_equal、less、less_equal、equal、not_equal	执行元素的比较运算,最终产生 bool 数组。相当于 >、=、<、<=、==、!=
logical_and、logical_or、logical_xor	执行元素级别的真值逻辑运算。相当于 &、|、^

本节主要讲述了 NumPy 中通用的二元函数,在 3.3.2 节中将介绍 NumPy 对源数据的相关操作。

3.3.2 数据的保存和读取

在数据处理过程中,经常会对数据进行保存和读取,本节将介绍 NumPy 对源数据的存取。在 NumPy 中,可以使用 save()函数将数据以二进制方式保存到文件中,使用 load()函数将数据从文件中读取;当开发者需要同时保存多个数组时,可以使用 savez()函数,使用 load()函数进行读取;如果想要将数据保存到.txt 文件中,则使用 savetxt()函数,读取.txt 文件数据使用 loadtxt()函数,具体情况如表 3.9 所示。

视频讲解

表 3.9 数组的 IO 操作

函　　数	说　　明
save	以二进制形式保存单个数组数据
savez	以二进制形式保存多个数组数据
savetxt	将数组数据保存到 txt 文件中
loadtxt	将 txt 中的数据导入
load	将数据导入
genfromtxt	将 txt 数据导入

下面将不同类型文件的读取和保存进行基本讲述。

1. 将数据以二进制形式保存

1) 单个数组的存储/导入

开发者可以使用 NumPy 中的 save()函数保存单个数组,具体形式如下。

```
numpy.save(file, arr, allow_pickle = True, fix_imports = True)
```

NumPy 中,save()函数的参数 file 为文件名,如果 file 参数为 string 类型的数据,将会在 file 字符串后添加".npy"后缀,如果 file 参数是一个文件对象则保存时不会发生任何改变；参数 arr 为保存的数据对象；参数 allow_pickle 为存储方式的标识位，当该参数为 False 时禁用 Python 中的 pickle 库存储，默认为 True；参数 fix_imports 用于调整兼容性，主要涉及导入模块的基本使用，具体代码如下。

```
In [1]: import numpy as np
In [2]: arr_31 = np.array([[1,2,3],[4,5,6]])    # 创建数组 arr_31
In [3]: np.save("data2", arr_31)                # 保存数据
In [4]: np.load("data2.npy")                     # 读取数据
Out[4]:
array([[1, 2, 3],
      [4, 5, 6]])
```

通过上述代码可以看出，使用 save() 函数保存数据十分方便。

2) 多个数组的存储

NumPy 为开发者提供了 savez() 函数用于保存多个数组，具体形式如下。

```
numpy.savez(file, * args, ** kwds)
```

参数 file 不再重复讲解。注意：数组对象可以通过不定长参数写入文件，也可以使用关键字参数写入文件。

```
In [5]: arr_32 = np.array([1,2,3])
In [6]: arr_33 = np.array([4,5,6])
In [7]: np.savez("A-B",a = arr_32, b = arr_33)
In [8]: file = np.load("A-B.npz")
In [9]: file
Out[9]: < numpy.lib.npyio.NpzFile at 0x10d520ac8 >
In [10]: file["a"]
Out[10]: array([1, 2, 3])
In [11]: file["b"]
Out[11]: array([4, 5, 6])
```

多数组数据的存储使用 savez() 函数实现，该方法第一个参数为文件名，多个数组以关键字方式传递，读取时使用关键字的方式读取相应数组。

2. 存取文本文件

NumPy 为开发者提供了 savetxt() 函数用于将数据保存为文本文件，具体形式如下。

```
numpy.savetxt(fname,X,fmt = '%.18e',delimiter = ',newline = '\n',header = '',
footer = '',comments = '# ',encoding = None)
```

参数 fname 为保存的文件名，当文件名以“.gz”结尾时，文件将被自动压缩成 gzip 格式。参数 X 为伪数组对象，其他参数本书暂不讲解，具体代码如下。

```
In [12]: arr_34 = np.array([1,2,3])       # 创建要保存的数组
In [13]: np.savetxt("1.txt", arr_34)      # 保存文件
In [14]: np.loadtxt("1.txt")              # 导出文件
Out[14]: array([1., 2., 3.])              # 加载文件的结果
```

使用 savetxt()函数进行数据存储时,第一个参数为存储的文件名,第二个参数为存储的数组对象。

3. 使用 genfromtxt 读取文件

genfromtxt()函数用于从 txt 文本中读取数据,具体代码如下。

```
In [15]: np.genfromtxt("1.txt")        # 导出文件
Out[15]: array([1., 2., 3.])           # 加载文件的结果
```

本节中主要讲述了 NumPy 数据源的读取与保存,读者只需要掌握对应的函数即可。

3.3.3 随机数生成

视频讲解

在数据开发过程中经常会用到随机数,如产生数据的样值用于测试模型的准确性。最常用的是产生一个给定范围的随机数,进行一种随机给定测试。NumPy 通过相关模块可以创建随机数,不过要想获得真正的随机数是很困难的。实际上,NumPy 产生的随机数是伪随机数,NumPy 通过 random 模块可以产生多种随机数。随机数生成器如表 3.10 所示。

表 3.10 随机数生成器

函　　数	说　　明
seed	随机数生成器
rand	产生均匀分布的样本值
randint	在给定的随机数范围内选取整数
randn	产生标准正态分布的样本值
normal	产生正态分布(又称高斯分布)的样本值
beta	产生 beta 分布的样本值
binomial	产生二项分布的样本值
permutation	返回一个序列的随机排列或返回一个随机排列的范围
shuffle	对一个序列现场产生随机排列
chisquare	产生卡方分布样本值
gamma	产生 Gamma 分布样本值
uniform	产生[0,1)均匀分布的值

下面举例说明部分函数的使用。

```
In [1]: import numpy as np
In [2]: print("创建 10 个随机数:\n",np.random.random(5))
创建 10 个随机数:
[0.11310354  0.40516408  0.8648209  0.82793018  0.98989594]
In [3]: print("创建均匀分布的随机数:\n",np.random.rand(5,3))
创建均匀分布的随机数:
[[0.96328279  0.70343941  0.70418674]
 [0.86084173  0.00125911  0.78696083]
 [0.65194606  0.15388114  0.42804611]
 [0.90504171  0.45665402  0.2673023 ]
 [0.54746585  0.7161074   0.36537769]]
```

NumPy 的使用

```
In [4]: print("创建正态分布的随机数:\n",np.random.randn(5,3))
创建正态分布的随机数:
[[ -0.06377415   2.58082377    0.82094702]
 [ 0.24666023    -0.02993723   0.06469278]
 [ -0.33626092   0.37627988    -0.07906075]
 [ -0.07923991   0.02686823    -1.22335298]
 [ 0.75588766    0.02996073    0.69120418]]
In [5]: print("创建高斯分布的随机数:\n",np.random.normal())
创建高斯分布的随机数:
0.5483618217873882
In [6]: print("创建给定范围的随机数:\n",np.random.randint(2,10,size = [2,5]))
创建给定范围的随机数:
[[8 7 3 6 4]
 [3 8 2 9 9]]
```

本节主要演示了 NumPy 中常用随机数模块的操作,读者需要大量实践方能在实际开发中熟练使用。

视频讲解

3.3.4 NumPy 与数据统计

Python 在数据分析中使用 NumPy 处理数据的常用手段主要是排序、去重、使用内置函数。本节将详细介绍 NumPy 在数据分析中常用的手段。

1. 排序

NumPy 提供了 sort()函数用于排序操作,具体形式如下。

```
ndarray.sort(axis = -1, kind = 'quicksort', order = None)
```

上述代码中,asix 为默认排序轴参数,该参数默认为-1,指代最后一个轴;kind 为排序方式选项,该参数默认值为快速排序,参数为可选参数,开发者还可以使用合并排序(mergesort)、堆排序(heapsort)、常规排序(stable);第三个参数 order 是开发者自定的排序字段,具体代码如下。

```
In [1]: import numpy as np
In [2]: arr_35 = np.random.randint(1,20,size = 10)
In [3]: arr_35
Out[3]: array([14, 14, 17, 5, 2, 12, 15, 9, 14, 10])
In [4]: arr_35.sort()
In [5]: arr_35
Out[5]: array([ 2, 5, 9, 10, 12, 14, 14, 14, 15, 17])
In [6]: arr_36 = np.random.randint(0,50,size = 10).reshape((5,2))
In [7]: arr_36
Out[7]:array([[ 9, 15],
        [ 6, 12],
        [23, 30],
        [16, 1],
        [10, 15]])
In [8]: arr_36.sort(axis = 1)          # 根据 1 轴进行排序
```

```
In [9]: arr_36
Out[9]:
array([[ 9, 15],
       [ 6, 12],
       [23, 30],
       [ 1, 16],
       [10, 15]])
In [10]: arr_36.sort(axis = 0)          # 根据 0 轴进行排序
In [11]: arr_36
Out[11]:
array([[ 1, 12],
       [ 6, 15],
       [ 9, 15],
       [10, 16],
       [23, 30]])
```

开发过程中,有时需要知道排序后的索引下标,argsort()函数可以提供这样的功能,具体代码如下。

```
In [12]: arr_37 = np.random.randint(0,50,size = 10).reshape((5,2))
In [13]: arr_37
Out[13]:
array([[49, 31],
       [30, 4],
       [ 5, 40],
       [ 0, 36],
       [12, 10]])
In [14]: arr_37.argsort()               # 返回排序后的索引下标
Out[14]:
array([[1, 0],
       [1, 0],
       [0, 1],
       [0, 1],
       [1, 0]])
```

NumPy 还提供了联合排序的 lexsort()函数,具体形式如下。

```
numpy.lexsort(keys, axis = -1)
```

lexsort()函数只接受一个参数,该参数可以是数组形式,具体代码如下。

```
In [15]: arr_38 = np.array([4,2,1])
In [16]: arr_39 = np.array([7,0,3])
In [17]: arr_38
Out[17]: array([4, 2, 1])
In [18]: arr_39
Out[18]: array([7, 0, 3])
In [19]: arr_40 = np.lexsort((arr_38, arr_39))
In [20]: arr_40
Out[20]: array([2, 1, 0])
```

NumPy 的使用

2. 去重

去重是数据分析中常用的数据清洗手段。数据开发过程中需要将重复数据整合或者将缺陷数据剔除，以达到完善数据样本的目的。NumPy 提供了 unique() 函数实现去重功能，同时也提供了 tile() 函数与 repeat() 函数，将数据进行重复操作。二者均可以通过参数控制源数据重复的次数，不同之处在于 tile() 函数将数据整体进行重复，而 repeat() 函数将源数据的每一个元素进行重复，具体代码如下。

```
In [21]: name = np.array(["小千",'小锋','小夏','小名',"小千",'小锋','小夏',])
In [22]: np.unique(name)
Out[22]: array(['小千', '小名', '小夏', '小锋'], dtype = '<U2')
In [23]: name
Out[23]:
array(['小千', '小锋', '小夏', '小名', '小千', '小锋', '小夏'], dtype = '<U2')
In [24]: np.tile(name,3)              # 将数组重复 3 次
Out[24]:
array(['小千', '小锋', '小夏', '小名', '小千', '小锋', '小夏', '小千', '小锋', '小夏', '小名','小
千', '小锋', '小夏', '小千', '小锋', '小夏', '小名', '小千', '小锋', '小夏'],dtype = '<U2')
In [25]: np.repeat(name,3)            # 将数组重复 3 次
Out[25]: array(['小千', '小千', '小千', '小锋', '小锋', '小锋', '小夏', '小夏', '小夏', '小名', '小
名','小名', '小千', '小千', '小千', '小锋', '小锋', '小锋', '小夏', '小夏', '小夏'],dtype = '<U2')
```

3. 常用的统计函数

NumPy 为开发者提供了快捷的数据处理函数，从而提高开发者的工作效率，经常使用的函数的具体代码如下。

```
In [26]: arr_41 = np.arange(20).reshape((4,5))
In [27]: arr_41
Out[27]:
array([[ 0, 1, 2, 3, 4],
      [ 5, 6, 7, 8, 9],
      [10, 11, 12, 13, 14],
      [15, 16, 17, 18, 19]])
In [28]: np.sum(arr_41)                  # 所有数据元素求和
Out[28]: 190
In [29]: np.sum(arr_41,axis = 0)          # 沿 0 轴进行数据求和
Out[29]: array([30, 34, 38, 42, 46])
In [30]: np.sum(arr_41,axis = 1)          # 沿 1 轴进行数据求和
Out[30]: array([10, 35, 60, 85])
In [31]: np.mean(arr_41)                  # 求所有数据的平均数
Out[31]: 9.5
In [32]: np.mean(arr_41,axis = 0)         # 沿 0 轴求平均数
Out[32]: array([ 7.5, 8.5, 9.5, 10.5, 11.5])
In [33]: np.mean(arr_41,axis =1)          # 沿 1 轴求平均数
Out[33]: array([ 2., 7., 12., 17.])
In [34]: np.std(arr_41)                   # 计算数据的标准差
Out[34]: 5.766281297335398
In [35]: np.std(arr_41,axis = 0)          # 计算沿 0 轴方向的标准差
Out[35]:
```

```
array([5.59016994, 5.59016994, 5.59016994, 5.59016994, 5.59016994])
In [36]: np.std(arr_41,axis = 1)              # 计算沿 0 轴方向的标准差
Out[36]: array([1.41421356, 1.41421356, 1.41421356, 1.41421356])
In [37]: np.var(arr_41)                        # 计算方差
Out[37]: 33.25
In [38]: np.var(arr_41,axis = 0)              # 计算沿 0 轴方向的方差
Out[38]: array([31.25, 31.25, 31.25, 31.25, 31.25])
In [39]: np.var(arr_41,axis = 1)              # 计算沿 1 轴方向的方差
Out[39]: array([2., 2., 2., 2.])
In [40]: np.min(arr_41)                        # 求所有数据的最小值
Out[40]: 0
In [41]: np.min(arr_41,axis = 0)              # 计算沿 0 轴方向的最小值
Out[41]: array([0, 1, 2, 3, 4])
In [42]: np.min(arr_41,axis = 1)              # 计算沿 1 轴方向的最小值
Out[42]: array([ 0, 5, 10, 15])
In [43]: np.max(arr_41)                        # 所有数据的最大值
Out[43]:19
In [44]: np.max(arr_41,axis = 0)              # 计算沿 0 轴方向的最大值
Out[44]: array([15, 16, 17, 18, 19])
In [45]: np.max(arr_41,axis = 1)              # 计算沿 1 轴方向的最大值
Out[45]: array([ 4, 9, 14, 19])
In [46]: np.argmax(arr_41)
Out[46]: 19
In [47]: np.argmin(arr_41)
Out[47]:0
```

NumPy 还提供计算聚合数据的聚合函数,如 cumsum()函数用于计算累积和(可以指定轴方向),cumprod()函数用于计算累积积(可以指定轴方向)。

```
numpy.cumprod(a, axis = None, dtype = None, out = None)
numpy.cumsum(a, axis = None, dtype = None, out = None)
```

以上数据形式的参数不重复讲解,上述函数使用方式具体代码如下。

```
In [48]: arr_42 = np.arange(10).reshape((2,5))
In [49]: arr_42
Out[49]:
array([[0, 1, 2, 3, 4],
      [5, 6, 7, 8, 9]])
In [50]: np.cumsum(arr_42)
Out[50]:
array([ 0, 1, 3, 6, 10, 15, 21, 28, 36, 45])
In [51]: np.cumprod(arr_42)
Out[51]: array([0, 0, 0, 0, 0, 0, 0, 0, 0, 0])
In [52]: np.cumsum(arr_42,axis = 0)
Out[52]:
array([[ 0, 1, 2, 3, 4],
      [ 5, 7, 9, 11, 13]])
In [53]: np.cumsum(arr_42,axis = 1)
```

```
Out[53]:
array([[ 0, 1, 3, 6, 10],
       [ 5, 11, 18, 26, 35]])
In [54]: np.cumprod(arr_42,axis = 0)
Out[54]:
array([[ 0, 1, 2, 3, 4],
       [ 0, 6, 14, 24, 36]])
In [55]: np.cumprod(arr_42,axis = 1)
Out[55]:
array([[ 0, 0, 0, 0, 0],
       [ 5, 30, 210, 1680, 15120]])
```

小　结

　　NumPy 处理数据的优势是其具有 ndarray 对象,同时具有 C 函数处理接口,提高它的运行速度。本章主要讲述了数组对象的创建、属性,以及相关的运算。开发者获取数据时,可以通过数组的索引进行检索,在简单的一维数组进行索引时和普通的 Python 列表索引基本一致。而复杂维度数据进行索引时将要改变以往的看法,要将多维数组的每个维度进行不同的索引,以看成确定数据的坐标方式。

　　在使用 NumPy 进行开发时还会使用矩阵对象,NumPy 中经常使用 mat()函数进行矩阵的创建,还可以使用 matrix()函数进行矩阵的创建。

　　NumPy 中还包含一些专用的通用函数,用来提升开发者的开发速度,如 abs()函数、sum()函数都是数据分析中的常用函数。

　　Random 模块也是在数据分析中经常使用的模块,例如创建一个具有正态分布的数组,就需要使用 Random 模块,此模块的使用频率较高。

　　在数据处理过程中经常会面临数据的保存问题,NumPy 中提供了 save()函数进行数据保存,此种方法保存的数据形式是二进制数据,同时这种保存方式适合单数组保存,如果想要保存多数组时可以使用 savez()函数。NumPy 提供了 load()函数进行数据载入。NumPy 还提供了 savetxt()函数将数据存储在.txt 文件中,与 savetxt()函数相对应的是 loadtxt()函数,将数据从.txt 文件中读取出来。

　　在本章的最后一节中讲述了数据处理中常用的方法:排序、去重,同时提供了数据分析中经常用到的函数。

习　题

一、填空题

1. NumPy 的主要数据类型是＿＿＿＿,用于计算的主要数据类型是＿＿＿＿。

2. 本书主要涉及的数组的属性包括＿＿＿＿、＿＿＿＿、＿＿＿＿、＿＿＿＿和＿＿＿＿。

3. 使用＿＿＿＿、＿＿＿＿函数可以创建矩阵。

4. 本书中用于数据分析的方法有_____、_____和_____。

二、选择题

1. 下列选项中不能创建 NumPy 数组的选项是（　　　）。

A. a ＝ numpy.array([1,2,3])

B. a ＝ numpy.array([1,[1,2,3],3])

C. a ＝ numpy.array([[1,2,3],[4,5,6]])

D. a ＝ numpy.array([['xiao','qian'],['xiao','feng']])

2. 下列代码运行的结果是（　　　）。

```
a = numpy.array([1,2,3])
b = numpy.array([4,5,6])
a + b
```

    A. [1,2,3,4,5,6]   B. [5,7,9]

    C. 21   D. 0

3. a ＝ numpy.array([[1,2,3],[4,5,6]])，下列选项中可以选取数字 5 的索引的是（　　　）。

    A. a[1][1]   B. a[2][2]

    C. a[1,1]   D. a[2,2]

4. 下列选项中不是矩阵的选项是（　　　）。

    A. A   B. I

    C. H   D. B

三、简答题

1. NumPy 中 reshape() 函数的主要作用是什么？

2. ones 函数的主要作用是什么？

第 4 章　Pandas 的使用

本章学习目标

- 掌握 DataFrame 和 Series 的操作。
- 掌握内置函数的使用。
- 掌握缺失数据的处理。
- 掌握数据的层次化处理。
- 掌握 Pandas 常用的统计方法。
- 掌握 Pandas 的 IO 操作。

Pandas 是数据分析中经常使用的一个 Python 的数据处理包,由 Pandas 社区基于 NumPy 进行开发,于 2009 年开源发布,最初被使用在金融领域,具有灵活、高效的特点。 Pandas 是数据开发者、数据科学家等与数据处理有关的工作者必须掌握的关键数据处理库。

4.1　Pandas 的数据结构

Pandas 中具有两种基本数据类型,分别是 DataFrame 和 Series 数据类型。Series 数据类型可以看作是 DataFrame 数据类型的子集,Series 数据类型是索引对象和单行数据的集合,而 DataFrame 可以看作是索引对象和多行数据的集合。在实际开发过程中,使用比较多的是 DataFrame 数据类型。下面将详细介绍 Series 和 DataFrame 数据类型的创建和使用。(注意:以下内容将 Series 数据类型或对象简称为 Series,将 DataFrame 数据类型或对象简称为 DataFrame。)

4.1.1　Series 对象的创建

视频讲解

Pandas 同 NumPy 一样提供了创建对应数据类型的基本类,Series 创建类具体形式如下。

```
pandas. Series(data = None, index = None, dtype = None, name = None, copy = False,
fastpath = False)
```

通过上述代码可以看出该类具有多个参数。

参数 data 可以是类数组、可迭代对象、字典或者标量值参数;参数 dtype 是字符类型的数据,用于指定输出数据的类型;参数 copy 默认为 False,当数据为 True 时将开启复制参数 data 功能。

参数 index 为类数组或索引对象,该参数的长度必须与参数 data 的长度一样。Pandas 将索引通过哈希散列与数据进行映射,也正是因为这一机制,使得 Series 的索引可以重复。若在创建 Series 时没有提供参数 index,将默认使用 0～n(n 为 data 参数的长度减 1)作为索引;如果同时使用字典作为参数 data 和参数 index,Pandas 将默认用参数 index 覆盖字典数据的键值。

开发者可以使用 Series 类直接创建操作,具体代码如下。

```
In [1]: from pandas import Series,DataFrame          # 导入相关类
In [2]: import pandas as pd
In [3]: Ser_1 = Series([1,2,3])                      # 通过列表创建 Series 数据
In [4]: Ser_1                                        # 查看数据结构
Out[4]:
0    1
1    2
2    3
dtype: int64
In [5]: a = {"a":1, "b": 2}                           # 使用字典创建 Series 对象
In [6]: Ser_2 = Series(a)
In [7]: Ser_2
Out[7]:
a    1
b    2
dtype: int64
```

通过上述代码可以看出,使用列表创建 Series,得到的结果中默认添加了索引。当使用字典对象创建 Series 实例时,生成的结果将使用字典中的键作为索引(如 In[4]代码)。

开发者可根据需求在创建 Series 时指定索引。Series 对象的索引和 Excel 表格列的作用十分相近,具体代码如下。

```
In [8]: Ser_3 = Series([1,2,3,4],index = [1,2,3,4])   # 指定值和索引
In [9]: Ser_3
Out[9]:
1    1
2    2
3    3
4    4
dtype: int64
```

通过上述代码可以看出,开发者可以通过参数 index 指定索引。(注意:data 参数元素个数应与 index 参数个数相同。)

开发者还可通过 index 属性查看索引,具体代码如下。

```
In [10]: Ser_3.index
Out[10]: Int64Index([1, 2, 3, 4], dtype = 'int64')
```

本节中主要讲述了 Series 的创建方式,在 4.1.2 节中将详细讲述 Series 对象的索引操作。

4.1.2 Series 对象的属性

视频讲解

Series 是 Excel 表格的基本数据,是索引(index)和数据(values)的集合。本节将介绍 Series 的属性操作,主要包括数据的增、删、改、查、判空、相关计算等操作,索引的增、删、改、查、对齐操作以及索引名的使用。

1. 数据值与索引值的查看

开发者通过 Series 属性——values 可以查看 Ser_1 的数据值,通过 index 属性可以查看索引值,具体代码如下。

```
In [11]: Ser_1.values          # 数据值
Out[11]: array([1, 2, 3])
In [12]: Ser_1.index           # 索引值
Out[12]: RangeIndex(start = 0, stop = 3, step = 1)
```

2. 通过索引查看值

索引的主要作用是方便开发者快捷、迅速地找到相关数据,Pandas 允许开发者通过索引查看数据,具体代码如下。

```
In [13]: Ser_2[1]              # 单个选取
Out[13]:1
In [14]: Ser_2[2]              # 单个选取
Out[14]: 2
In [15]: Ser_2[3]              # 单个选取
Out[15]: 3
In [16]: Ser_2[4]              # 单个选取
Out[16]: 4
In [17]: Ser_2[5]              # 如果没有这个键将报错——keyerror
```

上述代码中,由于 Ser_2 没有索引数据"5",所以会显示报错信息"keyerror"。

3. 批量查看数据

为了使用方便,Pandas 允许开发者通过将索引打包成列表的形式批量查看数据,具体代码如下。

```
In [18]: Ser_2[[1,2,3]]        # 列表选取
Out[18]:
1    1
2    2
3    3
dtype: int64
In [19]: Ser_2[[1,2,3,4]]      # 全部选取
Out[19]:
1    1
2    2
```

```
3    3
4    4
dtype: int64
In [20]: Ser_2[[4,3,2,1]]        # 任意位置选取
Out[20]:
4    4
3    3
2    2
1    1
dtype: int64
```

通过上述代码可以看出,传入索引的顺序,决定返回数据的排列方式。

4. 更改数据值

Series 支持数据修改,开发者通过索引进行数据更改,具体代码如下。

```
In [21]: Ser_2[2] = 10
In [22]: Ser_2
Out[22]:
1    1
2    10
3    3
4    4
dtype: object
```

通过上述代码可以看出,Series 数据值的修改与 Python 原生数据类型字典的操作基本一致。

5. Series 的基本计算

Series 的基本计算与 NumPy 对象计算基本一致,包括四则基本运算、比较运算和简单的成分判断,具体代码如下。

```
In [23]: Ser_2
Out[23]:
1    1
2    10
3    3
4    4
dtype: object
In [24]: Ser_2 + 1        # 加法
Out[24]:
1    2
2    11
3    4
4    5
dtype: object
In [25]: Ser_2 - 1        # 减法
Out[25]:
1    0
2    9
```

```
3     2
4     3
dtype: object
In [26]: Ser_2 * 4              # 乘法
Out[26]:
1     4
2     40
3     12
4     16
dtype: object
In [27]: Ser_2 /4               # 除法
Out[27]:
1     0.25
2     2.5
3     0.75
4     1
dtype: object
In [28]: Ser_2[Ser_2 > 3]       # 条件运算
Out[28]:
2     10
4     4
dtype: object
In [29]:1 in Ser_2              # 成分判断
Out[29]: True
In [30]: 10 in Ser_2            # 成分判断
Out[30]: False
```

通过上述代码可以看出,Series 对象的数据运算会辐射到所有元素。

6. 判断数据是否为空

在数据处理过程中,由于数据量通常是兆字节以上级别的,在数据处理过程中通过手动进行数据判空不可能完成,所以 Pandas 提供了 isnull()和 isnotnull()函数进行快捷判空操作。判空之后,开发者需要进行数据的缺陷处理,从而根据不同数据方案进行处理。判空操作具体如下。

```
In [31]: pd. isnull(Ser_2)      # 判空
Out[31]:
1     False
2     False
3     False
4     False
dtype: bool
In [32]: pd. notnull(Ser_2)     # 不是空
Out[32]:
1     True
2     True
3     True
4     True
dtype: bool
```

通过上述代码可以看出，返回结果为 bool 型数据。

7. 索引指定查找

在数据查找时，通常使用索引方式直接进行数据查找，但是在数据查找过程中如果 Pandas 未找到指定索引的数据，将会使用 NaN 数据类型进行数据缺陷处理，具体代码如下。

```
In [33]: Ser_2
Out[33]:
1    1
2    10
3    3
4    4
dtype: object
In [34]: Ser_4 = Series(Ser_2, index = [1,2,3,5])
In [35]: Ser_4    ♯ 如果要查找的数据中数据没有相应索引的值，则进行数据选择的时候会使用
                     NaN 进行数据补位
Out[35]:
1    1
2    10
3    3
5    NaN
dtype: object
```

通过上述代码可以看出，数据查找后，Pandas 将没有找到的数据使用 NaN 填充。

8. 索引自动对齐

在表格型数据进行运算的过程中，数据需要对应相加，这种数据根据索引对齐后进行运算的方式叫作索引对齐，具体代码如下。

```
In [36]: Ser_5 = Series({"a": 1,"b": 2,"c": 3})    ♯ 创建 Ser_5
In [37]: Ser_6 = Series({"a": 5,"b": 6,"c": 7})    ♯ 创建 Ser_6
In [38]: Ser_5 + Ser_6                              ♯ 索引自动对齐
Out[38]:
a    6
b    8
c    10
dtype: int64
```

通过上述代码可以看出，数据对齐以索引为基本依据进行分类，对应类别进行相加，可以看作是 Excel 中的对应列，数据进行相应运算。

9. Series 的对象名与索引名

1）对象名

Series 具有对象名属性，其索引具有索引名。Pandas 开发社区考虑到数据分析师可能进行不同对象的命名使用，从而添加了"索引名属性. 对象名"操作，具体代码如下。

```
In [39]: Ser_5.name = "数据分析实验"
In [40]: Ser_5
```

```
Out[40]:
a    1
b    2
c    3
Name: 数据分析实验, dtype: int64
```

通过上述代码可以看出，对象名可以直接使用 name 属性进行操作。在查看对象时，Pandas 将对象名返回终端。

2）索引的基本名字

索引名主要在数据的基本处理过程中使用，使用索引名可以将数据进行区分。但是索引名的使用频率不是很高，索引名操作具体代码如下。

```
In [41]: Ser_5.index.name = "索引表"
In [42]: Ser_5
Out[42]:
索引表
a    1
b    2
c    3
Name: 数据分析实验, dtype: int64
```

通过上述代码可以看出，索引名操作需要通过 index.name 属性进行操作。在查看数据时，Pandas 将其返回终端。

视频讲解

4.1.3 DataFrame 对象的创建

DataFrame 是 Pandas 中的另一个重要数据类型，创建 DataFrame 的具体形式如下。

```
pandas.DataFrame(data = None, index = None, columns = None, dtype = None, copy = False)
```

参数 data 为字典、可迭代对象、多维数组对象或者就是 DataFrame 数据对象，如果传入的是字典对象，则该字典对象可以包含该 Series 对象、数组、常量或者类似列表的对象。

参数 index 为索引参数，使用方式同 Series 相同，不重复讲解该参数。

参数 columns 为列标签参数，默认使用 RangeIndex 参数的(0～n)参数。

其他参数不重复讲解，如果想要了解这些参数可参考官方文档。DataFrame 参数列表如表 4.1 所示。

表 4.1 DataFrame 参数列表

类　　型	说　　明
二维数组(ndrray)	数据矩阵还可以传入行标和列标
由数组、列表、元组组成的字典	每个序列变成 DataFrame 的一列，所有数据的长度必须相同
NumPy 的结构化/记录数组	类似于数组组成的字典
由 Series 组成的字典	每个 Series 成为一列，如果没有显式指定索引，则 Series 的索引被合并成结果的行索引

类　　型	说　　明
由字典组成的字典	各内层字典组成一列,键被组成结果的行索引,与 Series 的结果类似
字典或者 Series 列	各项将成为 DataFrame 的一行,字典键或者 Series 索引的并集将成为 DataFrame 的一行
由列表或者元组组成的列表	类似于二维 ndrray
另一个 DataFrame	该 DataFrame 的索引被沿用,除非显式指定其他索引
NumPy 的 MaskArray	类似于二维 ndrray 的情况,只是掩码值会变成 NaN 默认值

创建 DataFrame 的过程如下。

首先,创建字典数据,为后续代码演示做准备,具体代码如下。

```
# 创建字典
In [1]: from pandas import Series,DataFrame    # 导入相关类
In [2]: import pandas  as pd
In [3]: data_1 = {"a": [1,2,3],"b": [4,5,6],'c': [7,8,9],"d": [10,11,12]}
In [4]: data_1                                 # 查看数据
Out[4]: {'a': [1, 2, 3], 'b': [4, 5, 6], 'c': [7, 8, 9], 'd': [10, 11, 12]}
In [5]: type(data_1)                           # 查看类型
Out[5]: dict
```

1. 使用默认创建方式

通过字典创建 DataFrame 数据类型,具体代码如下。

```
In [6]: df_1 = DataFrame(data_1)          # 创建 DataFrame 类型数据
In [7]: df_1                              # 查看数据
Out[7]:
   a  b  c   d
0  1  4  7  10
1  2  5  8  11
2  3  6  9  12
```

通过上述代码可以看出,DataFrame 数据是一个二维数据,同时具有行索引和列索引。

2. 指定列排序方式创建

通过指定列数据进行 DataFrame 创建和使用默认方式创建的函数是同一个,只是传入的参数略有不同,前者需要使用指定列索引,具体代码如下。

```
In [8]: df_2 = DataFrame(data_1, columns = ["c", "b","a"])
In [9]: df_2                              # 查看具体结果
Out[9]:
   c  b  a
0  7  4  1
1  8  5  2
2  9  6  3
```

3. 使用嵌套字典进行创建

Pandas 还提供了使用字典创建 DataFrame 的方式,此方式是 Python 数据类型和 Pandas 数据类型进行数据转换的纽带。通过 Python 内置的字典类型进行 Series 的创建,具体代码如下。

```
# 通过数据进行创建
In [10]: data_2 = {"身高": {"ming": 179,"hua": 180,"tai": 170},
                    "体重": {"ming": 60,"hua": 70,"tai": 71},
                    "性别":{"ming": "man","hua":" man","tai": "woman"}}
In [11]: df_3 = DataFrame(data_2)
In [12]: df_3
Out[12]:
         身高    体重    性别
hua      180    70     man
ming     179    60     man
tai      170    71     woman
```

上述代码表明,Pandas 会自动生成一个表格,嵌套字典的外层键成为列索引,内层键成为行索引,同时会进行数据索引对齐操作,将内层字典相同的键对应的值排列到同一行。

4.1.4 DataFrame 对象的属性

视频讲解

4.1.3 节中主要讲述了 DataFrame 的创建,本节将主要讲述该对象属性的基本操作。

1. NaN 的填充

有时创建的 DataFrame 会出现用 NaN 填充数据的情况,具体代码如下。

```
# 创建数据 df_4
In [13]: df_4 = DataFrame(data_1,
columns = ["c","b","a","N"],
index = ["A","B","C"])
In [14]: df_4
Out[14]:
   c  b  a  N
A  7  4  1  NaN
B  8  5  2  NaN
C  9  6  3  NaN
```

通过上述代码可以看出,df_4 对象是由 data_1 对象创建的,需要指定列和行参数。如果原有数据没有相关子参数,将会使用 NaN 数据类型进行填充。

2. 查看列数据

开发者可以使用"[]"运算符查看 DataFrame 中的数据,注意"[]"运算符中使用的是字符类型数据,具体代码如下。

```
In [15]: df_4["a"]        # 注意这里是字符串形式的字典
Out[15]:
A    1
B    2
```

```
C     3
Name: a, dtype: int64
```

3. 修改列数据

Pandas 允许开发者使用"[ ]"运算符进行数据的赋值操作,这样可以很方便地进行数据的缺陷处理和数据测试,具体代码如下。

```
In [16]: df_4["N"] = 10
In [17]: df_4
Out[17]:
   c  b  a  N
A  7  4  1  10
B  8  5  2  10
C  9  6  3  10
```

通过上述代码可以看出,对"N"列数进行赋值操作,对应列全部数据会变为相应的值。

4. 使用列表修改

上述修改方式为单赋值修改,使用单赋值方式将会使整列数据的值相同。Pandas 允许开发者使用列表将数据打包,并实现对源数据多值同时更改的操作,具体代码如下。

```
In [18]: df_4["N"] = [12,13,14]
In [19]: df_4
Out[19]:
   c  b  a  N
A  7  4  1  12
B  8  5  2  13
C  9  6  3  14
```

5. 使用 Series 数据修改

Pandas 允许开发者使用 Series 数据作为参数,对 DataFrame 数据进行修改,具体代码如下。

```
In [20]: data_4 = Series([88,99,11],index = ["B","A","C"])
In [21]: df_4["N"] = data_4
In [22]: df_4
Out [22]:
   c  b  a  N
A  7  4  1  99
B  8  5  2  88
C  9  6  3  11
```

上述代码创建一个新的 Series 对象,然后将该 Series 对象赋值到对应的列,从而修改原有数据列。

6. 查看数据

Pandas 支持通过行索引进行数据查看,需要开发者借助 ix()函数进行操作,具体代码如下。

第4章

Pandas 的使用

```
In [23]: df_4.ix["A"]
Out[23]:
c    7
b    4
a    1
N    99
Name: A, dtype: int64
```

7. 添加列

Pandas 支持以 key-value 的方式添加数据，具体代码如下。

```
In [24]: df_4["age"] = [100,111,120]
In [25]: df_4
Out[25]:
   c  b  a   N   age
A  7  4  1  99   100
B  8  5  2  88   111
C  9  6  3  11   120
```

Pandas 不仅支持开发者使用列表数据类型增加数据列，还允许开发者使用 Series 数据对象增加数据列。

8. 删除列

Pandas 允许开发者使用关键字 del 删除 DataFrame 的数据列，具体代码如下。

```
In [26]: del df_4["age"]
In [27]: df_4
Out[27]:
   c  b  a   N
A  7  4  1  99
B  8  5  2  88
C  9  6  3  11
```

9. 转置

DataFrame 对象的转置，指的是将其行与列进行位置转换，即将行转换成列，列转换成行的操作。下面通过代码说明。

```
# 数组转置
In [28]:data_5 = {
        "身高": {"ming": 179,"hua": 180,"tai": 170},
        "体重": {"ming": 60,"hua": 70,"tai": 71},
        "性别": {"ming": "man","hua": "man","tai": "woman"}}
In [29]: df_5 = DataFrame(data_5)
In [30]: df_5
Out[30]:
      身高   体重   性别
hua   180   70    man
ming  179   60    man
tai   170   1     woman
```

```
In [31]: df_5.T
Out[31]:
      hua  ming  tai
身高   180  179  170
体重    70   60   71
性别   man  man  woman
```

通过上述过程可以看出,数组的转置可以使用"."运算调用 T 属性实现。

10. index\value 的属性操作

1) 设置索引 name 属性

DataFrame 对象同 Series 对象相同,均支持 name 属性操作,具体代码如下。

```
In [32]: df_5.index.name = "姓名"
In [33]: df_5.columns.name = "参数"
In [34]: df_5
Out[34]:
参数   身高   体重   性别
姓名
hua   180   70   man
ming  179   60   man
tai   170   71   woman
```

上述代码中可以看出,df_5 数据具有两类索引,一类是行索引,另外一类是列索引。DataFrame 数据的索引名个数由索引轴个数决定。

2) 查看 values

开发者可以使用"."运算提取数据,具体代码如下。

```
In [35]: df_5.values              # 查看数值
Out[35]: array([[180, 70, 'man'],
       [179, 60, 'man'],
       [170, 71, 'woman']], dtype = object)
```

4.2 Pandas 的索引对象

索引在数据处理过程中经常使用,索引可以帮助开发者快捷地处理数据,同时索引丰富了开发者的切片操作,并提升了数据索引能力。本章从 Series 与 DataFrame 索引的使用、重建、选取和过滤等方面进行讲解。

视频讲解

4.2.1 Series 索引的基本使用

在 4.1.2 节中已经对 Series 对象的索引做了基本介绍,本节将介绍 Series 对象索引的基本使用,开发者可以根据实际的需求进行索引的创建、命名、重建索引等基本操作。

1. 指定索引

Pandas 允许开发者在创建 Series 对象时,通过 index 关键字参数指定索引数据。具体代码如下。

```
In [1]: import pandas as pd
In [2]: from pandas import Series , DataFrame        # DataFrame 数据将在后面小节使用
In [3]: Ser_1 = Series(range(3),index = ["a","b","c"])
In [4]: Ser_1
Out[4]:
a    0
b    1
c    2
dtype: int64
```

通过上述过程可以看出，在创建 Ser_1 对象时，同时指定了 index 参数作为索引数据。

2. 查看索引

Pandas 支持开发者使用"."运算查看 Ser_1 对象索引。通过"."运算查看索引，具体代码如下。

```
In [5]: index = Ser_1.index                    # 提取索引
In [6]: index
Out[6]: Index(['a', 'b', 'c'], dtype = 'object')
In [7]: index[2]                               # 查看最后一个索引数据
Out[7]: 'c'
```

注意：索引是 Series 本身的属性，通过 index 属性获取的值是索引对象，不是简单的索引值。

3. 索引切片

开发者可以在数据处理的过程中使用索引切片，增大数据选择的灵活性，具体代码如下。

```
In [8]: index[1:]                              # 对数据进行索引切片
Out[8]: Index(['b', 'c'], dtype = 'object')    # 返回索引对象
```

4. Index 类创建索引

Pandas 为了丰富索引的创建形式，还为开发者提供了 Index 类用来创建 Index 对象，具体代码如下。

```
In [9]: index  = pd.Index(range(3))            # 创建索引对象
In [10]: Ser_2 = Series([1,2,3],index = index) # 将索引对象进行绑定
In [11]: Ser_2
Out[11]:
0    1
1    2
2    3
dtype: int64
In [12]: Ser_2.index is index                  # 进行索引判断
Out[12]:True
```

注意：索引对象创建后通常要将其绑定到相应 Series 对象上。

Pandas 中不同的索引类具体如表 4.2 所示。

表 4.2　不同索引类

类	说　　明
Index	规范化的 Index 对象，将轴标签表示为一个由 Python 对象组成的 NumPy 数组
Int64Index	针对整数的 Index
MultiIndex	层次化索引对象，表示单个轴上的多层索引，可以看作由元组组成的数组
DatetimeIndex	存储纳秒级时间戳
PeriodIndex	针对 Period(时间间隔)的特殊数组 Index

索引对象还有很多不同的方法，具体形式如表 4.3 所示。

表 4.3　Index 的方法

方　　法	说　　明
append	连接两个 Index 对象，产生一个新的 Index 对象
diff	计算差值，产生一个新的 Index 值
intersection	计算交集
union	计算并集
isin	计算一个指示各值是否都包含在参数集合中的 bool 型数组
delete	删除索引 i 处的值，并得到一个新的 Index 值
drop	删除传入的值，得到一个新的 Index 值
insert	将元素插入元素 i 处，并得到新的 index 值
is_monotonic	当各个元素均大于当前元素时，返回 True
is_unique	当 Index 没有重复值时，返回 True
unique	计算 Index 中唯一值的数组

4.2.2　重建索引

重建索引是对数据资源的重新整合，重建索引可以提高数据处理的效率。Pandas 提供了 reindex()函数供开发者重建索引。

视频讲解

1. 普通用法

reindex()函数的基本用法过程如下。

首先，重新处理一下数据创建 Series 对象并查看，具体代码如下。

```
In [1]: import pandas as pd
In [2]: from pandas import Series, DataFrame
In [3]: Ser_1 = Series([1,2,3,4],index = ["a","v","c","k"])
In [4]: Ser_1
Out[4]:
a    1
v    3
c    4
k    2
```

85

第4章

然后，使用 reindex()函数进行索引重建，具体代码如下。

```
In [5]: Ser_1.reindex(["a","c","k","v"])                # 重建索引
Out[5]:
a    1
c    3
k    4
v    2
dtype: int64
```

2. 重建索引并填充值

开发者在数据处理过程中，可以在重建索引的同时进行数据填充。这样操作，能够加快数据的处理速度，增大数据处理的灵活性，具体代码如下。

```
In [6]: Ser_2 = Series([1,2,3,4],index = ["a","b","c","d"])
In [7]: Ser_2
Out[7]:
a    1
b    2
c    3
d    4
dtype: int64
In [8]: Ser_2.reindex(["a","z"],fill_value = 0)        # 默认使用 0 值进行填充
Out[8]:
a    1
z    0
dtype: int64
In [9]: Ser_3 = Series(["a","b","c"],index = [0,2,4])  # 函数的基本使用
In [10]: Ser_3
Out[10]:
0    A
2    b
4    c
dtype: object
In [11]: Ser_3.reindex(range(6),method = "ffill")     # 向前填充.只要后面有值,就要向前填充
Out[11]:
0    a
1    a
2    b
3    b
4    c
5    c
dtype: object
```

上述代码中使用了值填充，然后使用向前填充的方法进行填充，如此使用 reindex()函数提高了开发效率。reindex()函数的填充参数如表 4.4 所示。

表 4.4　reindex()函数参数说明

参　　数	说　　明
fill	向前填充
pad	向前搬运
bfill	向后填充
backfill	向后搬运

3. 数据索引的修改

在数据处理的过程中,reindex()函数是可以对数据进行重复修改的。在 Pandas 设计之初,就已经将索引设计成可以被修改的对象,这与普通的数据库索引是不同的。使用 reindex()函数修改索引,具体代码如下。

```
In [12]: data_1 = [10,11,12,13,14,15]
In [13]: Ser_3.reindex(data_1)
Out[13]:
10    a
11    a
12    b
13    b
14    c
15    c
dtype: object
```

对于 DataFrame 数据类型,同样可以使用 reindex()函数进行索引重建,该函数可以同时进行参数选择、重建索引。

4. 根据轴删除指定的内容

在处理缺陷数据的时候,有时会有选择地丢弃轴上的数据。Pandas 为开发者提供 drop()函数用于数据的指定删除,具体代码如下。

```
In [14]: Ser_4 = Series(np.arange(5,),index = ['a','b','c','d','e'])
In [15]: Ser_4                    ♯ 查看数据
Out[15]:
a    0
b    1
c    2
d    3
e    4
dtype: int64
In [16]: Ser_4.drop("e")          ♯ 通过使用 drop 进行轴数据的丢弃
Out[16]:
a    0
b    1
c    2
d    3
dtype: int64
In [17]: Ser_4.drop(["c","d"])    ♯ 删除指定数据且不会对源数据进行更改
```

87

第 4 章

Pandas 的使用

```
Out[17]:
a    0
b    1
e    4
dtype: int64
In [18]: Ser_4                          # 源数据没有变化,drop是数据变化的基本形式
Out[18]:
a    0
b    1
c    2
d    3
e    4
dtype: int64
```

通过上述过程可以看出,drop()函数对数据进行操作后,返回的结果是一个新对象。删除操作不会对源数据进行更改。下面将演示 drop()函数对 DataFrame 数据的相关操作,具体代码如下。

```
# 创建数据
In [19]: df_1 = DataFrame(
    np.arange(10).reshape((2,5)),
    index = [ "a",'b'],
    columns = ["A","B","C","D","E"]
)
In [20]: data_2                         # 查看数据
   A  B  C  D  E
a  0  1  2  3  4
b  5  6  7  8  9
In [21]: df_1.drop(["A"],axis = 1)      # drop 对 DataFrame 数据进行删除
   B  C  D  E
a  1  2  3  4
b  6  7  8  9
In [22]: data_2.drop(["a"],axis = 0 )   # drop 对 DataFrame 数据进行删除,并指定行或者列
   A  B  C  D  E
b  5  6  7  8  9
```

通过上述过程可以看出,drop()函数对 DataFrame 数据进行删除操作时,需要指定轴方向。

4.2.3 索引的基本选取和过滤

视频讲解

本节将分别从 Series 与 DataFrame 两方面介绍索引对象的选取、过滤操作。

1. Series 对象索引基本使用

Series 对象不同于 DataFrame 对象,前者排列方式是线式的,后者排列方式是面式的。Series 的索引结构相对来说比较单一。下面通过代码说明,具体代码如下。

```
In [1]: import pandas as pd
In [2]: from pandas import Series, DataFrame
In [3]: import numpy as np
In [4]: Ser_1 = Series(np.arange(4.),index = ["a","b","c","d"])
In [5]: Ser_1
Out[5]:
a    0.0
b    1.0
c    2.0
d    3.0
dtype: float64
In [6]: Ser_1["a"]              # 根据行索引进行选择
Out[6]: 0.0
In [7]: Ser_1[0]               # 根据列索引选择序号进行选址
Out[7]: 0.0
In [8]: Ser_1[0: 2]            # 使用切片进行选择,左闭右开
Out[8]:
a    0.0
b    1.0
dtype: float64
In [9]: Ser_1[["b","a","c"]]  # 自定义排序方式
Out[9]:
b    1.0
a    0.0
c    2.0
dtype: float64
In [10]: Ser_1[[1,3]]          # 根据具体的值进行选择——通过值进行索引的基本选择
Out[10]:
b    1.0
d    3.0
dtype: float64
In [11]: Ser_1[Ser_1 > 2]      # 根据自身条件进行筛选
Out[11]:
d    3.0
dtype: float64
In [12]: Ser_1["a": "c"]       # 根据函数的基本运算切片方式是这样的,末端切片是包含的,
                               #   其他切片不是包含的
Out[12]:
a    0.0
b    1.0
c    2.0
dtype: float64
```

通过上述代码可以看出,对于 Series 数据而言,索引的使用十分灵活。开发者不仅可以通过索引进行数据选择,还可以根据索引下标、数据值列表、索引值列表进行数据选择与切片。

2. DataFrame 对象的基本操作

DataFrame 数据的索引操作,同 Series 数据一样简单,但对于前者而言是多维选择。具体代码如下。

```
# 创建数据
In [13]: data_1 = DataFrame(np.arange(16).reshape((4,4)),
index = ["a","b","c","d"]
,columns = ["A","B","C","D"])
In [14]: data_1                      # 查看 data_1 数据
     A    B    C    D
a    0    1    2    3
b    4    5    6    7
c    8    9    10   11
d    12   13   14   15
In [15]: data["A"]                   # 进行数据选择
Out[15]:
a    0
b    4
c    8
d    12
Name: A, dtype: int64
In [16]: data["B"]                   # 进行数据选择
Out[16]:
a    1
b    5
c    9
d    13
Name: B, dtype: int64
In [17]: data["C"]                   # 进行数据选择
Out[17]:
a    2
b    6
c    10
d    14
Name: C, dtype: int64
In [18]: data[["A","C","D"]]         # 进行数据的整体选择——使用列表
     A    C    D
a    0    2    3
b    4    6    7
c    8    10   11
d    12   14   15
```

以上都是简单的数据操作，值得注意的是 DataFrame 对象支持数据本身的条件迭代，具体代码如下。

```
In [19]: data[data > 5]              # 显示 data 数据中大于 5 的数
     A      B      C      D
a    NaN    NaN    NaN    NaN
b    NaN    NaN    6.0    7.0
c    8.0    9.0    10.0   11.0
d    12.0   13.0   14.0   15.0
```

3. 使用 ix 属性对数据进行选择

使用 ix 属性进行数据的查看，具体代码如下。

```
In [20]: data.ix["a",["A","B"]]        # 选取行为 a，列为 A、B 的数据
A    0
B    1
Name: a, dtype: int64
```

若要选择 a、b 行，A、B 列，具体代码如下。

```
In [21]: data.ix[['a','b'],['A','B']]
Out[21]:
    A    B
a   0    1
b   4    5
```

DataFrame 对象 ix 属性还有很多应用技巧，本节不逐一演示，具体使用方式如表 4.5 所示。

表 4.5　DataFrame 索引的操作说明

类　　型	说　　明
obj[val]	选取 DataFrame 的单行或者一列，在一些情况下比较便利
obj.ix[val]	选取 DataFrame 的单行或者一列
obj.ix[:, val]	选取单个列或者列子集
obj.ix[val1, val2]	同时选择行和列
reindex 方法	将一个或者多个轴重新配置新的索引
xs 方法	根据标签选择单行或者单列，并返回一个 Series 对象
icol、irow 方法	根据整数位置选取单行或者单列，并返回一个 Series 对象
get_value、set_value	根据标签进行选择单个值

4.3　Pandas 的基本计算

4.3.1　算术运算和数据对齐

在数据处理过程中，数据的基本运算也是必不可少的。数据运算的最终目标是在大量数据中进行综合信息的有效提取，并总结数据中的规律，提炼出对行业或公司业务有指导和参考意义的实用数据。本节将讲述 Pandas 中数据的基本运算。

1. Series 对象的基本计算

在 4.1 节中曾讲过 Series 对象的基本使用，此处不过多演示，具体代码如下。

```
In [1]: import numpy as np
In [2]: import pandas as pd
In [3]: from pandas import Series, DataFrame
# 创建一个 Series 对象
```

```
In [4]: s1 = Series([1,2,3,4,5],index = ["A","B","C","D","E"])
In [5]: s2 = Series([6,7,8,9],index = ["A","C","G","E"])        # 创建一个序列
In [6]: s1 + s2           # 进行序列相加,可以看出序列中的数据进行了展示和显示,不存在的值的
                            序列进行数据传递
Out[6]:
A    7.0
B    NaN
C    10.0
D    NaN
E    14.0
G    NaN
dtype: float64
In [7]: s1 - s2
Out[7]:
A   - 5.0
B    NaN
C   - 4.0
D    NaN
E   - 4.0
G    NaN
dtype: float64
In [8]: s1 * s2        # 相乘
Out[8]:
A    6.0
B    NaN
C    21.0
D    NaN
E    45.0
G    NaN
dtype: float64
In [9]: s1 / s2        # 相除
Out[9]:
A    0.166667
B         NaN
C    0.428571
D         NaN
E    0.555556
G         NaN
dtype: float64
```

上述代码中演示了 Series 的基本四则运算,其中,s1 为 A～E 索引与相应数据,s2 为 A、C、G、E 索引和相应的数据。在运算的过程中,需要进行索引对齐,或者使用 NaN 数据补齐数据。

2. DataFrame 的基本计算

DataFrame 对象的基本计算形式与 Series 的基本无差别,Series 只是单维度的计算,而 DataFrame 是多维度的基本计算形式。下面的代码展示了 DataFrame 的基本四则运算的基本形式,具体代码如下。

```
# 创建具体 DataFrame 数据代码
In [10]: s3 = DataFrame(np.arange(9.).reshape((3,3)),
columns = ["A","B","C"],
index = ["a","b","c"])
In [11]: s4 = DataFrame(
np.arange(16.).reshape((4,4)),
columns = ["A","B","C","D"],
index = ["a","b","c","d"])
In [12]: s3 + s4   # 相加
    A      B      C      D
a   0.0    2.0    4.0    NaN
b   7.0    9.0    11.0   NaN
c   14.0   16.0   18.0   NaN
d   NaN    NaN    NaN    NaN
In [13]: s3 - s4   # 相减
    A      B      C      D
a   0.0    0.0    0.0    NaN
b  -1.0   -1.0   -1.0    NaN
c  -2.0   -2.0   -2.0    NaN
d   NaN    NaN    NaN    NaN
In [14]: s3 * s4   # 相乘
    A      B      C      D
a   0.0    1.0    4.0    NaN
b   12.0   20.0   30.0   NaN
c   48.0   63.0   80.0   NaN
d   NaN    NaN    NaN    NaN
In [15]: s3 / s4   # 相除
    A        B          C           D
a   NaN      1.000000   1.000000    NaN
b   0.75     0.800000   0.833333    NaN
c   0.75     0.777778   0.800000    NaN
d   NaN      NaN        NaN         NaN
```

上述代码通过定义 s3(3×3 大小)的 DataFrame 对象,s4(4×4 大小)的 DataFrame 对象,进行数据的基本演示。值得注意的是,二者的 shape 属性并不相同,进行数据运算需要数将据对齐,其中的部分缺失值使用 NaN 填充。

3. 算术填充

在前面介绍的基本运算方式中,当数据的 shape 属性不同时需要使用 NaN 进行填充。这种计算方式是 Pandas 的默认形式。为了更加灵活地处理数据,Pandas 允许开发者使用内置函数进行数据运算,并进行数据缺陷的处理,具体代码如下。

```
In [16]: s3.add(s4,fill_value = 1)
    A      B      C      D
a   0.0    2.0    4.0    4.0
b   7.0    9.0    11.0   8.0
c   14.0   16.0   18.0   12.0
d   13.0   14.0   15.0   16.0
```

表 4.6 列举了一些基本函数,这些函数在计算的同时可以进行数据填充操作,如表 4.6 所示。

表 4.6 数据的算术填充函数

方　　法	说　　明
add	加法
sub	减法
div	除法
mul	乘法

4. Series 与 DataFrame 数据类型之间的运算(不同对象的基本运算)

本节之前部分主要讲述的是同类型的数据之间的运算,但在 Pandas 中,不同数据类型之间同样具有兼容性。可以说,Series 对象是 DataFrame 对象的子集。Pandas 同样支持不同数据类型之间的基本运算,具体代码如下。

```
# 创建相关数据
In [17]: frame = DataFrame(np.arange(12,).reshape((4,3)),
columns = ["A",'B','C'],
index = ['a','b','c',"d"])
In [18]: frame                    # 查看 DataFrame 数据类型
Out[18]:
     A    B    C
a    0    1    2
b    3    4    5
c    6    7    8
d    9    10   11
# 创建一个 Series 数据类型
In [19]: series_1 = Series([1,2,3],index = ["A","B","C"])
In [20]: series_1                 # 查看 Series 数据类型
Out[20]:
A    1
B    2
C    3
dtype: int64
In [21]: frame - series_1         # 进行数据运算
Out[21]:
     A    B    C
a   -1   -1   -1
b    2    2    2
c    5    5    5
d    8    8    8
```

通过上述代码可以观察到,series_1 和 frame 数据进行简单的运算,frame 中行数据与 series_1 中行数据运算。如果进行运算的基本数据的索引在某个数据中不存在,则产生的结果是数据的并集,并使用 NaN 数据进行缺陷值填充。

4.3.2 自定义函数

在 Pandas 中还有一种内置数据类型 ufunc，用来处理函基本运算。其用法如下面代码。

```
In [1]: import pandas as pd
In [2]: from pandas import Series, DataFrame
In [3]: import numpy as np
In [4]: frame = DataFrame(
np.random.randn(4,3),
columns = ["A","B","C"],
index = ["a","b","c","d"])
In [5]: frame
     A          B          C
a  − 0.040556  − 0.757014 0.691484
b  0.045763    2.397830   − 0.638147
c  1.071575    0.147016   0.866301
d  1.245167    0.196859   − 2.175305
In [6]: np.abs(frame)          # 使用 NumPy ufunc 操作数据对象
     A          B          C
a  0.040556    0.757014   0.691484
b  0.045763    2.397830   0.638147
c  1.071575    0.147016   0.866301
d  1.245167    0.196859   2.175305
```

上述代码中使用的 abs()函数是 ufunc 类型。

1. 行内范围计算

Pandas 为了让数据在行内范围计算，提供了 apply()函数，具体代码如下。

```
In [7]: f = lambda x: x.max() − x.min()   # 自定义函数的使用
In [8]: frame.apply(f)                     # 将自定义函数应用到每一列上
Out[8]:
A    1.285723
B    3.154844
C    3.041606
dtype: float64
In [9]: frame.apply(f, axis = 1)           # 将自定义函数应用到行上
Out[9]:
a    1.448498
b    3.035978
c    0.924558
d    3.420473
dtype: float64
```

上述代码通过定义匿名函数，计算单行数据的范围内的极差（最大值与最小值的差），并使用 apply()函数进行运算。

2. 自定义函数

Pandas 允许开发者自定义函数并通过 apply()函数对数据集进行相关处理，具体代码

Pandas 的使用

如下。

```
In [10]: def f(x):
             return Series([x.min(), x.max()],index = ["min", "max" ])
In [11]: frame.apply(f)
         A          B          C
min    - 0.040556  - 0.757014  - 2.175305
max    1.245167    2.397830    0.866301
```

3. 元素级函数的应用

Pandas 为开发者提供 applymap() 函数对元素进行函数映射,具体代码如下。

```
In [12]: format = lambda x : "%.2f" % x
In [13]: frame.applymap(format)
         A       B       C
a      - 0.04  - 0.76   0.69
b      0.05    2.40   - 0.64
c      1.07    0.15    0.87
d      1.25    0.20   - 2.18
```

视频讲解

4.3.3 排序

本节将对 Series 和 DataFrame 数据的排序操作做基本介绍。

1. Series 数据的简单排序

因为 Series 数据只具有一维索引,所以其可以进行简单的排序。Pandas 提供了 sort_index() 函数,可以帮助开发者根据索引完成适当的排序工作,具体代码如下。

```
In [1]: import pandas as pd
In [2]: import numpy as np
In [3]: from pandas import Series, DataFrame
Out[3]: Ser_1 = Series(range(4),index = ["a",'b','d','c'])
In [4]: Ser_1                    # 默认未排序
Out[4]:
a    0
b    1
d    2
c    3
dtype: int64
In [5]: Ser_1.sort_index()       # 使用该函数后进行排序
Out[5]:
a    0
b    1
c    3
d    2
dtype: int64
```

2. DataFrame 的简单排序

DataFrame() 的简单排序不同于 Series 对象的基本排序,由于 DataFrame() 函数具有二维索引,所以排序相对 Series 数据类型更灵活一些,在使用 sort_index() 函数进行排序时可以选择不同的轴,具体代码如下。

```
# 创建相关数据
In [6]: frame = DataFrame(np.arange(8).reshape((2,4)),index = ["B","A"],columns = ["a",
"c","b","d"])
In [7]: frame                                      # 原始状态——未排序转态
     a  c  b  d
B    0  1  2  3
A    4  5  6  7
In [8]: frame.sort_index()                          # 排序
     a  c  b  d
A    4  5  6  7
B    0  1  2  3
In [9]: frame.sort_index(axis = 1)                  # 对第二维度进行排序
     a  b  c  d
B    0  2  1  3
A    4  6  5  7
In [10]: frame.sort_index(axis = 0 )                # 对第一维度进行排序
     a  c  b  d
A    4  5  6  7
B    0  1  2  3
In [11]: frame.sort_index(axis = 1, ascending = False)   # 对横轴进行降序排序
     d  c  b  a
B    3  1  2  0
A    7  5  6  4
```

3. DataFrame 自定义条件排序

Pandas 允许开发者使用 sort_values() 函数进行自定义条件排序,具体代码如下。

```
In [12]: frame.sort_values(by = "d")        # 使用 sort_index(by) 函数自定义条件
     a  c  b  d
B    0  1  2  3
A    4  5  6  7
In [13]: frame.sort_values(by = ["a","b"])
     a  c  b  d
B    0  1  2  3
A    4  5  6  7
```

上述根据列条件进行数据的基本选择,如果选择的条件是单列的可以直接将字符串传递给 by 关键字参数,如果需要考虑条件的数量大于或等于 2,需要处理成列表形式,然后再传递。

4.3.4 重复索引的基本使用

重复索引的使用也是数据分析中遇到的另一个问题。本节将对 Series 与 DataFrame 的重复索引做基本说明。

视频讲解

Pandas 的使用

1. Series 重复索引的基本使用

Pandas 的索引不同于数据库唯一索引。Pandas 数据的索引是可以重复的索引值,具体代码如下。

```
In [1]: from pandas import Series, DataFrame
In [2]: import numpy as np
In [3]: import pandas as pd
In [4]: Ser_1 = Series(range(5),index = ["a","a","b","c","c"])
In [5]: Ser_1
Out[5]:
a    0
a    1
b    2
c    3
c    4
dtype: int64
In [6]: Ser_1.index.is_unique        # 用于检查索引的唯一性
Out[6]: False
In [7]: Ser_1["a"]                   # 返回的是 Series 对象
Out[7]:
a    0
a    1
dtype: int64
In [8]: Ser_1["b"]                   # 返回的是标量值
Out[8]: 2
```

上述代码,先是创建一个重复索引的 Series 对象演示其基本使用。然后,通过 is_unique 属性判断数据唯一性。最后,使用"[]"运算符获取相同索引值数据。

2. DataFrame 重复索引的基本使用

DataFrame 数据重复索引,具体代码如下。

```
In [9]: df = DataFrame(np.random.randn(4,3),index = ['a',"a","b","b"])
In [10]: df
          0           1           2
a    - 0.100718   - 0.565845   - 0.708324
a    0.024004     0.595691     0.363207
b    - 0.174333   - 0.452714   2.438717
b    - 0.851520   - 0.693245   0.321856
In [11]: df.loc["b"]                 # 使用 loc 进行数据的选取
          0           1           2
b    - 0.174333   - 0.452714   2.438717
b    - 0.851520   - 0.693245   0.321856
```

上述代码中,使用 loc 属性查看列索引中重复索引"b"对应的数据。

4.4 Pandas 的统计功能

视频讲解

4.4.1 统计使用的基本函数

Pandas 具有一组统计函数,大部分函数用于约简和汇总,如从 Series 中提取单个值,或从 DataFrame 中提取 Series 值。Pandas 中常用统计函数如表 4.7 所示。

表 4.7 Pandas 中常用的统计函数

方　　法	属　　性
sum	返回 Series 对象——列的和
mean	返回 Series 对象——行的平均数
idmax	返回最小索引值
idmix	返回最大索引值
cumsum	返回统计值(累计型统计)
describe	一次产生多个汇总
count	计算非 NaN 值的数量
min，max	计算最大值或最小值
argmin，argmax	能够获取到最大值或者最小值的索引位置
median	计算中位数
mad	根据平均值计算平均绝对离差
var	计算方差
std	计算标准差
skew	计算偏度(三阶矩阵)
kurt	计算锋度(四阶矩阵)
cummin，cumsum	计算累计最大值和最小值
cumprod	计算累计积
diff	计算一阶差分
pct_change	计算百分数变化

下面将演示部分函数的使用,具体代码如下。

```
In [1]: import pandas as pd
In [2]: import numpy as np
In [3]: from pandas import Series, DataFrame
In [4]: df = DataFrame([[1.4,np.nan],[1.5,1.6],[1.7,np.nan],[1.8,np.nan]],index = ["a",
"b","c","d"],columns = ["A","B"])
In [5]: df
Out[5]:
      A     B
a    1.4   NaN
b    1.5   1.6
c    1.7   NaN
d    1.8   NaN
In [6]: df.sum()           # 返回含有列小计的 Series 对象
```

```
Out[6]:
A    6.4
B    1.6
dtype: float64
In [7]: df.sum(axis = 1)              ♯ 返回含有行小计的对象
Out[7]:
a    1.4
b    3.1
c    1.7
d    1.8
dtype: float64
In [8]: df.mean(axis = 1 , skipna = False)  ♯ 禁止跳过 NaN
Out[8]:
a    NaN
b    1.55
c    NaN
d    NaN
dtype: float64
In [9]: df.idxmin()                   ♯ 返回最小索引值
Out[9]:
A    a
B    b
dtype: object
In [10]: df.idxmax()                  ♯ 返回最大索引值
Out[10]:
A    d
B    b
dtype: object
In [11]: df.cumsum()                  ♯ 返回统计值
     A     B
a    1.4   NaN
b    2.9   1.6
c    4.6   NaN
d    6.4   NaN
In [12]: df.describe()                ♯ 一次性产生多个汇总统计
       A          B
count  4.000000   1.0
mean   1.600000   1.6
std    0.182574   NaN
min    1.400000   1.6
25 %   1.475000   1.6
50 %   1.600000   1.6
75 %   1.725000   1.6
max    1.800000   1.6
```

在开发过程中有时会使用额外的特性控制参数,约简方法的参数具体如表 4.8 所示。

表 4.8　约简方法的参数

方　　法	说　　明
axis	约简的轴，DataFrame 的行用 0，列用 1
skipna	排除缺失值，默认值为 True
level	如果轴是层次化索引，则根据 level 进行分组约简

4.4.2　常用统计方法

视频讲解

在数据的统计过程中，有一些会经常使用的基本方法，如唯一性判断、次数统计、成员的资格检查。本节将对这些方法逐一介绍。

1. 唯一性判断

Pandas 提供了 unique() 函数用于判断数据的唯一性，具体代码如下。

```
In [13]: obj = Series(["a","b","c","d","a","b","c"])
In [14]: unique_va =   obj.unique()        ♯ 通过值判断是否具有唯一性
In [15]: unique_va                         ♯ 查看唯一值
Out[15]: array(['a', 'b', 'c', 'd'], dtype = object)
```

2. 次数统计

Pandas 提供了 value_count() 函数用于计算各个对象的出现次数，具体代码如下。

```
In [16]: obj.value_counts()   ♯ 统计各个数据在该数组中出现的个数
Out[16]:
a    2
c    2
b    2
d    1
dtype: int64
```

3. 成员资格检查

Pandas 提供了 isin() 函数用于检查数据是否在该对象中，具体代码如下。

```
In [17]: mask = obj.isin(["b","c"])
In [18]: mask
Out[18]:
0    False
1    True
2    True
3    False
4    False
5    True
6    True
dtype: bool
```

通过上述代码可以看出，isin() 函数返回的数据为 bool 型数据，数据分析过程中常用统计函数如表 4.9 所示。

101

第 4 章

Pandas 的使用

表 4.9　常用统计函数表

方　　法	说　　明
isin	计算一个表示"传入函数中是否包含传入值"的 bool 型数组
unique	计算 Series 中的唯一值数组,按照发生的顺序返回
value_counts	返回一份 Series,其索引为唯一值,其值为频率,按计数值降序排列

4.5　Pandas 的数据缺陷处理

在数据分析过程中,处理的数据并不是完美的,数据中会有不同程度的缺陷。针对数据中的缺陷,Pandas 默认将缺陷处理成 NaN 数据类型。在此后需要开发者将缺陷处理好,本节将讲述数据缺陷的处理。数据分析中对于 NaN 的处理方法如表 4.10 所示。

表 4.10　NaN 处理方法

方　　法	说　　明
dropna	根据各标签的值中是否存在缺失数据对轴标签进行过滤,可以通过阈值调节对缺失数据的容忍度
fillna	使用指定值进行数据填充
isnull	返回一个具有 bool 值的对象,这些 bool 值表示哪些值是缺失 NaN,该对象的类型与原类型一致
notnull	isnull 的否定形式

4.5.1　dropna 处理 Series 数据缺陷

视频讲解

dropna()函数用于处理数据的缺陷,将数据中的 NaN 数据剔除出数据集,以减少数据中缺失数据的干扰,具体代码如下。

```
In [1]: import pandas as pd
In [2]: import numpy as np
In [3]: from pandas  import Series, DataFrame
In [4]: data = Series([1,2,3,4,np.nan])
In [5]: data.dropna()          # 返回一个数据和仅含索引值的 Series
Out[5]:
0    1.0
1    2.0
2    3.0
3    4.0
dtype: float64
In [6]: type(data)             # 查看数据类型
Out[6]: pandas.core.series.Series
In [7]: data[data.notnull()]   # 通过 bool 索引进行数据的基本索引
Out[7]:
0    1.0
1    2.0
2    3.0
3    4.0
dtype: float64
```

通过上述示例过程可以看出，dropna()函数将数据中的 NaN 数据剔除。

4.5.2 dropna 处理 DataFrame 数据缺陷

视频讲解

与删除 Series 对象中的数据缺陷一样，dropna()函数同样可以删除 DataFrame 对象中的缺陷，具体演示过程如下。

```
# 创建相关数据
In [8]: frame = DataFrame([[1,2,3,5,np.nan],[2,3,np.nan,2],[2,3,4,5],[np.nan,np.nan,np.nan,np.nan]])
In [9]: frame
Out[9]:
       0     1     2     3     4
0    1.0   2.0   3.0   5.0   NaN
1    2.0   3.0   NaN   2.0   NaN
2    2.0   3.0   4.0   5.0   NaN
3    NaN   NaN   NaN   NaN   NaN
In [10]: frame.dropna()        # 将所有包含 NaN 值的空行去除
Out[10]:
       0     1     2     3     4

In [11]: frame.dropna(how = "all")    # 如果传入 how 参数，将丢弃全部为空的那些值
Out[11]:
       0     1     2     3     4
0    1.0   2.0   3.0   5.0   NaN
1    2.0   3.0   NaN   2.0   NaN
2    2.0   3.0   4.0   5.0   NaN
In [12]: frame[5] = np.nan
In [13]: frame
Out[13]:
       0     1     2     3     4     5
0    1.0   2.0   3.0   5.0   NaN   NaN
1    2.0   3.0   NaN   2.0   NaN   NaN
2    2.0   3.0   4.0   5.0   NaN   NaN
3    NaN   NaN   NaN   NaN   NaN   NaN
In [14]: frame.dropna(axis = 1,how = "all")    # 传入轴参数
Out[14]:
       0     1     2     3
0    1.0   2.0   3.0   5.0
1    2.0   3.0   NaN   2.0
2    2.0   3.0   4.0   5.0
3    NaN   NaN   NaN   NaN
```

通过上述过程可以看出，DataFrame 数据中的 NaN 全部被剔除。但是需要注意的是，dropna()函数默认将数据集中的所有包含 NaN 数据的行删除。

4.5.3 fill 进行数据添加

视频讲解

除使用 dropna()函数删除数据中的缺陷外，还可以使用 fill()函数进行数据填充，具体

代码如下。

```
In [15]: df = DataFrame(np.random.randn(7,3))
In [16]: df.loc[:4,1] = np.NAN
In [17]: df
Out[17]:
        0          1          2
0    0.415760      NaN      - 0.660347
1   - 0.095272     NaN       1.045956
2   - 1.810442     NaN      - 2.340376
3    1.162083      NaN      - 0.134686
4    0.601110      NaN      - 1.521847
5    1.432709    - 0.248015  1.154122
6   - 0.705114   - 0.836027  1.054621
In [18]: df.loc[:2,2] = np.NAN
In [19]: df
Out[19]:
        0          1          2
0    0.415760      NaN       NaN
1   - 0.095272     NaN       NaN
2   - 1.810442     NaN       NaN
3    1.162083      NaN      - 0.134686
4    0.601110      NaN      - 1.521847
5    1.432709    - 0.248015  1.154122
6   - 0.705114   - 0.836027  1.054621
In [20]: df.dropna(thresh = 3)
Out[20]:
        0          1          2
5    1.432709    - 0.248015  1.154122
6   - 0.705114   - 0.836027  1.054621
```

上述代码中 In[20]的 thresh 参数用于指定剩余行数中每行至少有 3 个不为 NaN 的参数。

4.6 Pandas 的层次化索引

本节将讲述 Pandas 的层次化索引。层次化索引是 Pandas 的重要功能,该功能提高了 Pandas 的操作维度,丰富了数据索引的样式,同时为降维处理数据提供了方便。层次化索引在数据重塑、数据分组方面也十分优秀。

4.6.1 基本创建

视频讲解

下面将简单介绍层次化索引的基本使用,具体代码如下。

```
In [1]: import pandas as pd
import numpy as np
from pandas  import Series, DataFrame
# 创建层次化索引
In [2]: data = Series(
```

```
np.random.randn(10),
index = [["a","a","a","b","b","b","c","c","d","d"],
         [1,2,3,1,2,3,1,2,2,3]])
In [3]: data
Out[3]:
a    1    -0.090055
     2     1.268979
     3     1.099628
b    1     1.105044
     2     0.963445
     3    -0.872415
c    1    -2.789485
     2     1.697778
d    2    -1.811535
     3    -0.847862
dtype: float64
In [4]: data.index                # 查看索引
Out[4]: MultiIndex(levels = [['a', 'b', 'c', 'd'], [1, 2, 3]],
        labels = [[0, 0, 0, 1, 1, 1, 2, 2, 3, 3], [0, 1, 2, 0, 1, 2, 0, 1, 1, 2]])
In [5]: data["b"]                 # 单级索引的选取
Out[5]:
1     1.105044
2     0.963445
3    -0.872415
dtype: float64
In [6]: data["b": "c"]            # 索引切片
Out[6]:
b    1     1.105044
     2     0.963445
     3    -0.872415
c    1    -2.789485
     2     1.697778
dtype: float64
In [7]: data[:,2]                 # 全部一级索引和相应的二级索引后2行的数据
Out[7]:
a     1.268979
b     0.963445
c     1.697778
d    -1.811535
dtype: float64
```

#将数据存放到数据组中,DataFrame 数据结构中 stack 与 unstack 的基本使用

```
In [8]: data.unstack()
Out[8]:
       1            2            3
a    -0.090055    1.268979     1.099628
b     1.105044    0.963445    -0.872415
c    -2.789485    1.697778     NaN
d     NaN        -1.811535    -0.847862
In [9]: frame = DataFrame(np.arange(12).reshape((4,3)),index = [["a","a","b","b"],
        [1,2,1,2]],columns = [["A","A","B"],["B","B","C"]])
```

```
In [10]: frame
Out[10]:
          A       B
          B    B    C
a    1    0    1    2
2    3    4    5
b    1    6    7    8
2    9    1    0    1    1
In [11]: frame["A"]
Out[11]:
          B    B
a    1    0    1
2    3    4
b    1    6    7
2    9    10
```

通过上述代码可以看出，多级索引的应用十分灵活，同时也说明 Pandas 具有十分强大的索引工具。

4.6.2　重排分级

视频讲解

数据开发过程中有时需要对数据进行重排分级，具体代码如下。

```
In [12]: frame.index.names = ["key1","key2"]
In [13]: frame
Out[13]:
               A    B
               B    B    C
key1    key2
a       1      0    1    2
2       3      4    5
b       1      6    7    8
2       9      10   11
In [14]: frame.swaplevel("key1","key2")          ＃ 对轴进行交换
Out[14]:
               A    B
               B    B    C
key2    key1
1       a      0    1    2
2       a      3    4    5
1       b      6    7    8
2       b      9    10   11
In [15]: frame.swaplevel("key1","key2").sort_index(level = 1)   ＃ 交换完成之后进行数据
                                                                    排序
Out[15]:
                    A    B
               B    B    C
key2    key1
1       a      0    1    2
2       a      3    4    5
1       b      6    7    8
2       b      9    10   11
```

4.6.3　根据级别进行汇报

视频讲解

Pandas 允许开发者使用不同级别的索引对层次化数据进行排序，具体代码如下。

```
In [16]: frame.sum(level = "key2")
Out[16]:
                    A    B
                B   B    C
key2    key1
1       a       0    1    2
2       a       3    4    5
1       b       6    7    8
2       b       9    10   11
In [17]: frame.columns.names = ["nane","age"]
In [18]: frame
Out[18]:
                    A    B
                B   B    C
key2
1       6    8    10
2       12   14   16
In [19]: frame.sum(level = "age",axis = 1)
Out[19]:
            age    B    C
key1    key2
a       1      1    2
2       7      5
b       1      13   8
2       19     11
```

上述代码演示了数据的级别索引排序，通过参数 level 选择合适的索引层次，通过参数 axis 选择数据排序轴向。

4.6.4　DataFrame 数据列的使用

视频讲解

DataFrame 数据有时可以直接将列数据作为表格的基本索引。Pandas 提供了 set_index() 函数供开发者使用，具体代码如下。

```
# 函数的基本使用情况
In [20]: frame = DataFrame(
{"a": range(7),
"b": range(7,0, - ),
"c": ["one","one","one","two","two","two","two"],
"d": [0,1,2,0,1,2,3]})
In [21]: frame
Out[21]:
        a    b    c      d
0       0    7    one    0
1       1    6    one    1
2       2    5    one    2
```

107

第 4 章

Pandas 的使用

```
3      3      4      two    0
4      4      3      two    1
5      5      2      two    2
6      6      1      two    3
In [22]: frame2 = frame.set_index(["a","c"])               # 将 a,c 列作为索引
In [23]: frame2
Out[23]:
             b      d
a    c
0    one     7      0
1    one     6      1
2    one     5      2
3    two     4      0
4    two     3      1
5    two     2      2
6    two     1      3
In [24]: frame3 = frame.set_index(["a","c"], drop = False)    # 保留数据列
In [25]: frame3
Out[25]:
             a      b      c      d
a    c
0    one     0      7      one    0
1    one     1      6      one    1
2    one     2      5      one    2
3    two     3      4      two    0
4    two     4      3      two    1
5    two     5      2      two    2
6    two     6      1      two    3
In [26]: frame2.reset_index()          # 恢复数据的基本形式,将数据进行重置
Out[26]:
       a      c      b      d
0      0      one    7      0
1      1      one    6      1
2      2      one    5      2
3      3      two    4      0
4      4      two    3      1
5      5      two    2      2
6      6      two    1      3
```

通过上述代码可以看出,set_index()函数可以将数据的指定列设置成相应的索引。同时,可以使用 reset_index()函数进行数据索引的重置。

4.7 Pandas 的文件读取

4.7.1 读取/存储 Excel 文件

Excel 是微软的办公软件,应用十分广泛。Pandas 同样可以与 Excel 进行交互,本节将

介绍相关内容。

1. 文件的读取

Pandas 提供了 read_excel() 函数来读取数据,具体代码如下。

```
pandas.read_excel(io, sheet_name = 0, header = 0, names = None, index_col = None, parse_cols =
None, usecols = None, squeeze = False, dtype = None, engine = None, converters = None, true_
values = None, false_values = None, skiprows = None, nrows = None, na_values = None, keep_
default_na = True, verbose = False, parse_dates = FAlse, date_parser = None, thousands = None,
comment = None, skip_footer = 0, skipfooter = 0, convert_float = True, mangle_dupe_cols = True,
** kwds)
```

read_excel() 函数提供的参数非常多,本书不逐一讲述参数,只挑其中比较常用的部分参数说明,read_excel() 函数参数列表如表 4.11 所示。

表 4.11   read_excel() 函数参数

参　数	说　明
io	文件路径——string 类型
sheet_name	表格名字,Excel 表内数据的分表位置,默认为 0
header	接收 int 或者 sequence。表示将某行数据作为列名,取值为 int 的时候,代表将该列作为列名;取值为 sequence 时,代表多重列索引
names	array 类型,表示列名,默认为 None
index_col	接收 int、sequence 或者 False,表示索引列的位置。取值为 Sequence 时代表多重索引。默认为 None
dtype	接收 dict,代表写入的数据类型(列名为 key,数据格式为 values,默认为 None

有关 read_excel() 函数操作的具体代码如下。

```
In [1]: import pandas as pd
from pandas import Series, DataFrame
In [2]:
pay = pd.read_excel("./Pay.xlsx")
print(pay)
   序号      日期       支出   收入
0  1   2019 - 03 - 28   30    0
1  2   2019 - 03 - 29   20    0
2  3   2019 - 03 - 30   40    0
3  4   2019 - 03 - 31   50    0
4  5   2019 - 04 - 01   40    0
5  6   2019 - 04 - 02   30    0
6  7   2019 - 04 - 03   100   0
7  8   2019 - 04 - 04   20    0
```

2. 文件的存储

对于文件操作来说,能够读取就一定可以存储。Pandas 同样支持 Excel 文件的存储,开发者可以使用 to_excel() 函数将数据存储到 Excel 文件中,具体形式如下。

```
DataFrame.to_excel(excel_writer, sheet_name = 'Sheet1', na_rep = '', float_format = None,
columns = None, header = True, index = True, index_label = None, startrow = 0, startcol = 0,
engine = None, merge_cells = True, encoding = None, inf_rep = 'inf', verbose = True, freeze_panes
= None)
```

由于参数过多,本节仅讲述部分参数,具体参数如表 4.12 所示。

表 4.12　to_excel()函数参数

参　　数	说　　明
excel_writer	字符串或者 Excel 编辑对象,可以是字符串路径编辑器
sheet_name	表格名。string 类型,默认值为 Sheet1 类型
na_rep	替换缺失数据的表格;string 类型
header	列名。如果过给定数据为列表,则该数据为列表名的别名;参数类型为 bool 或者 string 类型的列表,默认值为 True
index_label	索引列的列标签。如果没有指定且列与索引存在,则使用索引名,如果 DataFrame 数据使用多层索引,则该参数应为一个序列
encoding＝None	Excel 的转码格式,该参数为 string 类型

将读出的 pay 数据保存,具体代码如下。

```
pay.to_excel("./test.xlsx")
```

4.7.2　读取/存储 CSV 文件

1. 读取文本文件

Pandas 不仅可以与 Excel 文件进行文件的基本交互,同时还可以与 CSV 文件进行交互。同操作 Excel 文件一样,操作 CSV 文件也具有一对函数:read_csv()函数用于读取文件,to_csv()函数用于将 DataFrame 数据存储到 CSV 文件中,具体代码如下。

```
pandas.read_csv(filepath_or_buffer, sep = ', ', delimiter = None, header = 'infer', names = None,
index_col = None, usecols = None, squeeze = False, prefix = None, mangle_dupe_cols = True, dtype
= None, engine = None, converters = None, true_values = None, false_values = None,
skipinitialspace = False, skiprows = None, skipfooter = 0, nrows = None, na_values = None, keep_
default_na = True, na_filter = True, verbose = False, skip_blank_lines = True, parse_dates =
False, infer_datetime_format = False, keep_date_col = False, date_parser = None, dayfirst =
False, iterator = False, chunksize = None, compression = 'infer', thousands = None, decimal = b'.',
lineterminator = None, quotechar = '"', quoting = 0, doublequote = True, escapechar = None,
comment = None, encoding = None, dialect = None, tupleize_cols = None, error_bad_lines = True,
warn_bad_lines = True, delim_whitespace = False, low_memory = True, memory_map = False, float_
precision = None)
```

由于参数众多,本书不逐一讲解,只讲述常用参数,read_csv()函数参数如表 4.13 所示。

表 4.13　read_csv()函数参数

参　　数	说　　　明
filepath_or_buffer	路径,string 类型
sep	分隔符,默认为",",,
header	接收 int 类型数据,或者 int 类型数据列表,表示将某行数据作为列名,默认参数为 infer,表示自动识别
names	列名,数组类型数据。默认为 None
index_col	将列数据用作行标签,如果给定一个序列,则使用多索引
encoding	编码,代表存储文件的编码格式
dtype	接收字典类型数据,代表写入的数据类型,默认为 None
engine	接收 C 或者 Python,代表数据解析引擎,默认为 C
nrows	接收 int 类型,表示读取前 n 行,默认为 None

具体代码如下。

```
In [1]: info = pd.read_csv("./THI.csv")
In [2]: info
序号  学科
0  1  大数据
1  2  云计算
2  3  区块链
3  4  Python
4  5  前端
In [3]: info.to_csv("./THI2.csv")
```

上述程序将数据保存在 THI2.csv 文件中。

2. 保存到文本文件

```
DataFrame.to_csv(path_or_buf = None, sep = ', ', na_rep = '', float_format = None, columns =
None, header = True, index = True, index_label = None, mode = 'w', encoding = None, compression =
'infer', quoting = None, quotechar = '"', line_termin Ator = None, chunksize = None, tupleize_cols
= None, date_format = None, doublequote = True, escapechar = None, decimal = '.')
```

to_csv()函数参数表如表 4.14 所示。

表 4.14　to_csv()函数参数

参　　数	说　　　明
path_or_buf	文件路径,string 类型
sep	分隔符,string 类型,默认为参数",",
na_rep	缺失值,string 类型,默认为""
columns	列名,接收 list 参数,默认为 None
header	是否将列名写出,默认为 True
index_label	接收列表形式,表示索引名,默认为 None
mode	编辑模式,参数为 string 类型,默认为"w"
encoding	接收特定 string,代表存储文件的编码格式,默认为 None

4.7.3 读写数据库

1. 数据库内容的读取

在数据处理过程中,经常会使用数据库,Pandas 提供了 read_sql_table()、read_sql_query()、read_sql()函数与数据库进行交互,但是 read_sql_table()函数只能读取数据库中的某一个表;而 read_sql_query()函数只能读取数据库中的某个字段;read_sql()是二者的结合,使用起来比较方便,上述函数的具体形式如下。

```
# read_sql_table()函数
pandas.read_sql_table(table_name, con, schema = None, index_col = None, coerce_float = True,
parse_dates = None, columns = None, chunksize = None)
# read_sql_query()函数
pandas.read_sql_query(sql, con, index_col = None, coerce_float = True, params = None, parse_
dates = None, chunksize = None)
# read_sql()函数
pandas.read_sql(sql, con, index_col = None, coerce_float = True, params = None, parse_dates =
None, columns = None, chunksize = None)
```

上述三个函数的函数参数基本相同,具体参数如表 4.15 所示。

表 4.15　参数

参　　数	说　　明
sql\table_name	string 类型数据,读取数据库的表名或者 SQL 语句,无默认值
con	数据库的连接,表示数据库连接信息,无默认值
index_col	string 或者字符串列表,默认为 None,表示将设定的列作为行名,如果是一个数列,则使用多重索引,默认为 None
coerce_float	接收 bool 参数,将数据库中的 decimal 类型的数据转换成 float64 位类型的数据。默认为 True
columns	接收 list 参数,默认值为空表示读取数据列,默认为 None

2. 保存数据至数据库

Pandas 支持开发者使用 to_sql()函数将数据保存到数据库中,具体形式如下。

```
DataFrame.to_sql(name, con, schema = None, if_exists = 'fail', index = True, index_label = None,
chunksize = None, dtype = None, method = None)
```

该接口参数繁多,在实际应用中不需要全部掌握,to_sql()函数的常用参数如表 4.16 所示。

表 4.16　to_sql()函数常用参数

参　　数	说　　明
name	数据库表名,string 类型
con	数据库连接 URL,无默认值
if_exists	接收 fail、replace 和 append。fail 表示如果表名存在,则不执行写入操作;replace 如果存在,则将原表替换,append 则表示在源数据表的基础上追加数据,默认为 fail

参　数	说　　明
index	接收 bool 值,表示是否将索引作为数据传入数据库,默认为 True
index_lable	接收字符串或者列表,代表是否引用索引名称,如果 index 参数为 True,此参数为 Non,则使用默认名称,如果为多重索引必须引用 sequenle 形式,默认为 None
dtype	接收字典类型的数据,代表写入的数据类型(列名为 key,数据格式为 values),默认为 None

4.7.4　读取 HDF5 文件

HDF（Hierarchical Data Fil,分级数据格式）是 20 世纪 80 年代由美国国家高级计算应用中心为了各个领域而设计的一种高效存储,用于分发科学数据的新型数据格式。该数据类型具有自述性、通用性、灵活性、拓展性、跨平台性等特点。该文件可以大致分为两类,一类是 HDF1～HDF4,另一类是 HDF。两类的主要区别在于二者的数据组织形式不同。具体内容本书不涉及,本书主要讲述 HDF5 文件。

与其他格式相比,HDF5 能够支持多种压缩格式,同时能够高效地传输数据,对于数据量较大乃至无法放入内存的文件,HDF5 具有明显的优势,开发者可以将数据分块读入内存。

Python 为 HDF5 数据格式提供了 PyTables 与 h5y 两个接口。相对于 PyTables 而言 h5py 使用起来简单、高效且更加偏向直接应用,而 PyTables 则更加灵活,面向对 HDF5 更加熟悉的开发者,在实际应用中应结合相关的业务需求进行选择。

HDF5 文件有两种文件对象,一种是数据资料对象,另一种是目录对象,前者用于保存相关数据,后者用于索引数据。下面将介绍使用 Pandas 创建 HDF5 文件。

Pandas 可以使用 HDFStore 接口间接通过 PyTables 库进行数据的存储。具体代码如下。

```
In [1]:
from pandas import Series, DataFrame
import pandas as  pd
In [2]: store = pd.HDFStore("data_hdf.h5")
In [3]: frame  = DataFrame([[1,2,3],[4,5,6]])
In [4]: store["first"] = frame          ♯ 存储数据
In [5]: store
Out[5]: < class 'pandas.io.pytables.HDFStore'>
File path: data_hdf.h5
In [6]: store["first"]                   ♯ 读取数据
```

在使用 G 级别的数据处理过程中,开发者需要使用 h5py 和 PyTables 库进行相关处理工作。

小　　结

本章主要讲述 Pandas 中 Series、DataFrame 基本数据类型的相关操作,如数据的基本创建、数据的"增删改查"、索引的基本使用,同时讲述了数据的基本运算,如数据的基本四则

113

第 4 章

Pandas 的使用

运算、数据的对齐操作,通过自定义函数进行数据的相关运算,在必要时需要对数据进行排序。

在对数据的索引操作进行讲述时,讲述了数据索引的基本使用,主要包括数据索引的创建、查看、通过索引对数据进行切片。在实际开发中,常常会用索引对数据进行选择,切片操作成为必不可少的主要工具。另外,除了在创建数据时创建索引,还可以创建好数据后对数据索引进行二次重建,满足不同时刻对数据的基本需求。Pandas 为开发者提供了 reindex()函数用于重建索引,同时允许在重建索引的过程中对数据进行缺陷填充。

本章还讲述了数据的基本计算,主要包括数据的基本四则运算。Pandas 提供了 ufun 函数为数据进行相关操作,方便开发者进行相关快速开。与此同时,相关函数具有填充数据的基本功能以提高数据完整性和数据处理的灵活性。Pandas 同时允许开发者进行自定义函数,来适应不同的情况,对于处理过程中需要排序的情况,允许开发者使用 sort_index()函数或者 sort_value()函数进行相关排序。

Pandas 为开发者提供了大量的统计工具,如 sum()、idmax()、count(),这些函数方便了开发者的数据操作,在使用过程中需要注意参数配合才能事半功倍。在统计过程中会遇到唯一性检查、成员资格鉴定等基本操作。

在数据缺陷处理的过程中,不仅可以使用值填充的方法,Pandas 会自动将值使用 NaN 类型数据进行填充,开发者可以使用 fill()函数或者 dropna()函数对缺陷数据进行相关处理。

Pandas 为了应对不同开发需求,允许开发者使用多级索引,多级索引的使用为开发者提供了丰富的索引操作,能够使 Pandas 开发者应对不同的情况。Pandas 还可以与数据库、文本文件、HDF5 文件进行数据交互。

习　　题

一、填空题

1. 读取数据库的操作有_____、_____、_____。

2. 处理数据缺陷的常用方法有_____、_____、_____。

3. 重建索引使用的函数是_____。

二、选择题

1. 下列说法正确的是(　　)。

   A. Series 对象的结构比 DataFrame 对象的结构简单

   B. DataFrame 可以看成 Series 的子集

   C. sort_index 用作索引重建

   D. HDF4 格式文件可以与 HDF5 文件兼容

2. 下列说法正确的是(　　)。

   A. count()函数可用于所有数据

   B. 统计时使用 descript()函数,最后结果不会出现 min 项

   C. diff 表示三阶差分

   D. var()函数用作方差统计

3. 下列说法不正确的是(　　)。

    A. union 用于计算索引的交集

    B. isin 用于判断数据是否包含在其中

    C. insert()函数可以插入索引

    D. unique 用于计算索引中的唯一数组

4. (多选题)下列说法不正确的是(　　)。

    A. 处理数据缺陷时经常会使用 dropna 将缺陷数据清除

    B. isnull 用于判断数据是否为空

    C. Pandas 不能读取 CSV 文本

    D. Pandas 能够读取 Word 文件

三、简答题

1. 本章主要讲述的 Pandas 数据的基本类型是什么?

2. 统计过程中常用的手段有哪些?

第5章　Matplotlib 的使用

本章学习目标

- 掌握 Matplotlib 绘制图表的流程。
- 掌握 Matplotlib 的基本绘图技巧。
- 掌握 Matplotlib 绘制散点图的方法。
- 掌握 Matplotlib 绘制直方图的方法。
- 掌握 Matplotlib 绘制饼状图的方法。
- 掌握 Matplotlib 绘制折线图的方法。
- 掌握 Matplotlib 绘制箱型图的方法。

Matplotlib 是一个 Python 的 2D 库,可以跨平台绘制各种图形,Matplotlib 可以用于 Python 脚本、Python Shell、Jutyper Notebook 等工具。该库是 NumPy 的可视化操作界面,其设计与 MATLAB 非常相似。Matplotlib 的主要开发者 John D. Hunter 于 2012 年去世,到 2015 年 11 月,Matplotlib 1.5 支持 Python 2.7~Python 3.5。

5.1　Matplotlib 绘图流程

视频讲解

在数据可视化过程中,Matplotlib 极大地提高了开发者的生产效率,Matplotlib 可以通过几行代码生成开发者想要的图形,如直方图、功率图、条形图、误差图等。Matplotlib 可以通过操作图对应的相关属性,绘制出开发者定制的图表。另外,开发者可以编辑图表的标题、轴刻度、图例等相关属性。

Matplotlib 库中包含 pyplot 模块,该模块用于绘制图形的状态机,为图形的绘制创建基本环境。创建画布后需要对图层进行基本绘制,开发者主要对子图层进行绘制,一般对于子图层习惯使用面向对象的基本方法进行绘制,可以将绘制图形分为三类简单的对象分别操作,三类图形分别对应 Axes 对象、Artist 对象和 Axis 对象。

Axes 对象主要用来存储子图,在一块画布中可以有多组 Axes 对象,该对象限制了每幅图片的基本数据范围。Artist 对象是众多对象的集合,包括开发者在 Axes 对象中绘制的文本、图形、注释。Axis 对象主要是开发者限制数据范围,包括 2D 的横纵坐标的范围或者 3D 数据的所有轴的范围,每一个 Axes 对象都有两个或者三个 Axis 对象。

具体绘图流程如图 5.1 所示。

图 5.1 为绘图流程图,表 5.1 为对应阶段常用的基本函数及相应说明。

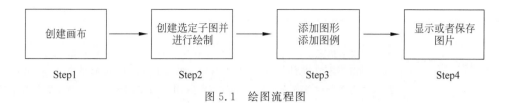

图 5.1　绘图流程图

表 5.1　常用函数

阶　段	函　数	说　明
Step1	figure	用于创建画布(配置画布大小、分辨率)
Step2	add_subplot	添加子图(可以配置子图的基本属性)
Step3	title	设置图表标题,可以指定颜色、大小、位置等
	xlabel	设置 x 轴名称,可以指定位置、颜色、字体大小等
	ylabel	设置 y 轴名称,可以指定位置、颜色、字体大小等
	xlim	设置 x 轴范围,只能确定一个数值区间
	ylim	设置 y 轴范围,只能确定一个数值区间
	xticks	设置 x 轴刻度的数据与取值
	yticks	设置 y 轴刻度的数据与取值
	legend	设置图表的图例(可以设置图例的大小、位置、标签)
Step4	savafig	保存绘制的图片,可以设置图形的分辨率等基本参数
	show	显示图片

在后续章节中将详细讲述相关函数的使用。

5.2　Matplotlib 基本使用

在 5.1 节中学习了图形绘制的基本流程,本节将一步步实现图形的基本绘制。

5.2.1　创建画布

在 Matplotlib 库中创建画布一般使用 figure()函数,下面是 figure()函数的定义。

视频讲解

```
matplotlib.pyplot.figure(num = None, figsize = None, dpi = None, facecolor = None, edgecolor = None,
frameon = True, FigureClass = < class'matplotlib.figure.Figure'>, clear = False, ** kwargs)
```

figure()函数的参数很多,但是在实际使用过程中一般只使用 figsize,开发者可以根据开发需求设置参数。figure()函数参数具体如表 5.2 所示。

表 5.2　figure()函数参数

参　数	说　明
num	参数类型可以为 num 或者 string,当参数为 num 时,表示图片的 id,如果传入的 id 值对应的图片存在,将会返回图片的索引;如果不存在,创建并返回相应索引。当传入值为 string 类型时,该参数代表 title,窗口的标题将会被设置成 title

参　　数	说　　明
figsize	该参数用来指定图片的大小,开发者不设定任何参数时,将使用默认参数 None。Matplotlib 实际上将使用 rc 参数,rc 为参数为大小为 6.4×4.8(单位 inches)的图片
dpi	默认值为 None,参数类型应为 int,该参数用来指定图形的分辨率,开发者未指定相应参数时,默认使用 rc 参数,默认参数为 100
facecolor	默认参数为 None,该参数用来指定图片的背景颜色,开发者未指定相应参数时,Matplotlib 默认使用 rc 参数配置,指定参数为"w",白色使用
edgecolor	默认值为 None,该参数用来指定边界颜色,默认使用 rc 参数配置,指定参数为"w",背景颜色设置为白色
frameon	默认值为 True,参数为 bool 类型,该参数为绘画图形框标志位,决定是否可以在画布上进行图形框绘画
FigureClass	该参数为 Figure 的子集,开发者可以根据自己的需求自定义 Figure 实例
clear	默认值为 False,参数为 bool 类型,当该参数为 True 时,将 Figure 自动清除,反之亦然

figure()函数有相应的返回值,返回值为创建的一个 figure 实例,具体代码如下。

```
In [1]: import matplotlib.pyplot as plt        # 导入需要使用的库
In [2]: fig = plt.figure(figsize = (8,7))      # 创建画布对象
<Figure size 576x504 with 0 Axes>
```

通过上述代码可以看出,figure()函数返回的参数为 Axes 对象的引用,需要注意的是,引用是系统分配的,每次的结果不一定相同。

视频讲解

5.2.2　添加子图

5.2.1 节中主要讲述了使用 figure()函数进行画布的创建,本节将继 5.2.1 节内容完善相应的代码,在 5.2.1 节代码的基础上进行相应的子图添加。在进行相应的绘图操作时,一般使用 add_subplot()函数进行相应的子图添加,相应的四种函数具体形式如下。

```
add_subplot( * args, ** kwargs)               # 第一种函数
add_subplot(nrows, ncols, index, ** kwargs)   # 第二种函数
add_subplot(pos, ** kwargs)                   # 第三种函数
add_subplot(ax)                               # 第四种函数
```

上述四种函数中,第二种最为常用,通过函数不能直接看出相应的参数,可以通过具体参数列表进行查看,add_subplot()函数参数具体如表 5.3 所示。

表 5.3　add_subplot()函数参数

参　　数	说　　明
pos	pos 是一个三位数整数,其中,第一个数字是行数,第二个数字是列数,第三个数字是子图的索引。即图 add_subplot(235)与图 add_subplot(2,3,5)相同。注意,Matplotlib 规定所有整数必须小于 10

参　数	说　明
projection	该参数表示子图的投影类型,默认值为 None,代表是一个"直线"投影。取值范围为{None,'aitoff','hammer','lambert', 'mollweide','polar','straight linear', str}
polar	参数为 bool 类型,如果为 True,则等价于 projection= 'polar'
sharex, sharey	表示对应的子图将具有相同的 x 轴或者 y 轴
label	str 类型,返回对应子图的标题
＊＊kwargs	该方法还接受返回的 axis 基类的关键字参数,具体如表 5.4 所示(本书只列举了一部分进行相应的说明)

除表 5.3 中的参数外,该函数还可以接受其他参数,add_subplot()函数额外参数具体如表 5.4 所示。

表 5.4　add_subplot()函数额外参数

参　数	说　明
adjustable	该参数为可选参数,当参数为 box 时,将具有自适框架的基本能力;当参数为 datalim 时,将调节轴数据的限制范围
title	str 类型,代表对应子图的标题
xlabel	str 类型,代表 x 轴标签
xlim	元组类型,代表 x 轴相应的范围(left: float, right: float)
xticks	list 类型数据,代表 x 轴的相应刻度函数
ylabel	str 类型,代表 y 轴标签
ylim	代表 y 轴相应的范围
yticks	list 数据,代表 y 轴的相应刻度函数

add_subplot()函数的返回值是一个子图对象,开发者可以在子图对象中创建许多 Artist 对象,具体代码如下。

```
In [1]:
import matplotlib.pyplot as plt
import numpy as np
from numpy.random import randn
In [2]:
fig = plt.figure(figsize = (8,7))        ＃ 创建画布对象
ax1 = fig.add_subplot(1,1,1)             ＃ 画布子图对象 1 并用 ax1 变量指向它
ax1.hist(randn(100))                     ＃ 使用轴向图的代码方法创建图
Out[2]:
(array([ 1., 5., 5., 14., 22., 20., 15., 10., 6., 2.]),
array([ - 2.45661705, - 1.98386145, - 1.51110584, - 1.03835024, - 0.56559463,
     - 0.09283903, 0.37991657, 0.85267218, 1.32542778, 1.79818339,
     2.27093899]),
   <a list of 10 Patch objects >)
```

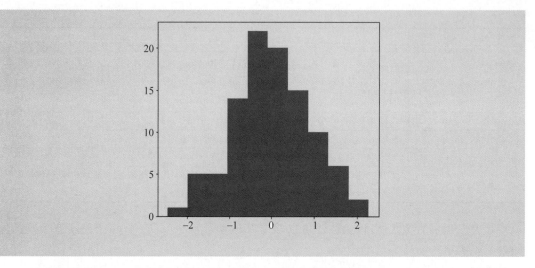

上述代码中 hist()函数用来绘制直方图。上述代码中使用 add_subplot()函数创建了一个 1 行 1 列的子图,并在索引值为 1 的子图中进行相应的绘制,本例中使用 hist()函数绘制了一个柱状图(关于图形的基本绘制,本章的后续小节将详细讲述)。

5.2.3 规定刻度与标签

视频讲解

在绘制完基本图形后,开发者需要使用 xlabel()与 ylabel()函数对坐标轴进行数据的绘制操作,为图表添加轴标签,本节将对 5.2.2 节中的案例进行轴标签完善。

具体函数接口如下。

```
matplotlib.pyplot.xlabel(xlabel, fontdict = None, labelpad = None, ** kwargs)
matplotlib.pyplot.ylabel(ylabel, fontdict = None, labelpad = None, ** kwargs)
```

相关参数请查看参数表,xlabel()与 ylabel()函数参数如表 5.5 所示。

表 5.5 xlabel()与 ylabel()函数参数

参　　数	说　　明
xlabel/ylabel	string 类型,表示轴标签
labelpad	标量,可选,默认为 None,标签与 x 轴之间的点间距
** kwargs	文本属性,控制标签的外观

在 5.2.2 节的基础上进行代码完善,设置相应的刻度和标签,具体代码如下。

```
In [1]:
import matplotlib.pyplot as plt
import numpy as np
from numpy.random import randn
In [2]:
fig = plt.figure(figsize = (8,7))          # 创建画布对象
ax1 = fig.add_subplot(1,1,1)               # 画布子图对象 1 并用 ax1 变量指向它
ax1.hist(randn(100))                        # 使用轴向图的代码方法创建图
plt.xlabel("x 轴")
```

```
plt.ylabel("y轴")
Out[2]:
Text(0, 0.5, 'y轴')
```

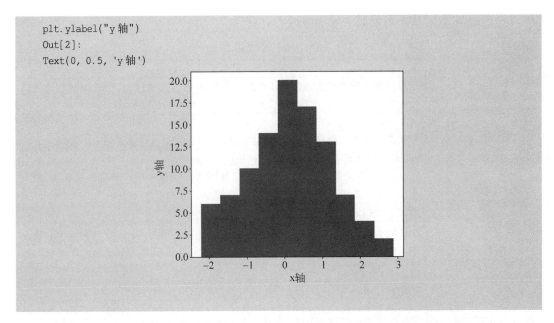

通过上述代码可以看出,xlabel()与ylabel()函数为图表添加标签后的效果。

5.2.4 添加图例

5.2.3节中为图形添加了轴标签,本节将为图表添加图例,Matplotlib为开发者提供了legend()函数,使开发者可以自定义图表的图例,对应函数的形式如下。

```
matplotlib.pyplot.legend(labels)
```

注意:legend()函数参数应为字符串列表。

pyplot模块的legend()函数有三种表示方式,具体如下。

1. 不带参数的 legend

此类方法将自动把数据图例标签绘制到相应图形上,要配合Axes对象的plot()函数使用,具体代码如下。

```
line, = ax.plot([1,2,3],label = "string")
ax.legend()
```

2. 带参数的 legend

此方法最为常用,同时需要传递参数label,具体代码如下。

```
ax.plot([1, 2, 3])
ax.legend(['A simple line'])
```

3. 带处理方法的 legend

legend()函数允许开发者自定义处理方式,具体代码如下。

```
legend(handles, labels)
```

legend()函数的基本参数如表 5.6 所示。

表 5.6 legend()函数基本参数

参　　数	说　　明
handles	绘画对象的列表参数,Matplotlib 允许开发中进行完全控制,针对不同的线进行相应的控制,但是需要注意的是 handles 和 labels 的长度一致
labels	对应线的说明内容,需要与 handles 参数一同使用,此使用方法是 Matplotlib 给开发者的最大使用权限,该方法最为灵活
fontsize	int 或者 float 或者 {'xx-small', 'x-small', 'small', 'medium', 'large', 'x-large', 'xx-large'}中的某个值,该参数用于控制图例的字体大小。如果值是数字,则大小将是以点为单位的绝对字体大小,字符串值相对于当前默认字体大小。此参数仅在未指定 prop 时使用
facecolor	默认值为 None,控制图例的背景颜色。当使用的值为 None 时,Matplotlib 将使用 rcParams["legend. facecolor"]的值。如果将该值设置为 inherit,Matplotlib 将使用 rcParams["ax . facecolor"]的值
edgecolor	默认值为 None,该参数用于控制图例的背景的边缘颜色。当值为 None 时将使用 rcParams["legend. edgecolor"]。如果值为 inherit,它将使用 rcParams["ax . edgecolor"]
title	参数为 str 或 None,用来设置图表的标题,默认值为 None

legend()函数的返回值是一个 matplotlib. legend. Legend 实例,除上述基本参数外,Matplotlib 还为开发者提供了许多其他参数,本书不逐一讲述,开发者可以查阅官方文档。

本节将继续 5.2.3 节内容为图形添加图例,具体代码如下。

```
In [1]:
import matplotlib.pyplot as plt
import numpy as np
from numpy. random import randn
In [2]:
fig = plt.figure(figsize = (8,7))        # 创建画布对象
ax1 = fig.add_subplot(1,1,1)             # 画布子图对象 1 并用 ax1 变量指向它
ax1.hist(randn(100))                     # 使用轴向图的代码方法创建图
plt.xlabel("x轴")
plt.ylabel("y轴")
plt.legend(["testing"])
Out[2]:
< matplotlib. legend. Legend at 0x117dc0ac8 >
```

通过上述代码可以看出，legend()函数返回值为一个地址(注意:该地址不是固定的)。

5.2.5 显示

在5.2.4节中完成了对图表添加图例,但这并不是最后一步,在添加完图例后应使用show()函数完成相应的显示操作,对应的函数如下。

```
matplotlib.pyplot.show(*args, **kw)
```

虽然该函数具有较多参数,但在使用时并不常用,本书不对该函数参数讲解。
该函数的使用代码如下。

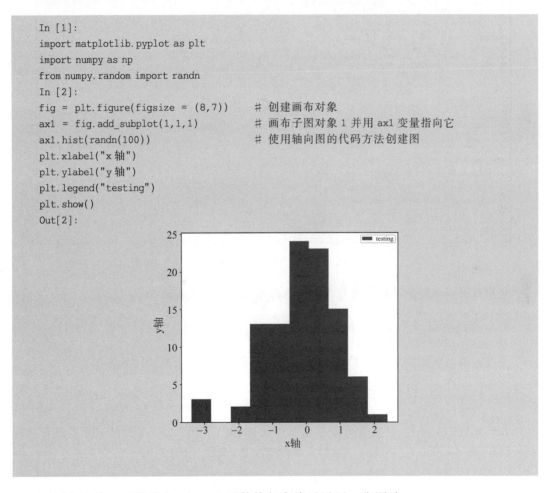

```
In [1]:
import matplotlib.pyplot as plt
import numpy as np
from numpy.random import randn
In [2]:
fig = plt.figure(figsize = (8,7))      # 创建画布对象
ax1 = fig.add_subplot(1,1,1)           # 画布子图对象1并用ax1变量指向它
ax1.hist(randn(100))                   # 使用轴向图的代码方法创建图
plt.xlabel("x轴")
plt.ylabel("y轴")
plt.legend("testing")
plt.show()
Out[2]:
```

通过上述代码可以看出,show()函数执行完毕后返回一张图片。

5.3 Matplotlib 常用技巧

在Matplotlib实际的使用过程中,会有一些常用技巧,掌握好这些技巧将大大提升开发者的开发效率,如修改配置文件、在图表中添加文件说明、使用rc参数动态配置等。本节将主要讲述在实际开发中 Matplotlib 的常用技巧。

5.3.1　配置文件

　　在一些情况下会遇到修改字体、调整背景颜色、变换线型等需求，在之前演示的过程中并没有进行相应的演示，而是直接采用 Matplotlib 的默认配置，Matplotlib 将这些默认的配置保存在 Matplotlib 的文件中，开发者可以通过修改文件中对应选项的参数进行自定义配置。文件如图 5.2 所示。

```
#### MATPLOTLIBRC FORMAT

## This is a sample matplotlib configuration file - you can find a copy
## of it on your system in
## site-packages/matplotlib/mpl-data/matplotlibrc.  If you edit it
## there, please note that it will be overwritten in your next install.
## If you want to keep a permanent local copy that will not be
## overwritten, place it in the following location:
## unix/linux:
##      $HOME/.config/matplotlib/matplotlibrc or
##      $XDG_CONFIG_HOME/matplotlib/matplotlibrc (if $XDG_CONFIG_HOME is set)
## other platforms:
##      $HOME/.matplotlib/matplotlibrc
##
## See http://matplotlib.org/users/customizing.html#the-matplotlibrc-file for
## more details on the paths which are checked for the configuration file.
##
## This file is best viewed in a editor which supports python mode
## syntax highlighting. Blank lines, or lines starting with a comment
## symbol, are ignored, as are trailing comments.  Other lines must
## have the format
##      key : val ## optional comment
##
## Colors: for the color values below, you can either use - a
## matplotlib color string, such as r, k, or b - an rgb tuple, such as
## (1.0, 0.5, 0.0) - a hex string, such as ff00ff - a scalar
## grayscale intensity such as 0.75 - a legal html color name, e.g., red,
## blue, darkslategray

##### CONFIGURATION BEGINS HERE

## The default backend. If you omit this parameter, the first
## working backend from the following list is used:
## MacOSX Qt5Agg Qt4Agg Gtk3Agg GTK3Cairo TkAgg WxAgg Agg Cairo
##
## Other choices include: WX PS PDF SVG Template.
##
## You can also deploy your own backend outside of matplotlib by
## referring to the module name (which must be in the PYTHONPATH) as
## 'module://my_backend'.|
#backend      : Agg
```

图 5.2　Matplotlib 配置文件

开发者可以通过如下代码查看 Matplotlib 的系统配置文件路径。

```
path.abspath(matplotlib.matplotlib_fname())          # 配置文件的绝对路径
```

开发者可以在相应文件夹下创建配置文件。寻找相关目录的操作具体如下。

```
path.abspath(matplotlib.get_configdir())             # 用户的配置文件所在文件夹
```

找到相应的文件后，开发者可以手动修改文件，但是修改之后，Matplotlib 要进行重新载入，Matplotlib 提供了 update() 函数重载配置文件，具体代码如下。

```
matplotlib.rcParams.update(matplotlib.rc_params())
```

实际上当导入 Matplotlib 时，Matplotlib 会调用 rc_params() 函数加载相应配置，并对配置文件进行搜索，使用第一个找到的配置文件，搜索配置文件顺序如下。

（1）当前路径：当前程序所在路径。

（2）用户配置路径：使用 get_cinfigdir() 函数获取。

（3）系统默认配置路径：使用 matplotlib_fname() 函数获取。

Matplotlib 在配置文件加载完成后会存到名为 rcParmas 的字典中，Matplotlib 允许开发者更改相应的参数（后面章节将会详细讲述）。如果开发者想要使用默认的参数，可以使用 rcdefault()函数重置配置文件，具体代码如下。

```
matplotlib.rcdefault()
```

5.3.2　rc 参数的基本配置

在 5.3.1 节中讲述了配置文件的基本使用，开发者可以通过修改系统的配置文件指定配置。Matplotlib 加载该文件后，会读取 rcParams 字典参数。Matplotlib 允许开发者对动态的 rcParams 字典数据进行修改，本节将主要讲述相关内容。

下面通过代码进行说明。

```
In [1]:
import matplotlib.pyplot as plt
import numpy as np
data = np.arange(0,1.1,0.01)
In [2]:
plt.title("testing")              # 图标标题
plt.xlabel("x")                   # x 轴方向的轴名称
plt.ylabel("y")                   # y 轴方向的轴名称
plt.xlim((0,1))                   # x 轴范围
plt.ylim((0,1))                   # y 轴范围
plt.xticks([0,0.2,0.4,0.6,0.8,1]) # x 轴方向刻度
plt.yticks([0,0.2,0.4,0.6,0.8,1]) # y 轴方向刻度
plt.plot(data,data ** 2)          # 绘制 x 轴与 y 轴的关系
plt.plot(data,data ** 4)          # 绘制 x 轴与 y 轴的关系
plt.legend(['y = x^2','y = x^4'])  # 图例的使用
- plt.savefig("./testing.png")
plt.show()                        # 显示
```

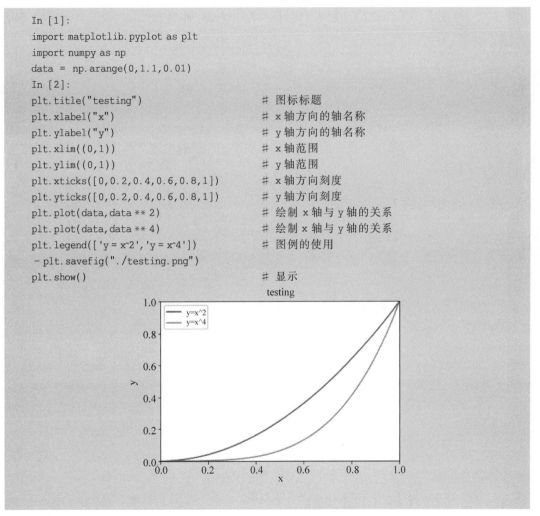

上述代码画出了两条基本函数线，一条为 y＝x^2，另一条线为 y＝x^4，同时设置了标题、图例等基本内容。

如果开发者想要动态地改变图形中的线型,则需要对 rcParams 参数进行修改,在绘制线型前进行参数的相关设置,需要添加如下代码。

```
plt.rcParams["lines.linestyle"] = "-."
```

上述语句为对线型的更改,让绘制的图形线为".—"形式,更改后重新运行语句块的结果如图 5.3 所示。

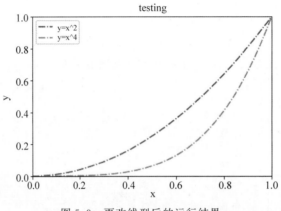

图 5.3   更改线型后的运行结果

如果开发者想要将图形中绘制的线型变宽,则需要在绘制图形之前添加如下语句,该语句将线宽设置为 3mm。

```
plt.rcParams["lines.linewidth"] = 3
```

更改线宽后的运行结果如图 5.4 所示。

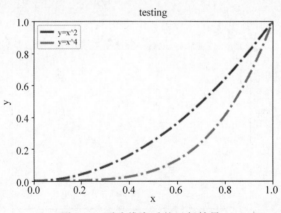

图 5.4   更改线宽后的运行结果

在 rcParams 字典中还有很多其他的参数特性,本书中只涉及一部分,线条常用的 rc 参数具体如表 5.7 所示。

表 5.7　线条常用的 rc 参数

参　　　数	说　　明	常　用　值
lines. linestyle	线条样式	默认值为"—",可取值为"—""——""—.""∶"4 种
lines. linewidth	线条宽度	默认值为 1.5,值范围为 0~10
lines. marker	线条点的形状	默认值为 None,可取值为"o""D""h"".""s"等 20 种
lines. markersize	线条点的大小	取值为 0~10,默认值为 1

line. linestyle 参数的取值及意义具体如表 5.8 所示。

表 5.8　lines. linestyle 参数的取值及意义

值	说　　　明	值	说　　　明
"—"	实线	"—."	点线
"——"	长虚线	"∶"	短虚线

line. marker 参数的取值及意义具体如表 5.9 所示。

表 5.9　lines. marker 参数的取值及意义

值	说　　　明	值	说　　　明
"o"	圆圈	"."	点
"D"	菱形	"s"	正方形
"h"	六边形 1	"*"	星号
"H"	六边形 2	"d"	小菱形
"—"	水平线	"v"	一角朝下的三角形
"8"	八边形	"<"	一角朝左的三角形
"p"	五边形	">"	一角朝右的三角形
","	像素	^	一角朝上的三角形
"+"	加号	"|"	竖线
"None"	无	"x"	X

5.3.3　中文显示配置

Matplotlib 的图形默认不支持显示中文,开发者可以通过如下方法配置 Matplotlib。

(1) 在程序的开始部分进行设置。

(2) 在程序的开头配置 rcParams。

(3) 修改配置文件。

本节将以 Windows 系统为例简单介绍中文显示的基本配置。

开发者需要自行下载 ttf 格式的 SimHei 字体,并将字体文件复制到相应的文件夹中,一般保存到如下目录。

```
# 完整路径
【用户目录】/anaconda3/lib/python3.6/site-packages/matplotlib/mpl-data/fonts/ttf
```

添加完该文件后,需要对配置文件进行简单修改,开发者需要找到 mpl-data 文件夹中

Matplotlib 的使用

的 matplotlibrc 文件并进行修改,修改内容如下。

(1) 将 font. family 与 font. sans-serif 前的注释去除,使其生效。

(2) 在 font. sans-serif 后添加"SimHei",更换 Matplotlib 默认字符集。

(3) 将 axes. unicode_minus 项的值改为 False 并去除注释,以正确显示"-"号。

(4) 在用户配置文件的路径("用户路径/. matplotlib")下将 text. cache 和 fontList. json 文件删除,以清除缓存。

(5) 重启 JupyterNotebook 重新生成字体缓存并加载配置。

至此配置完成,其他系统配置方式同 Windows 大致相同,配置时只是用户目录不同。

5.4 Matplotlib 基本图形

5.3 节讲述了 Matplotlib 的常用技巧,本节讲述 Matplotlib 基本图形。

5.4.1 Matplotlib 绘制散点图

视频讲解

在实际开发过程中,散点图的应用较为广泛,散点图的函数形式如下。

```
# 散点图函数
matplotlib.pyplot.scatter(x, y, s = None, c = None, marker = None, cmap = None, norm = None, vmin = None, vmax = None, alpha = None, linewidths = None, verts = None, edgecolors = None, *, data = None, ** kwargs)
```

scatter()参数具体如表 5.10 所示。

表 5.10 scatter()参数

参　　数	说　　明
x, y	类数组参数,支持 shape(n,)形式参数
s(scalar 的缩写)	参数可以为标量、类数组、shape(n,)形式参数,该参数用于控制点的大小,如果开发者不设置,则 Matplotlib 将默认使用 rcParams['lines. smarkersize '] ** 2 参数
c(color 的缩写)	参数可以为颜色或者颜色列表,用来设置散点图中点的颜色。默认值为 None
marker	默认值为 None,点的样式。该参数可以是类的实例,也可以是特定标记的文本简写。在未指定的情况下可以使用 rcParams 的值["scatter. marker"]="o"
cmap	即 Colormap,可选,默认值为 None。 表示一个 Colormap 实例或已注册的 Colormap 名称。只有当 c 是一个浮点数数组时才使用 cmap。如果没有,则默认为 rc image. cmap
norm	即 Normalize,可选,默认值为 None。 使用规范化实例将亮度数据缩放到 0,1。只有当 c 是浮点数数组时才使用 norm。如果没有,使用默认颜色 normalize
vmin, vmax	标量,可选,默认:无。 vmin 和 vmax 结合 norm 可对亮度数据进行归一化。如果没有,则使用颜色数组的最小值和最大值。如果传递一个 norm 实例,vmin 和 vmax 将被忽略
alpha	标量,可选,默认:无。 alpha 混合值,介于 0(透明)与 1(不透明)之间

参　　数	说　　明
linewidth	标量或 array_like，可选，默认值为 None。 标记边缘的线宽。注意：默认的 edgecolors 是 face。你可能也想要改变这一点。 如果没有，则默认为 rcParams lines.linewidth
edgecolors	颜色或颜色序列，可选，默认值为'face'。 标记的边缘颜色。可能的值如下。 "face"：边缘的颜色总是和脸的颜色一样。 "none"：不画 patch 边界。 Matplotib 颜色。 对于非填充标记，edgecolors kwarg 将被忽略，并强制在内部"面对"

该函数的返回值为一个散点图形，接下来将演示散点图的基本绘制，具体代码如下。

```
In [1]:
import matplotlib.pyplot as plt
import numpy as np
import pandas as pd
In [2]:
data = pd.read_csv("./某高三班级学生的身高体重.csv",encoding = "gbk")
ax1 = plt.figure(figsize = (8,7))
plt.scatter(data.values[:,0],data.values[:,1])
plt.xlabel("身高")
plt.ylabel("体重")
plt.legend(["节点"])
plt.title("某高中班级学生的身高与体重关系图")
plt.show()
```

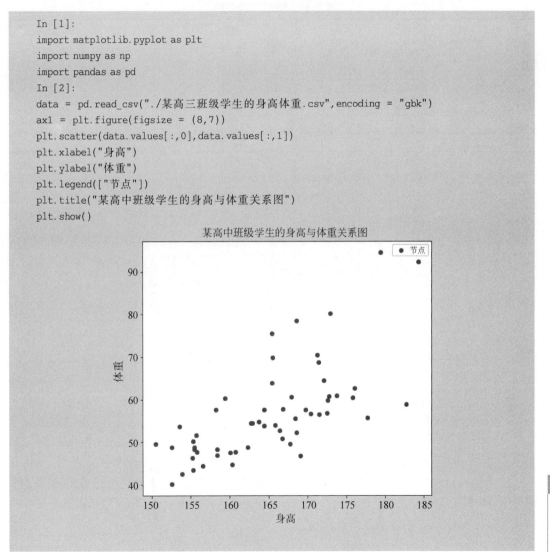

129

上述代码通过对班级学生的身高与体重的汇总可以看出，165cm 以下同学的体重最高不超过 60kg，最低不少于 40kg。165cm 以上身高的同学，身高主要集中在 165～175cm 的范围。通过对散点数据的描述，开发者可以将数据直观地展示出来。

5.4.2 Matplotlib 绘制直方图

5.4.1 节中讲述了散点图的基本绘制，本节将讲述直方图的基本绘制。直方图与散点图不同，散点图更容易看出数据的分布情况，数据在坐标区域的分布情况和密集程度；而直方图更容易看出数据大小的对比情况，直方图的具体函数如下。

```
matplotlib.pyplot.bar(x, height, width = 0.8, bottom = None,
*, align = 'center', data = None, ** kwargs)
```

bar() 函数参数具体如表 5.11 所示。

表 5.11　bar() 函数参数

参　　数	说　　明
x	标量序列，一般为直方图的数据选项
height	标量或标量序列，表示直方图的高度
width	标量或者类数组，表示直方图的宽度，默认值为 0.8
bottom	标量或者类数组，表示直方图的 y 轴基线，默认值为 0
align	默认值为 center，可选参数为 center 或者 edge，表示横杆与 x 坐标的对齐位置
** kwargs(其他参数)	color；edgecolor；linewidth；tick_label(相关参数不重复讲解)

该函数的基本返回值为条形容器，具体代码如下。

```
In [1]:
import matplotlib.pyplot as plt
import numpy as np
import pandas as pd
data = pd.read_csv("./Zong.csv", encoding = "gbk")
data = data.T
data.sort_index()
In [2]:
# 绘制不同人口的基本比例
plt.figure(figsize = (8,7))
plt.bar(range(5), data.values[1,:],width = 0.5)
plt.xlabel("不同类型的表示")
plt.ylabel("人数")
plt.xticks(range(5),data.values[0,:])
plt.title("2018 年不同人口的基本情况")
plt.show()
```

上述代码通过对数据的基本汇总，展示出函数的基本使用情况。通过上述数据的展示可以看出，2018 年总人口数据已经达到了 14 亿，其中男性人口比女性人口多，但是接近于 1∶1；城镇人口比乡村人口多，二者差距较大。

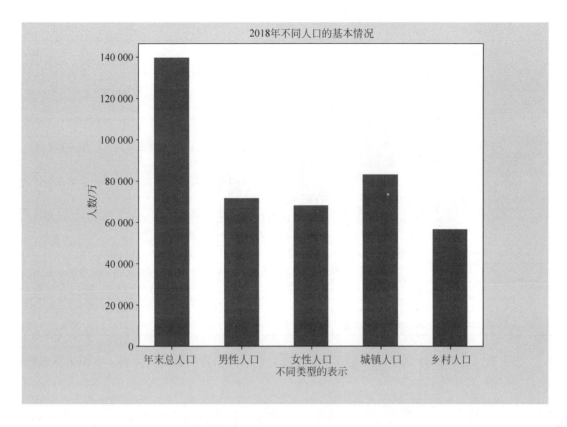

2018年不同人口的基本情况

5.4.3 Matplotlib 绘制饼状图

视频讲解

本节主要讲述饼状图的基本绘制,与散点图和直方图不同,饼状图可以将数据直观地占比显示,绘制饼状图的函数如下。

```
# 饼状图函数
matplotlib.pyplot.pie(x, explode = None, labels = None, colors = None, autopct = None,
pctdistance = 0.6, shadow = False, labeldistance = 1.1, startangle = None, radius = None,
counterclock = True, wedgeprops = None, textprops = None, center = (0, 0), frame = False,
rotatelabels = False, * , data = None)
```

pie()函数参数具体如表 5.12 所示。

表 5.12   pie()函数参数

参　　数	说　　明
x	数组类型,表示楔形的大小,默认值为 None
explode	类数组类型,默认值为 None,指定扇形的数据偏移半径的比例
labels	列表数据类型,默认值为 None,为每个扇形提供标签的字符串序列
colors	类数组类型,默认值为无,一组 Matplotlib 颜色参数序列/列
autopct	默认值为 None,参数为 string 或 function 类型,如果参数为一个字符串或函数,用其数值标记扇形,标签将被放置在扇形上。如果参数是格式字符串,则标签为 fmt%pct。如果是一个函数,它将被调用

参 数	说 明
pctdistance	float 类型,默认值为 0.6。用来说明每个扇形切片的中心与 autopct 生成的文本的开始之间的比值。如果 autopct 为 None,则忽略
shadow	bool 类型,默认值为 False,决定是否在扇形下面画一个阴影
labeldistance	float 类型,默认值为 1.1,表示绘制饼形标签的径向距离
startangle	float 类型,默认值为 None。如果为 None,则表示从 x 轴逆时针旋转饼图的起始角度
radius	float 类型,默认值为 None,表示扇形的半径。如果此参数为空,半径将被设为 1
counterclock	bool 类型,默认值为 True,指定占比方向,顺时针或逆时针
wedgeprops	dict 类型,默认值为 None,将参数传递给对应的扇形对象。例如,可以传入 wedgeprops＝{'linewidth':3}来设置楔块边框线的宽度为 3
textprops	dict 类型,默认值为 None,将参数传递给文本对象
center	float 类型序列,默认值为(0,0),表示图表的中心位置。取值(0,0)或为两个标量的序列
frame	bool 类型,默认值为 False。如果为 True,用图表绘制坐标轴框架
rotatelabels	bool 类型,默认值为 False。如果为 True,将每个标签旋转到对应切片的角度

该函数的返回值为三个,分别是扇形实例、文本实例和自动图文集实例。下面是该函数的具体应用,具体代码如下。

```
In [1]:
import matplotlib.pyplot as plt
import numpy as np
import pandas as pd
data = pd.read_csv("./Zong.csv", encoding = "gbk")
data = data.T
data = data.sort_index()
In [2]:
# 绘制饼状图
plt.figure(figsize = (8,7))
plt.pie(data.values[0,1: 3], explode = [0.01,0.01], labels = ["男","女"], autopct = "%
1.1f% %")
plt.title("1999 年男女人口比例")
plt.show()
```

1999年男女人口比例
男51.4% 女48.6%

上述代码通过对男女数据的饼状图展示,方便开发者读取数据的占比情况。上述代码中显示 1999 年男性人数所占比例为 51.4%,女性人数所占比例为 48.6%。

5.4.4 Matplotlib 绘制折线图

在实际开发中,有时需要绘制折线图查看数据的基本走势,以预测未来的趋势。本节将讲述折线图的基本绘制,具体函数如下。

```
# 折线图函数
matplotlib.pyplot.plot( * args, scalex = True, scaley = True, data = None, ** kwargs)
```

plot()函数参数具体如表 5.13 所示。

表 5.13   plot()函数参数

参　　数	说　　明
x, y	参数为类数组或标量类型;该参数为数据点的水平与垂直坐标。若未给出参数,则默认为[0,1,2,…,n−1]。通常,这些参数是长度为 n 的数组。但是,也支持标量(相当于一个具有常量的数组)
fmt	str 类型数据,表示格式字符串,例如,"ro"代表红圈。格式字符串只是快速设置基本行属性的缩写
data	索引对象,带有标记数据的对象。如果给定,则提供要在 x 和 y 中绘图的标签名称

该函数的返回值对象为一条二维数据的折线图,该函数的基本操作方式如下。

```
In [1]:
import matplotlib.pyplot as plt
import pandas as pd
import numpy as np
data = pd.read_csv("./Zong.csv", encoding = "gbk")
data = data.T.sort_index()
In [2]:
plt.figure(figsize = (8,7))
plt.plot(data.index[: −1], data.values[: −1,0], linestyle = "−.")
plt.xlabel("时间")
plt.ylabel("值")
plt.xticks(rotation = 45)
plt.legend(["人口"])
plt.title("我国人口统计结果")
plt.show()
```

上述代码中展示了我国人口从 1999 年至 2018 年的人口数据折线图,通过该图可以看出,人口数据总体呈直线增长趋势。折线图更加直观地将数据的大体走向展示出来,开发者通过分析已有数据的基本趋势,可以推测出未来人口的变化趋势。

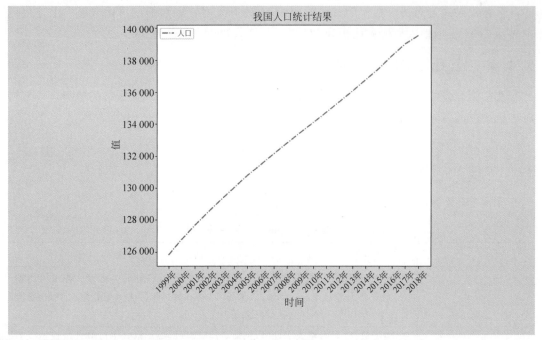

视频讲解

5.4.5 Matplotlib 绘制箱型图

本节将讲述箱型图的基本绘制。在数据分析过程中,有时需要比较不同数据集的最大值、最小值、中位数等。下面是绘制箱型图的函数。

```
# 箱型图函数
matplotlib.pyplot.boxplot(x, notch = None, sym = None, vert = None, whis = None, positions = None,
widths = None, patch_artist = None, bootstrap = None, usermedians = None, conf_intervals = None,
meanline = None, showmeans = None, showcaps = None, showbox = None, showfliers = None, boxprops = None,
labels = None, flierprops = None, medianprops = None, meanprops = None, capprops = None, whiskerprops
= None, manage_xticks = True, autorange = False, zorder = None, *, data = None)
```

boxplot()函数常用参数如表 5.14 所示。

表 5.14 boxplot()函数常用参数

参　　数	说　　明
x	数组或向量序列,输入数据,统计数据集
notch	参数类型为 bool,默认值为 None。如果为 True,将产生一个缺口箱型图。如果为 False,将生成矩形箱型图
sym	参数类型为 str,飞行点数的默认符号
vert	参数类型为 bool,如果为 True(默认),则使框垂直。如果为 False,则所有内容都是水平绘制的
positions	参数类型为类数组,设置方框的位置
widths	参数为标量或类数组,使用标量或序列设置每个框的宽度。默认值是 0.5
labels	标签,string 类型数据。长度必须与 x 的尺寸相容
manage_xticks	bool 类型,如果功能需要则调整 xlim 和 xtick 位置

boxplot()函数的不常用参数如表 5.15 所示。

表 5.15　boxplot()函数的不常用参数

参　　数	说　　明
showcaps	bool,可选(True),是否显示箱线图顶端和末端的两条线
showbox	bool,可选(True),显示中央框
showfliers	bool,可选(True),显示超出上限的异常值
showmeans	bool,可选(False),显示算术平均值
capprops	dict,可选(无),指定大写字母的样式
boxprops	dict,可选(无),指定框的样式
whiskerprops	dict,可选(无),指定胡须的样式
flierprops	dict,可选(无),指定传单的样式
medianprops	dict,可选(无),指定中位数的样式
meanprops	dict,可选(无),指定平均值的样式

绘制箱型图的具体代码如下。

```
In [1]:
import matplotlib.pyplot as plt
import pandas as pd
data = pd.read_csv("./Zong.csv",encoding = "gbk")
data = data.T
In [2]:
plt.figure(figsize = (8,7))
plt.boxplot([data.values[1:,0],data.values[1:,1],data.values[1:,2]],notch = True ,labels
= data.values[0,:3],meanline = True)
plt.title("人口总和")
plt.show()
```

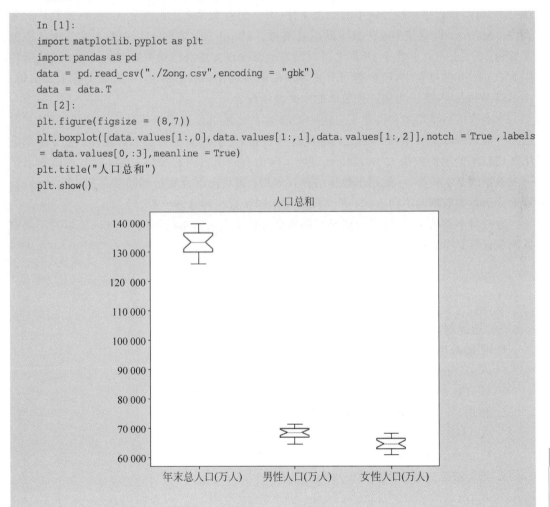

通过上述代码可以看出,箱型数据的基本展示,同时能够比较年末总人口、男性人口、女性人口的最大值、最小值和中位数。

小　　结

本章主要讲述了在开发过程中使用 Matplotlib 进行绘图的基本流程及其基本使用,同时讲述了基本图形的绘制,如散点图、直方图、饼状图、折线图、箱型图。

绘制图形的基本流程包括绘制画布、添加子图并绘制、添加图例等基本绘制对象、保存图片并显示。创建画布主要使用 figure()函数,目的是为绘制工作提供基本创造环境,在调用的同时一般需要通过 figuresize 参数设置画布的大小;画布创建完成后需要通过 add_subplot()函数添加子图,或者直接使用默认画布的大小,如果开发者添加子图将默认使用画布的大小,子图添加完毕后需要开发者进行图形的基本绘制,如规定刻度、轴数据范围,在此之后需要添加图例、标题等基本属性。最后一步是对图表的基本显示或者图片的报错。

在 5.3 节中主要讲述了 Matplotlib 的常用技巧,如配置文件的基本使用。配置文件包括三类,分别是程序运行目录中的配置文件、用户配置文件夹中的配置文件、系统默认配置文件。Matplotlib 将使用首先找到的配置文件。Matplotlib 实际上是将配置文件中的数据读取到 rcParams 的字典中,开发者可以动态地修改该文件进行相关属性的设置;在实际使用 Matplotlib 的过程中,经常遇到中文显示的配置需求,Matplotlib 默认不支持中文编辑,本书以 Windows 系统为例进行简单的中文显示配置。

在本章的后半章主要讲述了常用图形的基本绘制,每个图形都有特定的使用场景,如散点图一般用来绘制无直接因果关系的统计性数据,便于观察相关坐标的规律;直方图则是用来比较不同项的数值大小,可以直观地反映出不同项之间的数据差距;折线图则表示某一类数据的基本走势,一般用于数据的预判分析;饼状图适合展示不同数据的占比,可以宏观上分析各类数据的不同占比;箱型图是对不同项数据的总体分析。

通过对本章的学习,读者应能够掌握数据分析图表的基本绘制流程,同时能够对不同数据图表进行简单绘制。

习　　题

一、选择题

1. 创建画布需要使用(　　)函数。
   A. figure()　　　　　　　　　　　　B. add_subplot()
   C. Figure()　　　　　　　　　　　　D. Add_subplot()

2. 使用(　　)函数可以将配置文件重置。
   A. rcdefault()　　　　　　　　　　B. matplotlib_fname()
   C. get_configdir()　　　　　　　　D. rc_params()

3. 进行数据的占比比较时使用(　　)表示。
   A. 散点图　　　　　　　　　　　　B. 直方图
   C. 饼状图　　　　　　　　　　　　D. 折线图

4. 在绘制图形时需要使用(　　)对 x 轴数据范围进行限制。

　　A. xlim()　　　　　　　　　　　B. xticke()

　　C. legend()　　　　　　　　　　D. show()

二、简答题

1. 简单描述 Matplotlib 的绘图流程。

2. 试写出箱型图的应用场景。

三、编程题

试将最近一周的温度,使用折线图进行绘制。

第5章

Matplotlib 的使用

第6章 时间序列分析

本章学习目标

- 掌握时间对象的基本操作。
- 掌握时间索引对象的基本操作。
- 掌握数据采样的实际应用。
- 掌握窗口函数的基本使用。

时间序列分析多用于产品的销售预测、气象台天气预测、企业的数据管理、大数据的个人行为分析等方面,通过对历史数据的基本分析,推测出未来的大致情况。Pandas 提供了时间戳(Timestamp)、时间段(Period)、时间间隔(Timedelta)三种基本时间对象和分别对应的三种时间索引对象,具体如表 6.1 所示。

表 6.1　Pandas 中常用的时间对象

名　称	说　明
Timestamp	时间戳,表示时间点
Period	表示一段时间,如一天、一年
Timedelta	表示时间间隔,可能为任意值
DateTimeIndex	Timestamp 对象构成的 Index,可以作为时间序列的索引
PeriodIndex	Period 对象构成的 Index,可以作为时间序列的索引
TimeDeltaIndex	TimeDelta 对象构成的 Index,可以作为时间序列的索引

6.1　时间对象——Timestamp

在实际生产中,许多数据会随着时间的变化而发生规律性的变化。开发者可以通过数据分析手段对其进行分析,并可以提取相应的结论。Pandas 允许开发者使用 Timestamp 对象进行时间戳数据的创建。本节将介绍时间戳对象 Timestamp 的相关属性及其操作。

6.1.1　创建时间戳

视频讲解

Pandas 提供了 to_datetime()函数用于将字符串转换为 Timestamp 对象,具体形式如下。

```
pandas.to_datetime(str)
```

上述代码返回值为 Timestamp 类型的数据,具体代码如下。

```
In [1]: from pandas import to_datetime
In [2]: stamp_time = to_datetime("2019/5/14")
In [3]: stamp_time
Out[3]: Timestamp('2019 - 05 - 14  00: 00: 00')
```

除上述参数外,Pandas 支持开发者配置 format 参数用于指定解析日期的格式,具体代码如下。

```
In [4]: stamp_time = to_datetime("2019/5/13", format = "%Y/%m/%d")
Out[4]: Timestamp('2019 - 05 - 13  00: 00: 00')
```

上述代码通过 to_datetime()函数进行数据的解析,并使用 format 参数指定了解析格式为"年-月-日",返回值为时间点对象(Timestamp 对象)。

Pandas 允许开发者通过 Timestamp 对象的 now()函数进行 Timestamp 对象的创建,与 to_datetime()函数不同的是,now()函数创建的时间能够精确到微秒级,具体代码如下。

```
In [5]: from pandas import Timestamp
        Timestamp.now()
Out[5]: Timestamp('2019 - 05 - 14  15: 05: 02.397887')
```

除上述方法外,开发者可以直接使用 Timestamp 类创建 Timestamp 对象数据,具体形式如下。

```
pandas.Timestamp()
```

相关参数如表 6.2 所示。

表 6.2　Timestamp 类的参数列表

参　　数	说　　明
ts_input	int/string/float 类型,简单输入值
freq	日期偏移量
tz	string 类型,表示时区
uint	该参数用于单位转换,如"D""h""m""s"等
year, month, day	int 类型
hour, minute, second, microsecond	默认值为 0,可选参数,int 数据类型
nanosecond	默认值为 0,可选参数,int 数据类型
tzinfo	默认值为 None,可选参数,datetime 的时区信息

视频讲解

6.1.2　指定与转换时区

时间标签是可以进行不同时区转换的,Pandas 允许开发者使用 Timestamp 对象通过 to_localize()函数进行时间的本地化操作,通过 to_convert()函数进行指定时区的转换,具体代码如下。

时间序列分析

```
In [6] Shanghai = Timestamp.now().tz_localize("Asia/Shanghai")
Shanghai
Out[6]: Timestamp('2019 − 05 − 14   15: 43: 05.403892 + 0800', tz = 'Asia/Shanghai')
In [7]: Timestamp('2019 − 05 − 14   01: 43: 05.403892 − 0600', tz = 'America/Edmonton')
Out[7]: Shanghai.tz_convert('America/Edmonton')
```

上述代码中,通过 tz_localize() 函数将时间数据转换为相应的本地(上海)时间,然后通过 tz_convert() 函数转换为其他时区的时间。

若开发者不知道如何选择时区,可以使用 pytz 模块查看支持的时区字符,具体代码如下。

```
In [8]: import pytz
pytz.common_timezones
Out[8]:
['Africa/Abidjan',
 'Africa/Accra',
 'Africa/Addis_Ababa',
 'Africa/Algiers',
 'Africa/Asmara',
 'Africa/Bamako',
 'Africa/Bangui',
 …]
```

视频讲解

6.1.3 最小时间/最大时间

Pandas 中的时间是有最小值和最大值的,时间数据必须在此范围内才有效。Pandas 提供了 min 与 max 属性查看对应值,具体代码如下。

```
In [9]: Timestamp.min
Out[9]: Timestamp('1677 − 09 − 21   00: 12: 43.145225')
In [10]: Timestamp.max
Out[10]: Timestamp('2262 − 04 − 11   23: 47: 16.854775807')
```

通过上述代码可以看出对应的最小值和最大值。

6.1.4 常用属性

在数据分析过程中,需要将数据的年、月、日提取出来,使用相应的 Timestamp 对象可以实现这一需求。Timestamp 对象的基本属性如表 6.3 所示。

表 6.3　Timestamp 对象的基本属性

属　　性	说　　明	属　　性	说　　明
year	年	week	一年中的第几周
month	月	day	日

属　　性	说　　明	属　　性	说　　明
hour	小时	minute	分钟
second	秒	weekday	一周中的第几天
date	日期	time	时间
quarter	季节	weekofyear	一年中的第几周
dayofyear	一年中的第几天	dayofweek	一周中的第几天
weekday_name	星期名称	is_leap_year	是否是闰年

具体代码如下。

```
# 将数据进行展示
In [11]: print(stamp_time.year,stamp_time.month,stamp_time.day,stamp_time.is_leap_year)
Out[11]:2019 5 14 False
```

通过上述代码可以看出,stamp_time 数据的年、月、日,并判断该年份是否闰年。

6.2　时间对象——Period

Period 对象表示一个标准的时间段,如某年、某月、某小时等。本节将介绍 Period 对象的基本操作。

6.2.1　Period 对象的创建

Pandas 提供 Period 类进行相关数据的基本创建,具体形式如下。

视频讲解

```
pandas.Period()
```

Period 对象的基本参数如表 6.4 所示。

表 6.4　Period 对象的基本参数

参　　数	说　　明
value	默认值为 None,string 类型,表示时间
freq	默认值为 None,string 类型,默认字符串参数,表示周期精度
year	默认值为 None,int 类型,表示年
month	默认值为 1,int 类型,表示月
quarter	默认值为 None,int 类型,表示季节
day	默认值为 1,int 类型,表示 1 天
hour	默认值为 0,int 类型,表示 1 小时
minute	默认值为 0,int 类型,表示 1 分钟
second	默认值为 0,int 类型,表示 1 秒钟

表 6.4 中的参数为 Period 对象的基本参数,开发者可以根据实际需求自由选择,下面通过代码进行说明。

141

第 6 章

```
In [1]: import pandas
In [2]: period_time = pd.Period("2019/05/15  12: 12: 12")
In [3]: period_time
Out[3]: Period('2019 - 05 - 15  12: 12: 12', 'S')
```

上述代码中,使用字符串的形式将数据直接传递到 Period 类中,在此过程中 Pandas 自动识别周期精度——秒。开发者也可以使用关键字参数指定数据,具体代码如下。

```
# 关键字形式
In [4]: period_time1 = pd.Period(freq = "S", year = 2019, month = 5 , day = 15 , hour =
12, minute = 12, second = 12)
In [5]: period_time1
Out[5]: Period('2019 - 05 - 15  12: 12: 12', 'S')
In [6]: period_time2 = pd.Period(freq = "D", year = 2019, month = 5 , day = 15 , hour =
12, minute = 12, second = 12)
In [7]: period_time2
Out[7]: Period('2019 - 05 - 15', 'D')
```

上述代码中开发者使用关键字参数进行 Period 数据类型的创建,同时使用 freq 参数控制输出格式。当 freq 为"s"时可以精确到"秒",当 freq 为"D"时数据只精确到"天"。关键字参数 freq 还可以使用其他字符串进行控制,如"Y"(年)、"M"(月)、"H"(时)、"T"(分)。

6.2.2 Period 对象的属性

Period 对象同 Timestamp 对象一样具有时间相关属性。Period 对象的基本属性具体如表 6.5 所示。

表 6.5 Period 对象的基本属性

属　　性	说　　明	属　　性	说　　明
day	日	second	秒
dayofweek	一周中的第几天	start_time	开始时间
dayofyear	一年中的第几天	week	一年中的第几周
daysinmonth	一月中的第几天	weekday	一周中的第几天
hour	小时	end_time	结束时间
minute	分钟	freq	周期值
is_leap_year	闰年判断	month	月
weekofyear	一年中的第几周	year	年
quarter	季节	freqstr	周期字符串

具体代码如下。

```
In [8]: period_time2.year            # 年份
Out[8]: 2019
In [9]: period_time2.weekofyear      # 一年中的第几周
Out[9]: 20
In [10]: period_time2.freq           # 精确度
```

```
Out[10]: <Day>
In [11]: period_time2.quarter          # 一年中的第几个季节
Out[11]: 2
```

6.2.3 Period 对象的方法

Period 对象同样具有相应的基本方法,熟练地使用这些方法可以快速地完成相关任务。Period 对象的基本方法如表 6.6 所示。

表 6.6 Period 对象的基本方法

方　法	说　明
asfreq	将周期转换为所需要的频率
strftime	根据所选的 fmt,返回日期的字符串表示形式
to_timestamp	将 Period 对象转换成 Timestamp 对象
now	查看当前时间

下面将详细介绍其基本使用。

1. 频率转换

asfreq()函数在频率转换的过程中经常会被使用到,具体形式如下。

```
Period.asfreq(freq,how)
```

参数 freq 为 Dateoffset 的字符串(请参考表 6.21);参数 how 为"start"或者"end",默认值为"end",表示默认包含结束时间。

```
In [12]: period_time3 = pd.Period("2019",freq = "A-DEC")
In [13]: period_time3.asfreq("M",how = "start")
Out[13]: Period('2019-01', 'M')
In [14]: period_time3.asfreq("M",how = "end")
Out[14]: Period('2019-12', 'M')
```

上述实例中通过设置时间 freq 为"A-DEC",指定 12 月的最后一天为每年的最后一个工作日,创建了 2019 年时间段,即 2019-01-01 至 2019-12-31。然后,通过频率转换方法,将时间频率改为月频次,同时通过 how 参数设定显示起始值、最终值。

Pandas 允许开发者根据自己的需求指定时间格式,具体形式如下。

```
Period.strftime()
```

时间的格式化符号具体如表 6.7 所示。

表 6.7 时间的格式化符号

格　式　符	说　明
%a	星期名称简写

格　式　符	说　　　　明
%A	星期名称全称
%b	月名称简写
%B	月名称全称
%c	对应环境的适当日期和表示
%d	以十进制表示月中的某一天[01,31]
%f	使用年份的缩写形式,如 2019 年表示为"19 年"
%F	使用年份的通常表示,如 2019 年表示为"2019 年"
%H	使用二十四进制表示时间
%I	使用十二进制表示时间
%j	使用一年中的某天标记某天[001,366]
%m	使用两位数表示月份[01,12]
%M	使用两位数表示分钟[00,59]
%p	使用 AM 或者 PM 表示
%q	使用[01,04]表示一刻钟
%S	使用[00,59]表示秒钟
%U	一年中的星期数[00,53],默认周日为每周的第一天
%w	使用[0,6]表示周一至周日
%W	一年中的星期数,取值为[00,53],默认周一为每周的第一天
%x	本地化的日期表示形式
%X	本地化的时间表示形式
%y	使用[00,99]表示年份
%Y	使用完整的年份表现形式
%Z	时区名称
%%	文字"%"字符

下面将通过代码讲解基本操作。

```
In [15]: period_time4 = pd.Period(freq = "D",
year = 2019, month = 5 ,day = 14)
In [16]: period_time4.strftime("%d-%b-%Y")
Out[16]: '14-May-2019'
```

上述代码通过 Period 对象的关键字参数创建 Period 对象实例,并通过 strftime()函数进行格式指定。

2. 转换成时间戳对象

Pandas 允许开发者将 Period 对象数据通过 to_timestamp()函数转换成 Timestamp 类型数据,其基本形式如下。

```
pandas.Period.to_timestamp(freq,how = "S")
```

相关参数不重复讲解,下面通过代码进行使用说明,具体代码如下。

```
In [17]: period_time4.to_timestamp()
Out[17]: Timestamp('2019 - 05 - 14  00: 00: 00')
```

3. 查看当前时间

Period 对象支持使用 now()函数查看当前时间,同时允许开发者使用 freq 参数控制时间精度,具体形式如下。

pandas.Period.now(freq)

具体代码如下。

```
In [18]: pd.Period.now(freq = "Y")
Out[18]: Period('2019', 'A - DEC')
In [19]: pd.Period.now(freq = "D")
Out[19]: Period('2019 - 05 - 15', 'D')
In [20]: pd.Period.now(freq = "s")
Out[20]: Period('2019 - 05 - 15  17: 06: 32', 'S')
```

6.3 时间对象——Timedelta

前两节已经讲述了 Pandas 中常用的时间对象,如 Period、Timestamp 对象,本节将继续讲述 Timedelta 对象的相关操作。

Timedelta 对象主要用于表示时间间隔,在数据分析过程中,时间间隔的使用比较常见。例如,统计某段时间中的效能值,需要用总的绩效除以时间,在此过程中需要使用时间间隔。本节对 Timedelta 对象的创建、属性、方法等方面进行讲解。

6.3.1 Timedelta 对象的创建

创建 Timedelta 实例可以通过 Timedelta 类实现。Pandas 提供了 Timedelta 对象供开发者使用,具体形式如下。

视频讲解

pandas.Timedelta()

在实际使用中需要传入对应参数,为 Timedelta 对象进行相应设置,Timedelta 对象的基本参数如表 6.8 所示。

表 6.8 Timedelta 对象的基本参数

参　　数	说　　明
value	时间间隔对象、时间间隔、numpy. Timedelta64、字符串或者是 int 类型参数
unit	字符串,可选参数,如果参数为整型,默认为 'ns',values 的值可以为"Y""M""W""D""days""day""hours""hour""hr""h""minute""min""minutes""T""S"等
days	天
seconds	秒

参　　数	说　　明
microseconds	微秒
milliseconds	毫秒
minutes	分钟
hours	小时
weeks	星期

注意：使用".value"属性操作默认产生的是 ns(纳秒)值。

具体代码如下。

```
In [1]: import pandas as pd
In [2]: delta1 = pd.Timedelta(days = 2, seconds = 45)
In [3]: delta1
Out[3]: Timedelta('2 days 00: 00: 45')
In [4]: delta2  = pd.Timedelta(days = 1 , hours = 2, weeks = 1)
In [5]: delta2
Out[5]: Timedelta('8 days 02: 00: 00')
```

上述代码通过使用 Timedelta 类创建 Timedelta 对象,传入参数为"2"天和"45"秒。然后,查看 delta1 数据,展示形式为 2 天零 45 秒。另外一个例子为"1"周零"1"天零"2"小时,最后的表现形式为 8 天 2 小时。

视频讲解

6.3.2　Timedelta 对象的属性

Timedelta 对象的属性有许多,如天、秒、微秒、纳秒等,方便进行时间查看。本节将主要讲述 Timedelta 对象的属性操作。Timedelta 对象的基本属性如表 6.9 所示。

表 6.9　**Timedelta 对象的基本属性**

属　　性	返　回　值
asm8	返回一个数组标量视图,单位为 ns
components	返回一个类元组件,表示时间
days	返回天的计数
delta	返回最低时间增量的字符
microseconds	返回微秒计数
nanoseconds	返回纳秒计数
resolution	返回最低时间分辨率的字符串
seconds	返回秒的计数
freq	返回周期计数
value	返回值

下面将演示属性的操作,具体代码如下。

```
In [6]: delta1.asm8
Out[6]: numpy.timedelta64(172845000000000,'ns')
In [7]: delta1.components
```

```
Out[7]: Components (days = 2, hours = 0, minutes = 0, seconds = 45, milliseconds = 0,
microseconds = 0, nanoseconds = 0)
In [8]: delta1.days
Out[8]: 2
In [9]: delta1.delta
Out[9]: 172845000000000
In [10]: delta1.microseconds
Out[10]: 0
In [11]: delta1.nanoseconds
Out[11]: 0
In [12]: delta1.resolution
Out[12]: 'S'
In [13]: delta1.seconds
Out[13]: 45
In [14]: delta1.freq
In [15]: delta1.value
Out[15]: 172845000000000
```

通过上述过程,可以看出 delta 和 value 的返回值相同。

6.3.3 Timedelta 对象的方法

Pandas 为开发者提供了许多 Timedelta 对象的基本方法,在开发过程中能够大大提升
开发效率,具体形式如表 6.10 所示。

视频讲解

表 6.10　Timedelta 对象的基本方法

方　　法	说　　明
ceil	根据指定的频率返回一个新的 Timedelta floor
floor	根据指定的最低频率返回一个新的 Timedelta
isoformat	将时间增量格式化为 ISO8601 格式显示
round	返回增量的四舍五入的分辨率
to_pytimedelta	返回实际的日期,如果有,则不会使用纳秒的分辨率
to_timedelta64	返回一个纳秒级的精度对象
total_seconds	时间增量总的持续时间(以 s 为单位)(到 ns 精度)
view	数组视图兼容

下面通过代码演示相关操作,具体代码如下。

```
In [16]: delta1.ceil(freq = "D")
Out[16]: Timedelta('3 days 00: 00: 00')
In [17]: delta1.floor(freq = "D")
Out[17]: Timedelta('2 days 00: 00: 00')
In [18]: delta1.isoformat()
Out[18]: 'P2DT0H0M45S'          ♯ 表示 2 天零 45 秒
In [19]: delta1.round(freq = "S")
Out[19]: Timedelta('2 days 00: 00: 45')
In [20]: delta1.to_pytimedelta()
Out[20]: datetime.timedelta(days = 2, seconds = 45)
```

```
In [21]: delta1.to_timedelta64()
Out[21]: numpy.timedelta64(172845000000000, 'ns')
In [22]: delta1.total_seconds()
Out[22]: 172845.0
```

在实际的开发中,total_seconds 比较常见。当然,代码如何书写,需要看工作需求与业务流程。

视频讲解

6.3.4 时间间隔的基本运算

实际数据处理过程中需要进行相应时间间隔的计算。本节将对此做基本讲述。

Pandas 允许开发者通过时间点的相加、减,创建时间间隔,具体代码如下。

```
In [23]: time1 = pd.Timestamp("2019 - 05 - 21  10: 10: 10")
In [24]: time2 = pd.Timestamp("2019 - 05 - 22  11: 11: 11")
In [25]: time3_delta = time2 - time1
In [26]: time3_delta                # 通过时间点创建时间间隔对象
Out[26]: Timedelta('1 days 01: 01: 01')
In [27]: time4 = time1 + time3_delta
In [28]: time4
Out[28]: Timestamp('2019 - 05 - 22  11: 11: 11')
```

上述代码中,通过创建 time1 与 time2,并使 time1 减 time2 产生时间间隔 time3_delta,同时可以用时间点 time1 与时间间隔相加,产生时间点类型的值。

开发者可以使用 is 关键字判断是否同一个对象,具体代码如下。

```
In [29]: time4 is time2           # 判断是不是同一个对象
Out[29]: False
In [30]: time5 = time4 + time3_delta
In [31]: time5
Out[31]: Timestamp('2019 - 05 - 23  12: 12: 12')
```

通过上述代码可以看出,time4 与 time2 不是同一对象,说明返回的是一个新对象。

6.4 DateTimeIndex 对象

本节开始,将讲述时间索引对象的基本操作,前面三节内容为时间序列做铺垫。时间序列的特点主要是时间索引的基本操作。时间索引主要有三种,分别是 DateTimeIndex、PeriodIndex、TimedeltaIndex 索引。

视频讲解

6.4.1 DateTimeIndex 对象的创建

本节将主要讲述 DateTimeIndex 的属性、方法及相关参数的基本使用。DateTimeIndex 类的具体形式如下。

```
pandas.DateTimeIndex()
```

DateTimeIndex 对象的参数如表 6.11 所示。

表 6.11　DateTimeIndex 对象的参数

参　　数	说　　明
data	可选参数，用于构建索引，可以是类数组元素
copy	bool 类型，用于设置是否复制输入的值
freq	string 类型，可选参数，用于设置周期依据
start	当 data 参数不存在时，使用 start 参数指定生成的时间戳。表示起始值，类日期类型，可选参数
periods	int 类型，可选参数，值大于 0，用于生成周期参数
end	表示结束值，类日期类型，可选参数。当 periods 参数不存在时，Pandas 会依据 start 参数和 end 参数进行数据的生成
closed	默认值为 None，参数为 string 类型，控制区间的闭合程度，"left" 为左闭合，"right" 为右闭合，"None" 为全闭合
tz	时区字符串
name	索引的名字的排序
dayfirst	bool 值，默认值为 False，如果设为 True，日期解析时将会以"天"为时间顺序
yearfirst	bool 值，默认值为 False，如果设为 True，日期解析时将会以"年"为时间顺序

在实际的开发中，在创建 DateTimeIndex 实例对象时可以传入 tz 参数，可以获得对应时区的时间值索引对象，具体代码如下。

```
In [1]: import pandas as pd
In [2]: dt_0 = pd.DatetimeIndex(['2019-5-20','2019-5-21'],tz = "UTC")
In [3]: dt_0
Out[3]: DatetimeIndex(['2019-05-20', '2019-05-21'], dtype = 'datetime64[ns, UTC]', freq = None)
```

除上述创建方式外，Pandas 还支持使用 start 和 end 参数，并配合 freq 参数进行相关设置，从而生成时间序列，具体代码如下。

```
In [4]: dt_1 = pd.DatetimeIndex(start = '2018-12-29  10:10:10', end  = "2019-1-3", freq = "D", tz = "Asia/Shanghai")
In [5]: dt_1
Out[5]:
DatetimeIndex(['2018-12-29  10:10:10+08:00', '2018-12-30  10:10:10+08:00',
               '2018-12-31  10:10:10+08:00', '2019-01-01  10:10:10+08:00',
               '2019-01-02  10:10:10+08:00'],
              dtype = 'datetime64[ns, Asia/Shanghai]', freq = 'D')
```

上述代码中，将时区设置成了 Asia/Shanghai，并且将时间精度设为 D(天)。除上述方法外，还可以使用 periods 设置时间生成周期，同时配合时间进度 freq 参数使用，并且要设置起始时间，这样就可以在时间轴上选出有规律的时间序列，具体代码如下。

```
In [6]:
dt_2  = pd.DatetimeIndex(start = '2019-5-20', periods = 13, freq = "D")
```

时间序列分析

```
In [7]: dt_2
Out[7]:
DatetimeIndex(['2019 - 05 - 20', '2019 - 05 - 21', '2019 - 05 - 22', '2019 - 05 - 23',
               '2019 - 05 - 24', '2019 - 05 - 25', '2019 - 05 - 26', '2019 - 05 - 27',
               '2019 - 05 - 28', '2019 - 05 - 29', '2019 - 05 - 30', '2019 - 05 - 31',
               '2019 - 06 - 01'],
              dtype = 'datetime64[ns]', freq = 'D')
```

有时需要对数据进行判断,在数据解析时需要解析出每月的第一天,这就需要在传入参数时指定 dayfirst 参数,具体代码如下。

```
In [8]:
dt_3 = pd.DatetimeIndex(start = '2019 - 5 - 20', periods = 14, freq = "D", dayfirst = True)
In [9]: dt_3
Out[9]:
DatetimeIndex(['2019 - 05 - 20', '2019 - 05 - 21', '2019 - 05 - 22', '2019 - 05 - 23',
               '2019 - 05 - 24', '2019 - 05 - 25', '2019 - 05 - 26', '2019 - 05 - 27',
               '2019 - 05 - 28', '2019 - 05 - 29', '2019 - 05 - 30', '2019 - 05 - 31',
               '2019 - 06 - 01', '2019 - 06 - 02'],
              dtype = 'datetime64[ns]', freq = 'D')
In [10]:
dt_4 = pd.DatetimeIndex(start = '2019 - 5 - 20', periods = 14, freq = "D", dayfirst = False)
In [11]: dt_4
Out[11]:
DatetimeIndex(['2019 - 05 - 20', '2019 - 05 - 21', '2019 - 05 - 22', '2019 - 05 - 23',
               '2019 - 05 - 24', '2019 - 05 - 25', '2019 - 05 - 26', '2019 - 05 - 27',
               '2019 - 05 - 28', '2019 - 05 - 29', '2019 - 05 - 30', '2019 - 05 - 31',
               '2019 - 06 - 01', '2019 - 06 - 02'],
              dtype = 'datetime64[ns]', freq = 'D')
```

通过上述代码可以看出,虽然指定了解析第一天的方式,但不能显式地看出结果,需要使用 is_month_start 等相关属性进行判断,后面章节将会详细讲述。

6.4.2 DateTimeIndex 对象的属性

视频讲解

本节将主要讲述 DateTimeIndex 对象的属性操作,时间序列的索引均具有对应的属性操作,可以让开发者快速地提取信息。DateTimeIndex 对象的相关属性具体如表 6.12 所示。

表 6.12　DateTimeIndex 对象的属性

属　　性	说　　明
year	年
month	月(January $=1$, December $=12$)
hour	小时
day	天
minute	分钟
second	秒

属　　性	说　　　明
microsecond	微秒
nanosecond	纳秒
date	日期
time	返回 datetime. time 的数组形式
timetz	返回 datetime. time 的数组形式并且包含时区信息
dayofyear	一年中的第几天
weekday	一年中的第几周
quarter	季节
freq	如果设置了频率对象,则设置该对象;如果没有,返回 None
freqstr	如果设置频率对象,返回其字符串;如果没有,返回 None
is_month_start	返回 bool 值,判断日期是否月份的起始日期
is_month_end	返回 bool 值,判断日期是否月份的结束日期
is_quarter_start	返回 bool 值,判断日期是否季节的起始日期
is_quarter_end	返回 bool 值,判断日期是否季节的结束日期
is_year_start	返回 bool 值,判断日期是否年份的起始日期
is_year_end	返回 bool 值,判断日期是否年份的结束日期
is_leap_year	返回 bool 值,判断该年是否闰年
inferred_freq	返回一个表示频率猜测的字符串

在时间日期的处理中,都会遇到时间单位的提取,如年、月、日等。索引对象 DatetimeIndex 提供了同样的属性供开发者使用。

通过属性提取年,具体代码如下。

```
In [12]: dt_1.year
Out[12]: Int64Index([2018, 2018, 2018, 2019, 2019], dtype = 'int64')
```

通过属性提取月,具体代码如下。

```
In [13]: dt_1.month
Out[13]: Int64Index([12, 12, 12, 1, 1], dtype = 'int64')
```

通过属性提取日,具体代码如下。

```
In [14]: dt_1.day
Out[14]: Int64Index([29, 30, 31, 1, 2], dtype = 'int64')
```

通过属性提取时,具体代码如下。

```
In [15]: dt_1.hour
Out[15]: Int64Index([10, 10, 10, 10, 10], dtype = 'int64')
```

通过属性提取分,具体代码如下。

```
In [16]: dt_1.minute
Out[16]: Int64Index([10, 10, 10, 10, 10], dtype = 'int64')
```

通过属性提取秒，具体代码如下。

```
In [17]: dt_1.second
Out[17]: Int64Index([10, 10, 10, 10, 10], dtype = 'int64')
```

通过属性提取微秒，具体代码如下。

```
In [18]: dt_1.microsecond
Out[18]: Int64Index([0, 0, 0, 0, 0], dtype = 'int64')
```

通过属性提取纳秒，具体代码如下。

```
In [19]: dt_1.nanosecond
Out[19]: Int64Index([0, 0, 0, 0, 0], dtype = 'int64')
```

通过属性提取日期，具体代码如下。

```
In [20]: dt_1.date
Out[20]:
array([datetime.date(2018, 12, 29), datetime.date(2018, 12, 30),
       datetime.date(2018, 12, 31), datetime.date(2019, 1, 1),
       datetime.date(2019, 1, 2)], dtype = object)
```

通过属性提取时间，具体代码如下。

```
In [21]: dt_1.time
Out[21]:
array([datetime.time(10, 10, 10), datetime.time(10, 10, 10),
       datetime.time(10, 10, 10), datetime.time(10, 10, 10),
       datetime.time(10, 10, 10)], dtype = object)
```

通过属性提取日期，具体代码如下。

```
In [22]: dt_1.dayofweek
Out[22]: Int64Index([5, 6, 0, 1, 2], dtype = 'int64')
```

通过属性提取星期，具体代码如下。

```
In [23]: dt_1.weekofyear
Out[23]: Int64Index([52, 52, 1, 1, 1], dtype = 'int64')
```

通过属性提取星期，具体代码如下。

```
In [24]: dt_1.week
Out[24]: Int64Index([52, 52, 1, 1, 1], dtype = 'int64')
```

通过属性提取星期中的日期,具体代码如下。

```
In [25]: dt_1.weekday
Out[25]: Int64Index([5, 6, 0, 1, 2], dtype = 'int64')
```

通过属性提取季节号,具体代码如下。

```
In [26]: dt_1.quarter
Out[26]: Int64Index([4, 4, 4, 1, 1], dtype = 'int64')
```

通过属性提取时间精度,具体代码如下。

```
In [27]: dt_1.freq
Out[27]: < Day >
```

通过属性提取时间精度的字符串表示,具体代码如下。

```
In [28]: dt_1.freqstr
Out[28]: 'D'
```

通过属性判断是否月的开始,具体代码如下。

```
In [29]: dt_1.is_month_start
Out[29]: array([False, False, False, True, False])
```

通过属性判断是否月的结束,具体代码如下。

```
In [30]: dt_1.is_month_end
Out[30]: array([False, False, True, False, False])
```

通过属性判断是否季节的开始,具体代码如下。

```
In [31]: dt_1.is_quarter_start
Out[31]: array([False, False, False, True, False])
```

通过属性判断是否季节的结束,具体代码如下。

```
In [32]: dt_1.is_quarter_end
Out[32]: array([False, False, True, False, False])
```

通过属性判断是否为新一年的开始,具体代码如下。

```
In [33]: dt_1.is_year_start
Out[33]: array([False, False, False, True, False])
```

通过属性判断是否一年的结束,具体代码如下。

```
In [34]: dt_1.is_year_end
Out[34]: array([False, False, True, False, False])
```

通过属性判断是否闰年，具体代码如下。

```
In [35]: dt_1.is_leap_year
Out[35]: array([False, False, False, False, False])
```

视频讲解

6.4.3 DateTimeIndex 对象的方法

6.4.2 节主要讲述了 DateTimeIndex 的基本属性。本节将主要讲述对应的方法，DateTimeIndex 对象的方法具体如表 6.13 所示。

表 6.13　DateTimeIndex 对象的方法

方　　法	说　　　　明
normalize	将时间强制转换为午夜凌晨
strftime	使用指定的字符进行指定
snap	将时间戳对齐到最近的发生频率
tz_convert	转换到指定的时区
tz_localize	转换到本地时区
round	按照指定的 freq 参数进行四舍五入
floor	将数据按照指定频率取小于或等于原值的整数值
ceil	将数据按照指定频率取大于或等于原值的整数值
to_period	将索引转换成 Period 对象数据
to_perioddelta	计算索引值与在指定 freq 处转换为指定周期的索引之间的差的 TimedeltaArray
to_pydatetime	返回 Datetime 数组/索引作为 Datetime 的 ndarray、datetime 对象
to_series	创建一个索引和值都等于索引键的序列
to_frame	创建包含指定索引的 DataFrame 列
month_name	返回指定区域设置的 DateTimeIndex 的月份名称
day_name	返回指定区域设置的 DateIndex 的日期名称

在特殊情况下需要获取数据的 0 点时刻，DateTimeIndex 允许用户使用 normalize 对象获取对应的 0 点时刻，具体代码如下。

```
In [36]: dt_1.normalize()
Out[36]:
DatetimeIndex(['2018 - 12 - 29  00: 00: 00 + 08: 00', '2018 - 12 - 30  00: 00: 00 + 08: 00',
              '2018 - 12 - 31  00: 00: 00 + 08: 00', '2019 - 01 - 01  00: 00: 00 + 08: 00',
              '2019 - 01 - 02  00: 00: 00 + 08: 00'],
             dtype = 'datetime64[ns, Asia/Shanghai]', freq = 'D')
```

当开发者想要设定日期显示格式时，可以通过 strftime 参数设置对应的格式，具体代码如下。

```
In [37]: dt_1.strftime("%d-%m-%Y %r")
Out[37]:
Index(['29-12-2018  10:10:10 AM', '30-12-2018  10:10:10 AM',
       '31-12-2018  10:10:10 AM', '01-01-2019  10:10:10 AM',
       '02-01-2019  10:10:10 AM'],
      dtype = 'object')
```

上述代码中将 dt_1 的日期进行数据的格式化操作,其中,%d 表示"日",%m 表示"月","%Y"表示"年","%r"表示"上午/下午"。

snap()函数用于将时间戳对齐,具体代码如下。

```
In [38]: dt_1.snap(freq = "S")
Out[38]:
DatetimeIndex(['2018-12-29  02:10:10', '2018-12-30  02:10:10',
               '2018-12-31  02:10:10', '2019-01-01  02:10:10',
               '2019-01-02  02:10:10'],
              dtype = 'datetime64[ns]', freq = 'S')
```

如果开发者想要转换时区,可以使用 tz_convert()函数进行基本操作,参数为对应的字符串类型的时区值,如要转换成中国时区,则需要输入"Asia/Shanghai",具体代码如下。

```
In [39]: dt_1.tz_convert("Asia/Shanghai")
Out[39]:
DatetimeIndex(['2018-12-29  10:10:10+08:00', '2018-12-30  10:10:10+08:00',
               '2018-12-31  10:10:10+08:00', '2019-01-01  10:10:10+08:00',
               '2019-01-02  10:10:10+08:00'],
              dtype = 'datetime64[ns, Asia/Shanghai]', freq = 'D')
In [40]: dt_1.tz_convert("Europe/Berlin")
Out[40]:
DatetimeIndex(['2018-12-29  03:10:10+01:00', '2018-12-30  03:10:10+01:00',
               '2018-12-31  03:10:10+01:00', '2019-01-01  03:10:10+01:00',
               '2019-01-02  03:10:10+01:00'],
              dtype = 'datetime64[ns, Europe/Berlin]', freq = 'D')
In [41]: dt_1.tz_convert("US/Eastern")
Out[41]:
DatetimeIndex(['2018-12-28  21:10:10-05:00', '2018-12-29  21:10:10-05:00',
               '2018-12-30  21:10:10-05:00', '2018-12-31  21:10:10-05:00',
               '2019-01-01  21:10:10-05:00'],
              dtype = 'datetime64[ns, US/Eastern]', freq = 'D')
```

在创建时区时如果未设定时区,DateTimeIndex 对象允许使用 tz_localize()函数进行时区设定,具体形式如下。

```
In [42]:
dt_5 = pd.DatetimeIndex(['2019-5-20  15:30:30'])   # 将时区进行转换
dt_6 = dt_5.tz_localize(tz = "Asia/Shanghai")
In [43]: dt_6
Out[43]:
```

时间序列分析

```
DatetimeIndex(['2019 − 05 − 20   15: 30: 30 + 08: 00'], dtype = 'datetime64[ns, Asia/Shanghai]',
freq = None)
In [44]: dt_6.tz_convert("US/Eastern")
Out[44]:
DatetimeIndex(['2019 − 05 − 20   03: 30: 30 − 04: 00'], dtype = 'datetime64[ns, US/Eastern]',
freq = None)
```

如果开发者想要直接获取数据的星期名称,可以通过 day_name()函数获取。若开发者想要为某天进行命名,则可以在创建时间序列时为数据进行命名。月参数也是如此,具体代码如下。

```
In [45]: dt_6.day_name()              # 进行数据的命名
Out[45]: Index(['Monday'], dtype = 'object')
In [46]: dt_6.month_name()
Out[46]: Index(['May'], dtype = 'object')
```

将数据生成相应的 frame 序列和 series 序列,具体形式如下。

```
In [47]: dt_6.to_frame()
Out[47]:
                                                                  0
2019 − 05 − 20   15: 30: 30 + 08: 00   2019 − 05 − 20   15: 30: 30 + 08: 00
In [48]: dt_6.to_series()
Out[48]:
2019 − 05 − 20   15: 30: 30 + 08: 00   2019 − 05 − 20   07: 30: 30
dtype: datetime64[ns]
```

将数据进行日期格式的输出,可以使用 to_pydatetime()、to_perioddelta()、to_period()函数,具体代码如下。

```
In [49]: dt_6.to_pydatetime()
Out[49]:
array([datetime.datetime(2019, 5, 20, 15, 30, 30, tzinfo = < DstTzInfo 'Asia/Shanghai' CST + 8:
00: 00 STD >)],
      dtype = object)
In [50]: dt_6.to_perioddelta(freq = "s")
Out[50]:
TimedeltaIndex(['− 1 days + 16: 00: 00'], dtype = 'timedelta64[ns]', freq = None)
In [51]: dt_6.to_period(freq = "s")
Out[51]:
PeriodIndex(['2019 − 05 − 20   15: 30: 30'], dtype = 'period[S]', freq = 'S')
```

上述代码分别将数据转换成日期类型、PerioDelta 类型和 Period 类型。

如果想要将数据进行不同的近似值处理,将要使用 ceil()函数、floor()函数、round()函数,具体形式如下。

```
In [52]: dt_6.ceil(freq = "s")
Out[52]:
DatetimeIndex(['2019 - 05 - 21   00: 00: 00 + 08: 00'], dtype = 'datetime64[ns, Asia/Shanghai]',
freq = None)
In [53]: dt_6.floor(freq = "s")
Out[53]:
DatetimeIndex(['2019 - 05 - 20   00: 00: 00 + 08: 00'], dtype = 'datetime64[ns, Asia/Shanghai]',
freq = None)
In [54]: dt_6.round(freq = "s")
Out[54]:
DatetimeIndex(['2019 - 05 - 21   00: 00: 00 + 08: 00'], dtype = 'datetime64[ns, Asia/Shanghai]',
freq = None)
```

6.5 PeriodIndex 对象

6.5.1 PeriodIndex 对象的创建

视频讲解

PeriodIndex 索引对象是时间序列的另一种常见的索引。本节将讲述该对象的基本操作,首先介绍使用 PeriodIndex 类创建实例对象,具体形式如下。

```
pandas.Period()
```

PeriodIndex 对象的参数如表 6.14 所示。

表 6.14　PeriodIndex 对象的参数

参　　数	说　　明
value	默认值为 None
freq	默认值为 None
year	默认值为 None,int 类型
month	默认值为 1,int 类型
quarter	默认值为 None,int 类型
day	默认值为 1,int 类型
hour	默认值为 0,int 类型
minute	默认值为 0,int 类型
second	默认值为 0,int 类型

下面通过具体代码演示 PeriodIndex 实例对象的创建,具体代码如下。

```
In [1]: import pandas as pd
In [2]: PI_1 = pd.PeriodIndex(["2019 - 5 - 23"],freq = "D")  # 简单创建
In [3]: PI_1
Out[3]: PeriodIndex(['2019 - 05 - 23'], dtype = 'period[D]', freq = 'D')
```

时间序列分析

上述代码中使用字符串格式的日期数据创建 PeriodIndex 实例对象,同时指定 freq 参数为 D(天)。除上述创建的形式外,开发者可以通过指定起始时间 start 参数、周期参数 periods 数据进行创建,同时使用 freq 参数指定时间精度,具体代码如下。

```
In [4]: PI_2 = pd.PeriodIndex(start = "2019-5-23", freq = "D", periods = 10)
In [5]: PI_2
Out[5]:
PeriodIndex(['2019-05-23', '2019-05-24', '2019-05-25', '2019-05-26',
             '2019-05-27', '2019-05-28', '2019-05-29', '2019-05-30',
             '2019-05-31', '2019-06-01'],
            dtype = 'period[D]', freq = 'D')
```

视频讲解

6.5.2 PeriodIndex 对象的属性

PeriodIndex 对象的属性繁多,本节将主要讲述该对象属性的基本操作,PeriodIndex 对象的属性具体如表 6.15 所示。

表 6.15 PeriodIndex 对象的属性

属　　性	说　　明
day	获取每个周期的第一天
dayofweek	获取星期的天数,如周一至周日分别为 0 至 6
dayofyear	获取一年中的天数
days_in_month	获得这个月份总的天数
daysinmonth	获得这个月份总的天数
hour	获取小时数
minute	获取分钟数
qyear	获取整个季度的数据计算值
second	获取秒数
start_time	获取起始日期
week	获取周数
weekday	获取星期的天数,如周一至周日分别为 0 至 6
end_time	获取结束日期
freq	获取时间精度
freqstr	获取时间精度字符串
is_leap_year	判断是否闰年
month	获取月数
quarter	获取季度数
weekofyear	获取周期计数
year	获取年份

表 6.15 中的属性均为该对象的常用属性,开发者可以使用“.”运算进行相关调用,下面将逐一演示该对象属性的基本操作。

查看某“天”的计数值,具体代码如下。

```
In [6]: PI_2.day
Out[6]:
Int64Index([23, 24, 25, 26, 27, 28, 29, 30, 31, 1], dtype = 'int64')
```

查看某"小时"的计数值,具体代码如下。

```
In [7]: PI_2.hour
Out[7]: Int64Index([0, 0, 0, 0, 0, 0, 0, 0, 0, 0], dtype = 'int64')
```

查看某"分钟"的计数值,具体代码如下。

```
In [8]: PI_2.minute
Out[8]: Int64Index([0, 0, 0, 0, 0, 0, 0, 0, 0, 0], dtype = 'int64')
```

查看某"月"的计数值,具体代码如下。

```
In [9]: PI_2.month
Out[9]: Int64Index([5, 5, 5, 5, 5, 5, 5, 5, 5, 6], dtype = 'int64')
```

查看某"秒"的计数值,具体代码如下。

```
In [10]: PI_2.second
Out[10]: Int64Index([0, 0, 0, 0, 0, 0, 0, 0, 0, 0], dtype = 'int64')
```

查看某"年"的计数值,具体代码如下。

```
In [11]: PI_2.year
Out[11]:
Int64Index([2019, 2019, 2019, 2019, 2019, 2019, 2019, 2019, 2019, 2019], dtype = 'int64')
In [12]: PI_2.qyear
Out[12]:
Int64Index([2019, 2019, 2019, 2019, 2019, 2019, 2019, 2019, 2019, 2019], dtype = 'int64')
```

查看时间计数值,是将日期数据中的所有对应计数值提取出来并组成列表。另外,
Pandas 还支持使用 dayofweek、dayofyear 等参数对日期数据进行提取,如周第 n 天、年第 n
天等,具体代码如下。

```
In [13]: PI_2.dayofweek
Out[13]: Int64Index([3, 4, 5, 6, 0, 1, 2, 3, 4, 5], dtype = 'int64')
In [14]: PI_2.dayofyear
Out[14]:
Int64Index([143, 144, 145, 146, 147, 148, 149, 150, 151, 152], dtype = 'int64')
```

days_in_month 属性用于提取该日期对应的月的总天数,如 2019 年 5 月 27 日,对应的
5 月份共有 31 天,具体代码如下。

第
6
章

时间序列分析

```
In [15]: PI_2.days_in_month    # 5 月份总天数
Out[15]:
Int64Index([31, 31, 31, 31, 31, 31, 31, 31, 31, 30], dtype = 'int64')
```

Pandas 的 daysinmonth 属性同 days_in_month 属性一样，具体代码如下。

```
In [16]: PI_2.daysinmonth
Out[16]:
Int64Index([31, 31, 31, 31, 31, 31, 31, 31, 31, 30], dtype = 'int64')
```

PeriodIndex 对象支持通过 freq 属性将对应的时间精度参数提取出来。Pandas 允许在直接读取源参数的同时支持 freqstr 参数读取，freqstr 参数是 freq 参数的字符串形式，具体代码如下。

```
In [17]: PI_2.freq
Out[17]: < Day >
In [18]: PI_2.freqstr
Out[18]: 'D'
```

is_leap_year 属性用来快速判断是不是闰年，返回的数据为 np. array 对象类型，具体代码如下。

```
In [19]: PI_2.is_leap_year
Out[19]:
array([False, False, False, False, False, False, False, False, False,
       False])
```

Period 参数中有一个季节属性 quarter，该属性用于判断当前日期为一年中的第几个季节，具体代码如下。

```
In [20]: PI_2.quarter
Out[20]: Int64Index([2, 2, 2, 2, 2, 2, 2, 2, 2, 2], dtype = 'int64')
```

week 属性主要用于提取当前月份为整年中的第几周，开发者可以通过 week 或者 weekofyear 属性提取周计数参数，具体代码如下。

```
In [21]: PI_2.week
Out[21]:
Int64Index([21, 21, 21, 21, 22, 22, 22, 22, 22, 22], dtype = 'int64')
In [22]: PI_2.weekofyear
Out[22]:
Int64Index([21, 21, 21, 21, 22, 22, 22, 22, 22, 22], dtype = 'int64')
```

weekday 属性主要用于说明当前日期为一周中的第几天，如周一至周日对应数字为 0 至 6，具体代码如下。

```
In [23]: PI_2.weekday
Out[23]: Int64Index([3, 4, 5, 6, 0, 1, 2, 3, 4, 5], dtype = 'int64')
```

6.5.3 PeriodIndex 对象的方法

PeriodIndex 对象的基本方法只有 3 个，如表 6.16 所示。

表 6.16 PeriodIndex 对象的方法

方　　法	说　　明
asfreq	用于时区转换
strfime	格式化日期
to_timestamp	将数据转换成 Timestamp 对象

下面将通过代码进行说明，使用 asfreq() 函数进行时间精度转换，具体代码如下。

```
In [24]: PI_1.asfreq(freq = "D")
Out[24]: PeriodIndex(['2019 − 05 − 23'], dtype = 'period[D]', freq = 'D')
In [25]: PI_1.asfreq(freq = "s")
Out[25]: PeriodIndex(['2019 − 05 − 23　23:59:59'], dtype = 'period[S]', freq = 'S')
In [26]: PI_1.asfreq(freq = "H")
Out[26]: PeriodIndex(['2019 − 05 − 23　23:00'], dtype = 'period[H]', freq = 'H')
```

PeriodIndex 对象还可以使用 strftime() 函数进行时间格式化输出，具体代码如下。

```
In [27]: PI_1.strftime("% d - % m - % Y % r")
Out[27]: Index(['23 − 05 − 2019　12:00:00 AM'], dtype = 'object')
```

to_timestamp() 函数可以将 PeriodIndex 对象转换成时间戳使用，具体代码如下。

```
In [28]: PI_1.to_timestamp()
Out[28]: DatetimeIndex(['2019 − 05 − 23'], dtype = 'datetime64[ns]', freq = None)
```

6.6　TimedeltaIndex 对象

6.6.1　TimedeltaIndex 对象的创建

TimedeltaIndex 对象是时间序列的另外一种时间索引对象，该对象用于表示时间间隔，该对象的基本形式如下。

```
pandas.TimedeltaIndex()
```

TimedeltaIndex 对象的参数如表 6.17 所示。

表 6.17　TimedeltaIndex 对象的参数

参　　数	说　　明
data	可选参数,用于构建索引,可以是类数组元素
uint	可选参数,指定单位名(D,h,m,s,ms,μs,ns)
copy	bool 值,设置是否复制输入值的标志参数
start	可选参数,可以为字符串或者类 Timedelta 对象
periods	可选参数,int 类型,大于 0
end	可选参数,结束时间,参数可为类 Timedelta 对象
closed	string 类型或者为 None,默认值为 None,指定数据的范围
name	用于索引排序
freq	string 类型或者 Pandas 的偏移量类型

下面通过对 TimedeltaIndex 对象的基本使用,演示其基本操作,具体形式如下。通过字符串格式的数据列表进行数据的基本演示,具体代码如下。

```
In [1]: import pandas as pd
In [2]: TI = pd.TimedeltaIndex(["1 days 12:12:12 "])
In [3]: TI
Out[3]: TimedeltaIndex(['1 days 12:12:12'], dtype = 'timedelta64[ns]', freq = None)
```

上述代码中使用"1 days 12：12：12"作为数据的输入,该字符串中 days 实际上是函数的基本单位。

6.6.2　TimedeltaIndex 对象的属性

视频讲解

TimedeltaIndex 对象的属性与 PeriodIndex 对象的如出一辙,相对而言数量上会少一些,TimedeltaIndex 对象的属性具体如表 6.18 所示。

表 6.18　TimedeltaIndex 对象的属性

属　　性	说　　明
days	天数
seconds	秒数
microseconds	微秒
nanoseconds	纳秒
components	数据集合的 frame 集合
inferred_freq	返回频率对应的字符串

通过代码演示说明,具体形式如下。

```
In [4]: TI_1.days
Out[4]: Int64Index([1], dtype = 'int64')
In [5]: TI_1.seconds
Out[5]: Int64Index([43932], dtype = 'int64')
In [6]: TI_1.microseconds
Out[6]: Int64Index([0], dtype = 'int64')
In [7]: TI_1.nanoseconds
```

```
Out[7]: Int64Index([0], dtype = 'int64')
In [8]: TI_1.components
Out[8]:
  days hours minutes seconds milliseconds microseconds nanoseconds
0    1    12      12      12          0            0           0
```

6.6.3 TimedeltaIndex 对象的方法

TimedeltaIndex 对象的方法如表 6.19 所示。

表 6.19 TimedeltaIndex 对象的方法

方　　法	说　　明
to_pytimedelta	返回时间对象的 Timedelta
to_series([index,name])	返回一个索引和值都等于索引键的序列
round(freq[,ambiguous,nonexistent])	对指定的 freq 数据执行循环操作
floor(freq[,ambiguous,nonexistent])	按指定的 freq 数据执行 floor 操作
ceil(freq[,ambiguous,nonexistent])	按指定的 freq 数据执行 ceil 操作
to_frame([index,name])	返回一个包含索引的 DataFrame 序列

该对象可以通过 TimedeltaIndex 对象进行数据格式的转换,to_pytimedelta()函数可以将 TimedeltaIndex 对象转换成 Timedelta 对象进行说明,具体代码如下。

```
In [9]: TI_1.to_pytimedelta()
Out[9]: array([datetime.timedelta(days = 1, seconds = 43932)], dtype = object)
In [10]: TI_1.to_series()
Out[10]:
1 days 12: 12: 12   1 days 12: 12: 12
dtype: timedelta64[ns]
In [11]: TI_1.to_frame()
Out[11]:
                              0
1 days 12: 12: 12   1 days 12: 12: 12
```

同样,该对象支持使用时间近似函数 ceil()、floor()、round()等基本函数,具体形式如下。

```
In [12]: TI_1.round(freq = "D")
Out[12]: TimedeltaIndex(['2 days'], dtype = 'timedelta64[ns]', freq = None)
In [13]: TI_1.floor(freq = "D")
Out[13]: TimedeltaIndex(['1 days'], dtype = 'timedelta64[ns]', freq = None)
In [14]: TI_1.ceil(freq = "D")
Out[14]: TimedeltaIndex(['2 days'], dtype = 'timedelta64[ns]', freq = None)
```

6.7 采　　样

在数据处理的过程中经常会使用重采样对数据进行时序上的具体分析,重采样是将一个频率转换到另一个频率的处理过程。采样可以分为两类,一类是降采样,另一类是升采样

（注意：只有频率变换的采样才能称为降/升采样）。本节将主要介绍数据的采样、升采样与降采样。

6.7.1 采样的基本方法

视频讲解

Pandas 允许开发者使用 resample() 函数进行基本的时间数据采样。该函数的基本使用形式如下。

```
resample()
```

resample() 函数的方法具体如表 6.20 所示。

表 6.20　resample() 函数的方法

方　　法	说　　明
rule	字符串类型，表示目标转换的偏移字符串或者对象
how	字符串类型，表示重采样的方法（0.18.0 版本后有语法变化）
axis	默认值为 0，指定采样的轴方向
fill_method	字符串类型，默认为 None，表示升采样的填充方法（0.18.0 版本后有语法变化）
closed	{'right', 'left'}，默认为 None。 表示哪个边的仓间隔是关闭的。除了"M""A""Q""BM""BA""BQ"和"W"之外，所有频率偏移的默认值都是"left"，而"M""A""Q""BM""BQ"和"W"的默认值都是"right"
label	{'right', 'left'}，默认为 None。 表示用哪个边的标签给桶贴标签。除了"M""A""Q""BM""BA""BQ"和"W"之外，所有频率偏移的默认值都是"left"，而"M""A""Q""BM""BQ"和"W"的默认值都是"right"
convention	{'开始'，'结束'，'s'，'e'}，默认为"开始"。 仅对 initialindex，控制是否使用规则的开始或结束
kind	{'timestamp', 'period'}，可选，默认无。 传递 'timestamp' 将生成的索引转换为 DateTimeIndex、或传递 'period' 将其转换为 Period Index。默认情况下保留输入表示
loffset	int 类型，默认为 None。 使用 fill_method 重新索引时的最大差距。 从 0.18.0 版本开始不推荐使用
limit 类型	int 类型，默认为 None。 使用 fill_method 重新索引时的最大差距。 从 0.18.0 版本开始不推荐使用
base	默认为 0。 对于均匀细分 1 天的频率，聚合间隔的"原点"。例如，对于"5min"频率，base 的范围可以为 0~4
on	string 类型，可选。 对于 DataFrame，要使用列而不是索引来重新采样。列必须与日期时间类似
level	string 或 int 类型，可选。 对于多索引，用于重新采样的级别（名称或编号）。级别必须与日期类似

在统计时可以使用 offset 参数,freq 常用的时间单位参数具体如表 6.21 所示。

表 6.21　freq 常用的时间单位参数

参　　数	说　　明
D	每日
B	每工作日
H	每小时
T/min	每分钟
S	每秒
L/ns	每纳秒
U	每微妙
M	每月最后一个日历日
BM	每月最后一个工作日
MS	每月第一个日历日
BMS	每月第一个工作日
W-MON、W-TUE、…	从指定的星期几(MON、TUE、WED、THU、FRI、SAT、SUN)开始算起,每周几
WOM-1MON、W-2TUE	每月第一周、第二周、第三周或第四周的星期几
Q-JAN、Q-FEB、…	对于以指定月份结束的年度,每季度最后一个日历日
BQ-JAN、BQ-FEB、…	对于以指定月份结束的年度,每季度最后一个月的第一个工作日
QS-JAN、QS-FEB、…	对于以指定月份结束的年度,每季度最后一个月的最后一个工作日
BQS-JAN、BQS-FEB、…	对于以指定月份结束的年度,每季度最后一个月的第一个工作日
A-JAN、A-FEB、…	每年指定月份的最后一个日历日
BA-JAN、BA-FEB、…	每年指定月份的最后一个工作日
AS-JAN、AS-FEB、…	每年指定月份的第一个日历日
BAS-JAN、BAS-FEB、…	每年指定月份的第一个工作日

下面将具体演示 resample() 函数的基本使用,具体代码如下。

```
In [1]:
import pandas as pd
from pandas import Series, DataFrame
import numpy as np
```

开发者可以使用 date_range() 函数进行数据的创建,使用 periods 参数约束出现的个数,使用 freq 参数控制时间精度,具体代码如下。

```
In [2]:
rng = pd.date_range("5/24/2019", periods = 10, freq = "D")
ts = Series(np.arange(10), index = rng)
In [3]: ts
Out[3]:
2019 - 05 - 24    0
2019 - 05 - 25    1
2019 - 05 - 26    2
2019 - 05 - 27    3
```

```
2019 - 05 - 28     4
2019 - 05 - 29     5
2019 - 05 - 30     6
2019 - 05 - 31     7
2019 - 06 - 01     8
2019 - 06 - 02     9
Freq: D, dtype: int64
```

上述代码中创建完时间数据后进行了时间序列的创建,将创建好的时间数据赋值给相应的 Series 对象,并创建时间索引。

时间序列创建完成后需要使用 resample() 函数进行时间序列的基本采样,对数据中的每两天数据计算平均值,具体代码如下。

```
In [4]: ts.resample("2D").mean()        # 每周一计算
Out[4]:
2019 - 05 - 24     0.5
2019 - 05 - 26     2.5
2019 - 05 - 28     4.5
2019 - 05 - 30     6.5
2019 - 06 - 01     8.5
dtype: float64
```

6.7.2 降采样

视频讲解

通过对数据信息采集频率的降低进行采样的基本方法叫作降采样。如将原来的两天周期改为三天周期,具体代码如下。

```
In [5]: ts.resample("3D").sum()
Out[5]:
2019 - 05 - 24     3
2019 - 05 - 27     12
2019 - 05 - 30     21
2019 - 06 - 02     9
Freq: 3D, dtype: int64
```

下面的代码是使用 closed() 函数将数据右侧指定为闭区间。

```
In [6]: ts.resample("3D", closed = "right").sum()
Out[6]:
2019 - 05 - 21     0
2019 - 05 - 24     6
2019 - 05 - 27     15
2019 - 05 - 30     24
Freq: 3D, dtype: int64
```

下面的代码是使用 closed() 函数将数据左侧指定为闭区间。

```
In [7]: ts.resample("3D", closed = "left").sum()
Out[7]:
2019 - 05 - 24    3
2019 - 05 - 27    12
2019 - 05 - 30    21
2019 - 06 - 02    9
Freq: 3D, dtype: int64
```

6.7.3 升采样

升采样是将数据采集的频率进行提升,比如将原按天采样改为按秒采样,具体代码如下。

```
In [8]: ts.resample("30s").asfreq()[0: 5]
Out[8]:
2019 - 05 - 24  00 : 00 : 00    0.0
2019 - 05 - 24  00 : 00 : 30    NaN
2019 - 05 - 24  00 : 01 : 00    NaN
2019 - 05 - 24  00 : 01 : 30    NaN
2019 - 05 - 24  00 : 02 : 00    NaN
Freq: 30s, dtype: float64
```

下面的代码将数据的基本形式转换为 30s 的频率转换,并使用数据进行向前填充,同时规定只取前 5 名。

```
In [9]: ts.resample('30s').bfill()[0: 5]
Out[9]:
2019 - 05 - 24  00 : 00 : 00    0
2019 - 05 - 24  00 : 00 : 30    1
2019 - 05 - 24  00 : 01 : 00    1
2019 - 05 - 24  00 : 01 : 30    1
2019 - 05 - 24  00 : 02 : 00    1
Freq: 30s, dtype: int64
```

小　　结

本章通过对 Pandas 中时间对象 Timestamp、Period、Timedelta 与时间序列常用的三种时间索引进行基本讲解。每一个对象都可以使用该对象的类别进行创建,同时在实际使用过程中需要掌握相关对象之间的转换关系。在本章的最后讲述了采样的基本方法和常用的采样方法——升采样和降采样。

Timestamp 对象用来表示时间戳。在数据分析过程中,特别是股票金融领域对数据戳索引的时间序列处理十分重要。开发者可以使用 Timestamp 类创建时间戳对象,该对象同时拥有许多属性,供开发者进行相关操作。如 strftime 进行时间格式化操作,to_period()函数进行时间数据的转换等。

Period 时间对象用来表示时间段。在数据的处理过程中,有时需要处理一段时间中的数据,用于做生产效率的分析考量。该对象的方法并没有 Timestamp 对象的多,相对而言也没有 Timestamp 对象的使用频率高。

Timedelta 对象用来表示时间间隔。该对象的存在只是为了更方便比较两个时刻的差值。

三种时间对象的基本操作可以映射到对象的索引中。三种时间对象可以相互转换,具体形式如图 6.1 与图 6.2 所示。

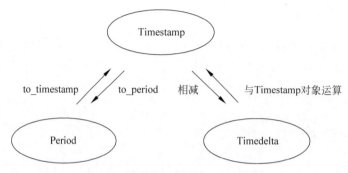

图 6.1　常用的时间对象之间的关系

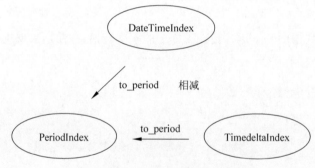

图 6.2　常用时间序列索引之间的关系

习　　题

一、填空题

1. Pandas 中常用的时间对象是_____、_____、_____、_____、_____和_____。

2. Period 对象可以通过_____方法将数据转换成 Timestamp 对象。

3. Timestamp 对象中 day_name 属性用来_____。

4. TimedeltaIndex 对象的基本方法中使用_____、_____和_____获取日期的近似值。

二、选择题

1. 下面程序运行的结果是( )。

```
import pandas as pd
pd.date_range("1/1/2019", periods = 10 , freq = "1h30min")
```

A.

```
DatetimeIndex(['2019 - 01 - 02  00: 00: 00', '2019 - 01 - 02  01: 30: 00',
               '2019 - 01 - 02  03: 00: 00', '2019 - 01 - 02  04: 30: 00',
               '2019 - 01 - 02  06: 00: 00', '2019 - 01 - 02  07: 30: 00',
               '2019 - 01 - 02  09: 00: 00', '2019 - 01 - 02  10: 30: 00',
               '2019 - 01 - 02  12: 00: 00', '2019 - 01 - 02  13: 30: 00'],
              dtype = 'datetime64[ns]', freq = '90T')
```

B.

```
DatetimeIndex(['2019 - 01 - 01  00: 00: 00', '2019 - 01 - 01  01: 30: 00',
               '2019 - 01 - 01  03: 00: 00', '2019 - 01 - 01  04: 30: 00',
               '2019 - 01 - 01  06: 00: 00', '2019 - 01 - 01  07: 30: 00',
               '2019 - 01 - 01  09: 00: 00', '2019 - 01 - 01  10: 30: 00',
               '2019 - 01 - 01  12: 00: 00', '2019 - 01 - 01  13: 30: 00'],
              dtype = 'datetime64[ns]', freq = '1.3T')
```

C.

```
DatetimeIndex(['2019 - 01 - 01  01: 30: 00', '2019 - 01 - 01  03: 00: 00',
               '2019 - 01 - 01  04: 30: 00', '2019 - 01 - 01  06: 00: 00',
               '2019 - 01 - 01  07: 30: 00', '2019 - 01 - 01  09: 00: 00',
               '2019 - 01 - 01  10: 30: 00', '2019 - 01 - 01  12: 00: 00',
               '2019 - 01 - 01  13: 30: 00', 2019 - 01 - 01  14: 00: 00',],
              dtype = 'datetime64[ns]', freq = '90T')
```

D.

```
DatetimeIndex(['2019 - 01 - 01  00: 00: 00', '2019 - 01 - 01  01: 30: 00',
               '2019 - 01 - 01  03: 00: 00', '2019 - 01 - 01  04: 30: 00',
               '2019 - 01 - 01  06: 00: 00', '2019 - 01 - 01  07: 30: 00',
               '2019 - 01 - 01  09: 00: 00', '2019 - 01 - 01  10: 30: 00',
               '2019 - 01 - 01  12: 00: 00', '2019 - 01 - 01  13: 30: 00'],
              dtype = 'datetime64[ns]', freq = '90T')
```

2. freq 参数可以填充的基本形式是( )。

    A. MAS   B. BMS

    C. U   D. M

3. 下列对象中不能用作时间对象索引的是( )。

    A. Timestamp   B. DatetimeIndex

  C. PeriodIndex   D. MultiIndex

4. 下面程序的运行结果是(   )。

```
from datetime import datetime
stamp = datetime(2000,1,5)
stamp.strftime("%d-%m-%Y")
```

  A. 05-01-2000   B. 01-05-2000

  C. 05-2000-01   D. 2000-01-05

5. 下列说法正确的是(   )。

  A. 升采样就是增加数据量的一种采样

  B. 升采样就是将数据频率扩大的采样

  C. 升采样就是减小数据量的一种采样

  D. 升采样就是将采集频率降低的一种采样

三、简答题

1. 什么是升采样?

2. 什么是降采样?

3. 什么是时间序列?

四、代码分析题

说明下面代码能否通过编译,如果不能通过,请说明理由。

代码一:

```
import pandas as pd
time_index = pd.date_range("1/1/2019",freq = "2D")
print(time_index)
```

代码二:

```
import pandas as pd
rng = pd.period_range("1/1/2000", freq = "M")
print(rng)
```

代码三:

```
p = pd.Period( freq = "A-DEC")
time = p.asfreq("D")   # 年初
print(time)
```

第7章 | 数据处理的基本手段

本章学习目标
- 掌握数据合并的方法。
- 掌握数据清洗的方法。
- 掌握数据标准化的流程。
- 掌握数据类型转换的方法。

获取数据的最终目的是在数据中提取有效的信息，为管理者提供更好的决策数据。在世界500强企业中，如 IBM、微软、谷歌等知名公司均设有独立的数据分析部门。自 2018 年起，国内各行业甚至政府部门都在完善数据的利用率，加速了数据分析与大数据的高速发展。本章将从数据的合并、清洗、标准化、类型转换等方面对数据分析的常用手段进行讲解。

7.1 合并数据集

在数据处理过程中，经常会对数据进行合并。将若干分散的同类型数据集进行合并处理，就像环卫工人将来自不同街区分类的垃圾进行集中加工，如 A 街区的可循环利用的垃圾与 B 街区可循环利用的垃圾进行合并处理，A 街区的不可循环利用的垃圾与 B 街区不可循环利用的垃圾进行合并处理。

Pandas 提供了一些常用方法，用于不同情况下数据集合并的处理。具体方法如表 7.1 所示。

表 7.1　合并数据集方法

方　　法	说　　明
merge	根据一个或者多个键，将不同的 DataFrame 数据集中的行进行连接
concat	沿轴方法向将对象进行堆叠
combine_first	可以将重复数据连接在一起

7.1.1 主键合并数据

根据主键合并数据是一种常见的数据合并形式，该合并方式将不同数据集中的数据项，根据相同或者不同的主键进行数据合并。Pandas 提供了 merge() 函数用于数据合并，该函数的具体形式如下。

视频讲解

```
pandas.merge(left, right, how = 'inner', on = None, left_on = None, right_on = None, left_index
= False, right_index = False, sort = False, suffixes = ('_x', '_y'), copy = True, indicator =
False, validate = None)
```

merge()函数参数如表 7.2 所示。

表 7.2　merge()函数参数

参　　数	说　　明
left	位置参数,DataFrame 或者 Seires 类型,表示参与合并的左侧 DataFrame
right	位置参数,DataFrame 或者 Seires 类型,表示参与合并的右侧 DataFrame
how	默认值为 inner,表示连接的方式,还可以为 outer,left,right
on	string 类型或者容器类型,表示两个数据合并的主键,默认值为 None
left_on	string 类型或者容器类型,表示 left 参数中用于合并的主键值为 None
right_on	string 类型或者容器类型,表示 right 参数中用于合并的主键值为 None
left_index	bool 类型的参数,用于设置是否将 left 参数数据作为主键,默认值为 False
right_index	bool 类型的参数,用于设置是否将 right 参数数据作为主键,默认值为 False
sort	bool 类型参数,用于设置是否排序(根据连接键)
suffixes	tuple 类型,用于标识数据合并后的后缀

下面通过代码进行说明。

首先,导入使用的 pandas 库并为其起别名,然后定义两组测试数据 df_1、df_2,具体代码如下。

```
In [1]: import pandas as pd
In [2]: df_1 = pd.DataFrame({"数据分析 01 班课程": ['爬虫','pandas',"numpy","matplotlib",
"sk","ipyhton","python"], "teacher": ['张老师','吴老师',"胡老师","曾老师","穆老师","徐老
师","莫老师"]})
In [3]: df_2 = pd.DataFrame({'数据分析 02 班课程': ["python",'爬虫','pandas',"sk","matplotlib",
"ipyhton","numpy",],"teacher": ["莫老师",'张老师',"徐老师","曾老师","穆老师",'吴老师',"胡老
师",]})
```

查看定义好的测试数据结果如下。

```
In [4]: df_1
        数据分析 01 班课程      teacher
0       爬虫                张老师
1       pandas            吴老师
2       numpy             胡老师
3       matplotlib        曾老师
4       sk                穆老师
5       ipyhton           徐老师
6       python            莫老师
In [5]: df_2
        数据分析 02 班课程      teacher
0       python            莫老师
1       爬虫                张老师
2       pandas            徐老师
```

```
3    sk              曾老师
4    matplotlib      穆老师
5    ipyhton         吴老师
6    numpy           胡老师
```

使用 pandas 提供的 merge() 函数进行直接合并，具体代码如下。

```
In [6]: pd.merge(df_1,df_2)
        数据分析 01 班课程    teacher    数据分析 02 班课程
0       爬虫              张老师       爬虫
1       pandas          吴老师       ipyhton
2       numpy           胡老师       numpy
3       matplotlib      曾老师       sk
4       sk              穆老师       matplotlib
5       ipyhton         徐老师       pandas
6       python          莫老师       python
```

通过上述过程可以看出，merge() 函数隐式地合并数据。若开发者想要显式地合并数据，需要使用参数 on 指定键名称。上述结果与在 merge() 函数中添加参数 on ＝"teacher" 的运行结果是一样的(因为两组数据具有相同的列名称 teacher)。

Pandas 同样支持根据不同列名称进行合并。开发者只需要使用 left_on、right_on 参数进行指定即可。上述代码中虽然课程的名字是相同的，但是 01 班的课程和 02 班的课程是不同的。不能直接使用 on 进行数据合并，如果想要使两者进行合并，需要使用 left_on 参数和 right_on 参数，具体形式如下。

```
# 代码
In [7]: pd.merge(df_1,df_2,left_on = "数据分析 01 班课程",right_on = "数据分析 02 班课程")
        数据分析 01 班课程    teacher_x    数据分析 02 班课程    teacher_y
0       爬虫              张老师        爬虫              张老师
1       pandas          吴老师        pandas          徐老师
2       numpy           胡老师        numpy           胡老师
3       matplotlib      曾老师        matplotlib      穆老师
4       sk              穆老师        sk              曾老师
5       ipyhton         徐老师        ipyhton         吴老师
6       python          莫老师        python          莫老师
```

上述代码中指定 df_1 数据中的"数据分析 01 班课程"列与 df_2 参数中的"数据分析 02 班课程"进行数据合并。

Pandas 允许开发者使用 how 参数设置数据合并的基本方式。how 参数默认情况下使用的是 inner 连接方式，该参数还可以接受"left""right""outer"值。通俗地讲，inner 方式就是高中数学中的交集的概念；outer 对应的就是并集的概念；left 被称为左连接，表示以左侧数据键为主；right 使用的是右连接，表示以右侧数据键为主，具体代码如下。

第 7 章

数据处理的基本手段

```
In [8]: df_3 = pd.DataFrame({"food": ['牛奶','面包',"鸡蛋"],
                             "price": ['3','5',"1"]})
In [9]: df_4 = pd.DataFrame({"food": ['豆浆',"油条","鸡蛋"],
                             "price": ['1','2','1']})
In [10]: pd.merge(df_3,df_4, how = "inner")
    food    price
0   鸡蛋        1
In [11]: pd.merge(df_3,df_4, how = "outer")
    food    price
0   牛奶        3
1   面包        5
2   鸡蛋        1
3   豆浆        1
4   油条        2
In [12]: pd.merge(df_3,df_4, on = "food", how = "outer")
    food        price_x        price_y
0   牛奶            3             NaN
1   面包            5             NaN
2   鸡蛋            1             1
3   豆浆           NaN            1
4   油条           NaN            2
```

上述代码结果中，price 后默认添加了"_x"与"_y"后缀，这是为了区别该字段来源于不同数据集中，Pandas 人性化地设置了 suffixes 参数，该参数用来设置对应的后缀，具体代码如下。

```
# 函数形式
In [13]: pd.merge(df_3,df_4, on = "food",suffixes = ("_01","_02"),how = "outer")
Out[13]:
    food    price_01    price_02
0   牛奶        3          NaN
1   面包        5          NaN
2   鸡蛋        1          1
3   豆浆       NaN         1
4   油条       NaN         2
```

注意：suffiexs 的参数个数应该与合并参数个数相同。如若不同，将会提示"too many values to unpack"的错误。

7.1.2 轴向数据合并

视频讲解

轴向数据合并是数据处理中经常用到的另一种数据合并形式。该合并方式是数据沿指定数据轴堆叠数据的一种方式。具体如图 7.1 所示。

Pandas 中提供了 concat() 函数供开发者进行轴向数据合并操作，该函数具体如下。

```
pandas.concat(objs, axis = 0, join = 'outer', join_axes = None, ignore_index = False, keys = None, levels = None, names = None, verify_integrity = False, sort = None, copy = True)
```

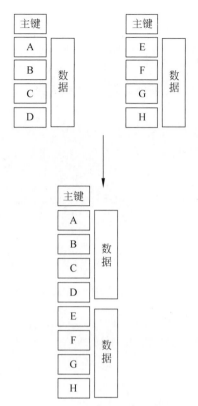

图 7.1　轴向数据合并示意图

concat()函数参数如表 7.3 所示。

表 7.3　concat()函数参数

参　　　数	说　　　明
objs	类数组对象,表示连接 Pandas 对象的基本组合
axis	默认值为 0 或者 1,表示连接的轴向
join	默认值为 outer,设置轴向上的索引为交集/并集,默认值为 outer
join_axes	参数为索引对象,用来表示 n−1 索引,不执行交集或者并集
ignore_index	参数为 bool 值,设置是否保留连接轴上的索引,产生一组新的索引,默认值为 False
keys	接收队列类型的数据,设置连接轴上的层次化索引值
levels	默认值为 None,接收包含多个 sequence 的 list 参数,用于创建分级别的名称
names	接收 list 参数,表示在设置了 keys 和 levels 参数后,用于创建分级别的名称,默认为 None
verify_integrity	接收 bool 参数,检查新连接的轴是否包含重复项,如果发现有重复项则引发异常,默认值为 False

下面通过代码进行基本说明。

首先,创建 3 个 Series 数据对象,具体代码如下。

```
In [14]: sd_1 = pd.Series([2,4],index = ["河北","河南"])
In [15]: sd_2 = pd.Series([2301,532,1341],index = ["北京","天津","深圳"])
In [16]: sd_3 = pd.Series([671,1045],index = ["广州","上海"])
```

176

通过使用 concat()函数进行数据轴向合并,并查看结果,具体代码如下。

```
In [17]: pd.concat([sd_1,sd_2,sd_3])
河北      2
河南      4
北京      2301
天津      532
深圳      1341
广州      671
上海      1045
dtype: int64
```

通过上述代码可以看出,concat()函数使用十分简单。开发者可以设置 axis 参数,选择不同的轴以改变合并方向,具体代码如下。

```
In [18]: pd.concat([sd_1,sd_2,sd_3],axis = 1)
Out[18]:
              0          1          2
上海       NaN        NaN        1045.0
北京       NaN        2301.0     NaN
天津       NaN        532.0      NaN
广州       NaN        NaN        671.0
河北       2.0        NaN        NaN
河南       4.0        NaN        NaN
深圳       NaN        1341.0     NaN
```

上述代码中通过设置 axis 参数将数据沿 0 轴合并。如果开发者想要求得交集,需要设置 join 参数,该参数用于设置连接方式,具体代码如下。

```
In [19]: sd_4 = pd.concat([sd_1,sd_3])
In [20]: pd.concat([sd_1,sd_4],axis = 1)                        ♯ 并集
              0          1
上海       NaN        1045
广州       NaN        671
河北       2.0        2
河南       4.0        4
In [21]: pd.concat([sd_1,sd_4],axis = 1, join = "inner")        ♯ 交集
        0    1
河北     2    2
河南     4    4
```

Pandas 允许开发者设置 concat()函数的 join_axes 参数用于数据合并的自主选择,具体代码如下。

```
In [22]: pd.concat([sd_1,sd_4],axis = 1,join_axes = [["北京","天津","深圳"]])
              0        1
北京         NaN      NaN
天津         NaN      NaN
深圳         NaN      NaN
```

在实际的使用过程中,有时需要区分合并前的数据,使用 keys 参数对数据进行分组,具体代码如下。

```
In [23]: result = pd.concat([sd_1,sd_1,sd_3],keys = ["one","two","three"])
In [24]: result
one      河北      2
         河南      4
two      河北      2
         河南      4
three    广州      671
         上海     1045
dtype: int64
In [25]: pd.concat([sd_1,sd_2,sd_3],axis = 1,keys = ["one",'two',"three"])
            one        two        three
上海         NaN        NaN        1045.0
北京         NaN       2301.0       NaN
天津         NaN        532.0       NaN
广州         NaN        NaN         671.0
河北         2.0        NaN         NaN
河南         4.0        NaN         NaN
深圳         NaN       1341.0       NaN
```

7.1.3 重叠数据的合并

重叠数据合并指将数据中相同数据的合并,该方法在数据合并过程中同样会经常使用。Pandas 为开发者提供了 combine_first() 函数用于重叠数据的合并,具体形式如下。

视频讲解

```
Series/Dataframe.combine_first(other)
```

combine_first() 函数参数如表 7.4 所示。

表 7.4　combine_first() 函数参数

参　　数	说　　明
other	参数为 Series/Dataframe 对象,表示重叠合并的另一个对象

下面通过代码进行说明。

首先,创建测试需要的数据集 dict1 与 dict2,具体代码如下。

```
In [26]: dict1 = {"ID": [1,2,3,4,5,6],
         "课程":["软件测试","Python","大数据","Java 开发","游戏","HTML 5"]}
In [27]: dict2 = {"ID": ["","","","","",""],"课程": ["","","","","",""]}
```

177

第7章

数据处理的基本手段

```
In [28]: df_1 = pd.DataFrame(dict1)
In [29]: df_2 = pd.DataFrame(dict2)
```

然后，查看创建的数据集，具体代码如下。

```
In [30]: dict1
Out[30]: {'ID': [1, 2, 3, 4, 5, 6],
'课程': ['软件测试', 'python', '大数据', 'Java 开发', '游戏', 'HTML 5']}
In [31]: dict2
Out[31]: {'ID': ['', '', '', '', '', ''], 课程': ['33', '', '', '', '']}
```

其次，将 df_2 数据合并到数据 df_1，具体代码如下。

```
In [32]: df_1.combine_first(df_2)
     ID    课程
0    1     软件测试
1    2     Python
2    3     大数据
3    4     Java 开发
4    5     游戏
5    6     HTML 5
```

最后，通过数据的合并可以看出，df_1 数据和 df_2 数据合并是以 df_1 数据为主。

```
In [33]: dict3 = {"ID": ["","","","","",""],"课程": ["计算机理论"]}
ID       课程
0        软件测试
1
2
3
4
5
```

7.1.4 索引键的合并

视频讲解

索引键合并指的是通过指定索引进行连接。Pandas 提供了 join() 函数供开发者实现索引键合并的需求，此种连接方式同样是数据分析过程中常用的。该函数的具体形式如下。

```
DataFrame.join(other, on = None, how = 'left', lsuffix = '', rsuffix = '', sort = False)
```

join() 函数参数具体如表 7.5 所示。

表 7.5   join() 函数参数

参　　数	说　　　明
on	指定连接的列
how	{left/right/outer/inner} 表示连接方式

参　　数	说　　明
lsuffix	string 类型,用于表示左侧重叠的列名添加的后缀
rsuffix	string 类型,用于表示右侧重叠的列名添加的后缀
sort	bool 类型,对连接后的数据进行排序

下面通过代码进行说明。

首先,准备测试数据,具体代码如下。

```
In [34]:
dict5 = {"ID":[1,2,3,4,5,6],"课程":["软件测试","Python","大数据","Java 开发","游戏","HTML 5"]}
dict6 ={"ID":["a","b","c","d","e","f"],"class":["数据分析","人工智能","云计算","运维","网络安全","安卓"]}
df_5 = pd.DataFrame(dict5,index = [1,2,3,4,5,6])
df_6 = pd.DataFrame(dict6,index = ["a",1,2,7,8,9])
```

然后,查看 df_5 和 df_6 的数据值,具体代码如下。

```
In [35]: df_5
Out[35]:
     ID    课程
1    1     软件测试
2    2     Python
3    3     大数据
4    4     Java 开发
5    5     游戏
6    6     HTML 5
In [36]: df_6
Out[36]:
     ID    class
a    a     数据分析
1    b     人工智能
2    c     云计算
7    d     运维
8    e     网络安全
9    f     安卓
```

Pandas 允许开发者使用 lsuffix、rsuffix 参数对合并后的数据更改列名后缀,具体代码如下。

```
In [37]: df_5.join(df_6,lsuffix = "_l")
Out[37]:
     ID_l   课程        ID    class
1    1      软件测试     b     人工智能
2    2      Python     c     云计算
3    3      大数据      NaN   NaN
4    4      Java 开发   NaN   NaN
5    5      游戏        NaN   NaN
6    6      HTML 5     NaN   NaN
```

179

第7章

数据处理的基本手段

通过上述过程可以看出,只有两个数据集中有相同的索引对象时,才能完全显示数据,否则使用 NaN 填充。

开发者还可以通过设置 how 参数,指定数据的合并方式,具体代码如下。

```
In [38]: df_5.join(df_6,lsuffix = "_l",how = "inner")
Out[38]:
    ID_l    课程        ID    class
1   1       软件测试    b     人工智能
2   2       Python     c     云计算
In [39]: df_5.join(df_6,lsuffix = "_l",how = "outer")
Out[39]:
    ID_l    课程        ID     class
1   1.0     软件测试    b      人工智能
2   2.0     Python     c      云计算
3   3.0     大数据      NaN    NaN
4   4.0     Java 开发   NaN    NaN
5   5.0     游戏        NaN    NaN
6   6.0     HTML 5      NaN    NaN
a   NaN     NaN        a      数据分析
7   NaN     NaN        d      运维
8   NaN     NaN        e      网络安全
9   NaN     NaN        f      安卓
In [40]: df_5.join(df_6,lsuffix = "_l",how = "left")
Out[40]:
    ID_l    课程       ID    class
1   1       软件测试   b     人工智能
2   2       Python    c     云计算
3   3       大数据     NaN   NaN
4   4       Java 开发  NaN   NaN
5   5       游戏       NaN   NaN
6   6       HTML 5     NaN   NaN
In [41]: df_5.join(df_6,lsuffix = "_l",how = "right")
Out[41]:
    ID_l    课程       ID     class
a   NaN     NaN       a      数据分析
1   1.0     软件测试   b      人工智能
2   2.0     Python    c      云计算
7   NaN     NaN       d      运维
8   NaN     NaN       e      网络安全
9   NaN     NaN       f      安卓
```

通过上述代码可以看出,join()函数为开发者提供了丰富的合并形式。

7.2 数 据 清 洗

数据合并完成后,需要进行数据清洗。本节将对数据中的重复值处理、异常值处理、缺失值处理等方面进行数据清洗的基本介绍。

7.2.1 重复值的处理

在大量数据中,难免会遇到重复值的情况。开发者需要在处理过程中,将数据中的重复值剔除掉,有时可能也需要记录重复值。

1. 记录重复值

重复值的记录需要使用 Python 的特性,下面通过简单示例进行基本演示。

```
# 记录重复值
In [1]: list_1 = ["HTML 5","JavaEE","Python+人工智能","全链路 UI","Linux 云计算","软件测试",
"大数据","Unity","Go","PHP","网络安全","认证考试","HTML 5","JavaEE","Python+人工智能","全链路
UI","Linux 云计算","软件测试","大数据","Unity","Go","PHP","网络安全","认证考试"]
list_2 = []
In [2]:
import pandas as pd
for i in list_1:
    if i not in list_2:
        list_2.append(i)
print(list_2)
Out[2]: ['HTML 5', 'JavaEE', 'Python+人工智能', '全链路 UI', 'Linux 云计算', '软件测试', '大数
据', 'Unity', 'Go', 'PHP', '网络安全', '认证考试']
```

上述代码通过 for 循环进行重复值的存储,如果数据中出现大量的重复值,则需要使用 set()函数进行数据去重处理。

2. 去除重复值

Pandas 本身没有去重的函数,去重需要使用 Python 内置 set()函数进行处理,具体代码如下。

```
In [3]: set_1 = set(list_1)
        print(set_1)
Out[3]: {'全链路 UI', 'PHP', 'Linux 云计算', 'Unity', '大数据', 'Go', '软件测试', 'Python+人工
智能', 'HTML 5', 'JavaEE', '认证考试', '网络安全'}
```

Pandas 允许开发者使用 duplicated()函数对重复值进行标记,具体代码如下。

```
dict_info_1 = {"姓名": ["Li","Zhang","Wang","Xu","Li"],
"年龄": [20,21,22,23,20],"身高": [182,181,183,181,182] }
dict_info_2 = {"姓名": ["Zeng","Hu","Tong","Cao"],"年龄": [24,24,25,22],"身高": [171,
181,175,180] }
df_z = pd.DataFrame(dict_info_1)
df_y = pd.DataFrame(dict_info_2)
```

标记重复值后,开发者可以使用 drop_duplicated()函数删除重复数据,具体代码如下。

```
In [4]: df_z
Out[4]:
    姓名    年龄    身高
0   Li     20     182
```

第 7 章

数据处理的基本手段

```
1    Zhang    21    181
2    Wang     22    183
3    Xu       23    181
4    Li       20    182
In [5]: df_y
Out[5]:
     姓名    年龄    身高
0    Zeng    24    71
1    Hu      24    181
2    Tong    25    75
3    Cao     22    180
In [6]: df_z.duplicated()
Out[6]:
0    False
1    False
2    False
3    False
4     True
dtype: bool
In [7]: df_y.duplicated()
Out[7]:
0    False
1    False
2    False
3    False
dtype: bool
In [8]: df_z.drop_duplicates()
Out[8]:
     姓名    年龄    身高
0    Li      20    182
1    Zhang   21    181
2    Wang    22    183
3    Xu      23    181
```

通过上述代码可以看出，使用 drop_duplicates()函数能够将重复的数据去除。

3. 特征重复值

Pandas 允许开发者使用 corr()函数进行数据相关性检测，该函数的具体形式如下。

```
DataFrame/Series.corr(method = 'pearson', min_periods = 1)
```

corr()函数参数具体如表 7.6 所示。

表 7.6　corr()函数参数

参　　数	说　　明
method	该参数为字符串形式，可以为 pearson/kendall/spearman 其中一个，或者开发者自定义的函数。 Pearson(皮尔逊)：Pearson 相关系数，用来衡量两个数据集合是否在一条线上面，即针对线性数据的相关系数计算，针对非线性数据便会有误差

参　　数	说　　明
method	Kendall(肯德尔)：用于反映分类变量相关性的指标,即针对无序序列的相关系数、非正态分布的数据。 Spearman(斯皮尔曼)：非线性的、非正态分析的数据的相关系数
min_periods	整型,可用参数,用于表示每对列需要的最小观察次数才能得到有效的结果。目前只提供 Pearson 和 Spearman 的相关性

相关系数是统计学中的概念,用于研究变量之间的相关程度。在数理统计中,有三大相关系数的算法,分别是 Pearson 相关性系数、Spearman 相关性系数、Kendall 相关性系数。相关系数具体公式如下。

$$\rho(x,y) = \frac{cov(x,y)}{\sigma x \sigma y} = \frac{E((x-\mu x)(y-\mu y))}{\sigma x \sigma y} = \frac{E(xy) - E(x)E(y)}{\sqrt{E(x^2) - E^2(x)}\sqrt{E(y^2) - E^2(y)}}$$

通过上述公式可以看出,相关系数等于函数协方差除以各自标准差乘积。由于分母为标准差的积,默认不为 0,所以任何一个标准差不能为 0。如果两个变量中的任何一个值相同,则 Pearson 相关系数不能计算出对应的值,这个是该方法的缺点。

当值为 0.8~1.0 时表示极强的相关性,为 0.6~0.8 时表示强相关性,为 0.4~0.6 时表示中等相关性,为 0.2~0.4 时表示弱相关性,为 0.0~0.2 时表示极弱相关性或者无相关性。

Spearman 相关系数和 Kendall 相关系数也是同样的道理,区别在于使用不同的参考值和计算方法。

具体请参考相似度矩阵,具体代码如下。

```
In [9]: df_z[:].corr(method = "kendall")   # Kendall 相关系数
Out[9]:
            年龄          身高
年龄      1.000000     - 0.235702
身高      - 0.235702    1.000000
In [10]: df_z[:].corr(method = "pearson")   # Pearson 相关系数
Out[10]:
            年龄          身高
年龄      1.00000      - 0.18334
身高      - 0.18334     1.00000
In [11]: df_z[:].corr(method = "spearman")   # Spearman 相关系数
Out[11]:
            年龄          身高
年龄      1.000000     - 0.270369
身高      - 0.270369    1.000000
In [12]:
def func2(x):
    list_2 = []
    for i in range(x):
        y = 2 * i
        list_2.append(y)
    return list_2
```

```
df = pd.DataFrame({"速度": [ x for x in range(5) ],"距离": func2(5)})
In [13]: df
Out[13]:
    速度    距离
0   0     0
1   1     2
2   2     4
3   3     6
4   4     8
In [14]: df.corr(method = "kendall")   # Kendall 相关系数
Out[14]:
          速度      距离
速度       1.0     1.0
距离       1.0     1.0
In [15]: df.corr(method = "pearson")   # Pearson 相关系数
Out[15]:
          速度      距离
速度       1.0     1.0
距离       1.0     1.0
In [16]: df.corr(method = "spearman")   # Spearman 相关系数
Out[16]:
          速度      距离
速度       1.0     1.0
距离       1.0     1.0
```

视频讲解

7.2.2 异常值的处理

1. 基于箱型图的异常值处理

在第 5 章中已经详细讲述了箱型图的基本绘制,本节将讲述箱型图在异常值处理方面的应用。箱型图进行异常值的判断可以不受数据的分布形式的限制,根据数据的分布客观地反映数据中的异常值。下面在讲述箱型图识别异常值前,先对箱型图做基本介绍。

箱型图具体如图 7.2 所示。

图 7.2　箱型图

箱型图的关键点包括上界、下界、中位线、上四分线、下四分线。上界是所有观测数据中最大的值,下界是所有观测数据中最小的值,上四分线(QU)以上是所有观测数据排序后的前四分之一,下四分线(QL)以下表示所有观测数据排序后的末四分之一,两个四分线之间即数据的一半用四分位距(IQR)表示。

箱型图根据$(QL-1.5IQR, QU+1.5IQR)$区间进行数据异常值的区分。数据中超出有效范围区间的被 Pandas 视为异常数据,同时会被标记,该标记动作由 Python 底层执行完成。下面将通过代码进行讲解,具体代码如下。

```
In [1]: import pandas as pd
In [2]: df = pd.DataFrame({"A": [10,20,30,40],
                           "B": [10,20,30,100],
                           })
In [3]: df.boxplot(column = ["A","B"])
Out[3]:
< matplotlib.axes._subplots.AxesSubplot at 0x121c920f0 >
Out[3]:
```

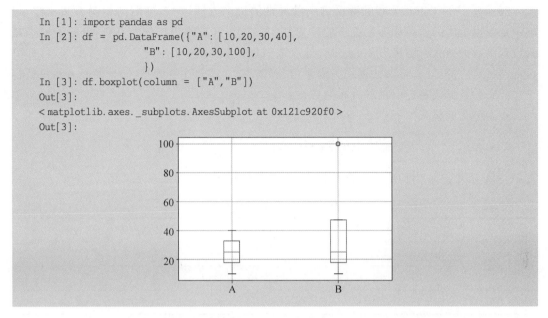

上述代码中创建了两组数据,分别为数据 A 和数据 B。通过观察就可以看出,B 数据组中有一个数据较其他数据偏差很大,Pandas 判定该数据为异常值。

数据异常值检测完毕后,应进行相应的异常值处理,对应的处理方法通常有以下几种。

(1) 使用符合区间$(QL-1.5IQR, QU+1.5IQR)$的值进行填充。

(2) 直接将值删除,不填充。

(3) 使用缺失值的处理方法进行处理。

(4) 使用数据的平均值进行代替。

将值进行替换后再次运行,具体代码如下。

```
In [1]: import pandas as pd
In [2]: df = pd.DataFrame({"A": [10,20,30,40],
                "B": [10,20,30,20],
                })
In [3]: df.boxplot(column = ["A","B"])
In [4]: < matplotlib.axes._subplots.AxesSubplot at 0x121d7e588 >
```

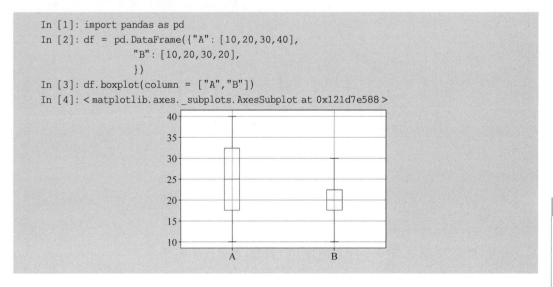

数据处理的基本手段

上述代码中将数据 B 组中的数据替换成 20 后再次进行图形绘制,发现箱型图恢复正常,以上方法更客观地反映了数据。

2. 基于 3σ 的异常值处理

3σ 方法是基于正态分布的数据的一种异常值检测方法,与箱型图的检测方法一样,超出一定数据范围的值被称为数据组的异常值。3σ 方法又被称为拉依达准则,其检测原理是假设观测数据只含有随机误差,通过计算获取数据的标准差,使用概率划定数据区间,如果数据超过对应的区间,将该数据视为异常值(离群点)。需要注意的是,此种判断方法只适合正态分布的数据或者近似正态分布的数据。

正态分布的公式如下。

$$f(x) = \frac{1}{\sqrt{2\pi}\,\sigma} \exp\left(-\frac{(x-\mu)^2}{2\sigma^2}\right)$$

其中,σ 为标准差,μ 为均值。正态分布数据的 3σ 数据划分原则如表 7.7 所示。

表 7.7 3σ 数据划分原则

数据分布	数据占比
$(\mu-\sigma, \mu+\sigma)$	0.6827
$(\mu-2\sigma, \mu+2\sigma)$	0.9545
$(\mu-3\sigma, \mu+3\sigma)$	0.9973

通过表 7.7 可以看出,数据主要集中在 $(\mu-3\sigma, \mu+3\sigma)$ 区间,在区间外的数据会被认为是异常数据,正态分布图如图 7.3 所示。

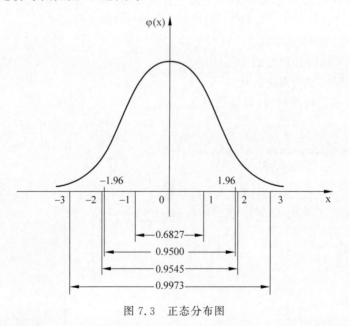

图 7.3 正态分布图

下面通过代码进行说明。

首先,根据 3σ 原则,定义一个返回异常值函数,具体代码如下。

```
In [1]:                                    # 导入对应库
import numpy as np
import pandas as pd
In [2]:                                    # 定义标记异常值函数
def filtrate(ser1):
    mean_value = ser1.mean()               # 平均值
    std_value = ser1.std()                 # 标准值
    bore_value1 = mean_value - 3 * std_value    # $\mu - 3\sigma$
    bore_value2 = mean_value + 3 * std_value    # $\mu + 3\sigma$
    print(bore_value1, bore_value2)        # 查看边界
    rule = ( ser1 < bore_value1 ) | ( ser1 > bore_value2 )    # 标记数据值
    print(rule)                            # 查看标记数据值
    index = np.arange(ser1.shape[0])[rule]      # 返回数据索引
    value = ser1.iloc[index]
return value                               # 返回值
```

然后,定义测试数据,具体代码如下。

```
In [3]: S_d = pd.DataFrame({"A": [1,2,3,4,5,6,1000,8,9,10,1,2,3,4,5,6],
"B": [1,2,3,4,5,100,7,8,9,10,1,2,3,4,5,6]})
```

其次,进行函数测试,具体代码如下。

```
In [4]: filtrate(S_d["A"])
In [5]:
- 679.781541296875   813.406541296875
0      False
1      False
2      False
3      False
4      False
5      False
6      True
7      False
8      False
9      False
10     False
11     False
12     False
13     False
14     False
15     False
Name: A, dtype: bool
Out[5]:
6     1000
Name: A, dtype: int64
```

通过上述结果可以看出,函数将数据的有效范围划分为$[-679,813]$;数据中的"1000"超过该范围,因而被标记成了异常数据值。

最后,测试第二组数据,具体代码如下。

```
In [6]: filtrate(S_d["B"])
- 61.34895362212639   82.59895362212639
0     False
1     False
2     False
3     False
4     False
5     True
6     False
7     False
8     False
9     False
10    False
11    False
12    False
13    False
14    False
15    False
Name: B, dtype: bool
Out[6]:
5    100
Name: B, dtype: int64
```

本节主要讲述了箱型图法和 3σ 法进行数据的异常值的判断,通过相应的参数计算,进一步确认数据的实用价值。

7.2.3 缺失值的处理

视频讲解

实际开发中,开发者还会遇到缺失值处理的问题。Pandas 提供了 isnull()、notnull()函数用于检测缺失值。下面通过代码说明。

首先,创建测试数据,具体代码如下。

```
In [1]: # 创建测试数据
import numpy as np
a = {"ID": [1,2,3,4,5,6],"name": ["小明",np.nan,"小张","小胡","小曾",np.nan],"age": [22,
23,25,34,25,26], "adrr": ["回龙观","育新",np.nan,'温都水城',"西三旗",np.nan]}
In [2]: df_8 = pd.DataFrame(a)
In [3]: df_8
Out[3]:
     ID   name    age    adrr
0    1    小明      22     回龙观
1    2    NaN     23     育新
2    3    小张      25     NaN
3    4    小胡      34     温都水城
4    5    小曾      25     西三旗
5    6    NaN     26     NaN
```

然后,使用 isnull()、notnull()函数检测缺失值与非缺失值,并通过 sum()函数对缺失值与非缺失值计数,具体代码如下。

```
In [4]: df_8.isnull().sum()
Out[4]:
ID      0
name    2
age     0
adrr    2
dtype: int64
In [5]: df_8.notnull().sum()
Out[5]:
ID      6
name    4
age     6
adrr    4
dtype: int64
```

上述过程演示了缺失值的检测和计数,对于检测出来的数据还需要使用对应的处理方法。Pandas 提供了 drpna()函数用于删除缺失值,fillna()函数用于替换缺失值,相关函数的具体操作如下。

```
In [6]: df_8.dropna()              # 删除缺失值 drpna
    ID      name      age      adrr
0   1       小明       22       回龙观
3   4       小胡       34       温都水城
4   5       小曾       25       西三旗
In [7]: df_8.fillna("-- ** --")    # 替换法进行删除
    ID      name      age      adrr
0   1       小明       22       回龙观
1   2       -- ** --  23       育新
2   3       小张       25       -- ** --
3   4       小胡       34       温都水城
4   5       小曾       25       西三旗
5   6       -- ** --  26       -- ** --
```

除上述处理方法外,开发者还可以使用插值法对缺失值进行处理。一般来说,插值比开发者指定填充某值更加符合数据的随机规范。

插值法可以分为线性插值法、拉格朗日插值法、样条插值法,具体代码如下。

```
In [8]:
# 使用线性插值法
from scipy import interpolate    # interp1d
x = np.array([1,2,3,4,5,6,7,8])
y1 = np.array([2,8,18,32,50,128,162,200])
y2 = np.array([3,5,7,9,11,17,19,21])
LV1 = interpolate.interp1d(x,y1,kind = "linear")
LV2 = interpolate.interp1d(x,y2,kind = "linear")
```

```
print("当 x 为 6,7 时,使用线性插值 y1: ",LV1([6,7]))
print("当 x 为 6,7 时,使用线性插值 y2: ",LV2([6,7]))
Out[8]:
当 x 为 6,7 时,使用线性插值 y1:[128. 162.]
当 x 为 6,7 时,使用线性插值 y2:[17. 19.]
In [9]:
# 使用拉格朗日插值法
from scipy import interpolate  # interpld
LV1 = interpolate.lagrange(x,y1)
LV2 = interpolate.lagrange(x,y2)
print("当 x 为 6,7 时,使用线性插值 y1: ",LV1([6,7]))
print("当 x 为 6,7 时,使用线性插值 y2: ",LV2([6,7]))
Out[9]:
当 x 为 6,7 时,使用线性插值 y1:[128. 162.]
当 x 为 6,7 时,使用线性插值 y2:[17. 19.]
In [10]:
# 使用样条插值法
from scipy import interpolate  # interpld
LV1 = interpolate.spline(x,y1,xnew = np.array([6,7]))
LV2 = interpolate.spline(x,y2,xnew = np.array([6,7]))
print("当 x 为 6,7 时,使用线性插值 y1: ",LV1)
print("当 x 为 6,7 时,使用线性插值 y2: ",LV2)
Out[10]:
当 x 为 6,7 时,使用线性插值 y1:[128. 162.]
当 x 为 6,7 时,使用线性插值 y2:[17. 19.]
```

注意：插值法使用的是 scipy 库,本书不过多讲解。

7.3 数据标准化

数据处理之前需要进行数据标准化。数据标准化的常用方法有三种,分别是"最小-最大标准化""Z-score 标准化"和"按小数定标标准化",本节将对其分别进行讲述。

视频讲解

7.3.1 最小-最大标准化

最小-最大标准化方法,又被称为离差标准化数据法,具体公式如下。

$$y = \frac{x - x_{min}}{x_{max} - x_{min}}$$

该方法能够有效地消除量纲,将数据有效地映射到[0,1]区间,能够实现不同数据之间的比较。该方法的缺点是：当数据明显集中到某个值上时,转换后的数据将会集中到 0 数据点,数据将无法用于后续比较。

下面通过代码说明。

首先,根据公式定义函数,同时定义测试数据,具体代码如下。

```
In [1]: import pandas as pd
In [2]:
def deal(data):
```

```
        data = (data - data.min()) / (data.max() - data.min())
        return data
In [3]:
d_f1 = pd.Series([1,2,3,4,5,6])
d_f2 = pd.Series([7,7,8,9,10,11])
```

然后,将数据带入函数中并查看结果,具体代码如下。

```
In [4]: print(deal(d_f1))
0    0.0
1    0.2
2    0.4
3    0.6
4    0.8
5    1.0
dtype: float64
In [5]: print(deal(d_f2))
0    0.00
1    0.00
2    0.25
3    0.50
4    0.75
5    1.00
dtype: float64
```

通过上述代码可以看出,经过最小-最大标准化后,数据全部集中在$[0,1]$区间,且数据分布没有改变。数据间差值跨度为整个区间。

7.3.2 Z-score 标准化

Z-score 方法又被称为标准差标准化方法或零均值标准化、z 分数标准化方法,该方法使用较为简单,使用范围较最小-最大标准化更为广泛,具体公式如下。

视频讲解

$$y = \frac{x - \bar{x}}{\delta}$$

其中,x 表示数据,δ 表示标准差,$\bar{x}$ 表示均值。

下面通过代码说明。

首先,根据公式定义函数,具体代码如下。

```
In [6]:
def std_ch(data):
    data = (data - data.mean()) / (data.std())
    return data
```

然后,将测试数据带入函数,具体代码如下。

```
In [7]: print(std_ch(d_f1))
0    -1.336306
```

数据处理的基本手段

```
1   - 0.801784
2   - 0.267261
3   0.267261
4   0.801784
5   1.336306
dtype: float64
In [8]: print(std_ch(d_f2))
0   - 1.020621
1   - 1.020621
2   - 0.408248
3   0.204124
4   0.816497
5   1.428869
dtype: float64
```

从上述代码可以看出,数据的排列顺序依旧不变,但是数据的有效范围出现了负数且不在[0,1]范围内。数据值中出现负号,表示数据低于平均值,绝对值越大表示数据与平均值差距越大,可以理解成距离数据中心越远。

7.3.3 按小数定标标准化

视频讲解

按小数定标标准化指通过移动数据的小数点,将数据映射到[0,1]区间内,该方法遵循公式如下。

$$y = \frac{x}{10^j}$$

其中,x 为数据值,j 为合适的指数参数(能够将 x 映射到[0,1]区间的指数参数)。

下面通过代码进行说明。

首先,创建数据处理函数,j 参数需要根据源数据确定,此处使用参数为1,具体代码如下。

```
In [9]:
def chu_sh(data):
    data = (data) / (10^1)
return data
```

然后,将测试数据带入函数,并查看结果,具体代码如下。

```
In [10]: print(chu_sh(d_f1))
0     0.090909
1     0.181818
2     0.272727
3     0.363636
4     0.454545
5     0.545455
dtype: float64
In [11]: print(chu_sh(d_f2))
0     0.636364
1     0.636364
```

2	0.727273
3	0.818182
4	0.909091
5	1.000000

通过上述代码可以看出，使用该方法需要配置 j 参数，能够在不扰动数据排序的情况下将数据映射到指定数据范围，如果开发者需要，可以调节 j 参数映射到[−1,1]的范围中。

7.4　数据类型的转换

数据清洗之后不能直接用来进行数据建模，需要通过数据转换后才能够进行下一步，常见的数据类型转换包含离散化连续的数据、哑变量处理，本节将进行简单的讲述。

7.4.1　离散化连续数据

视频讲解

离散化是在数据范围内划分若干离散的划分点，将取值范围划分为一些离散的区间，然后使用不同的符号对数据进行标识。常见的数据离散化方法有等频法、等宽法、聚类分析法。

Pandas 提供了 cut()函数为数据离散化提供接口，该函数的具体形式如下。

pandas.cut(x, bins, right = True, labels = None, retbins = False, precision = 3, include_lowest = False, duplicates = 'raise')

cut()函数的具体参数如表 7.8 所示。

表 7.8　cut()函数的常用参数

参　　数	说　　明
x	无默认值，类数组参数。接收待处理的参数
bins	默认为 True，参数可以为 int、array、list、tuple； 参数为 int 类型时，指代离散化后的类别个数； 参数为 list、tuple、array 时，指代离散化后的区间
right	控制右侧区间是否包含标志位。接收 bool 类型参数
labels	默认为 None，接收 list、array，代表离散化后各类别的名称
retbins	默认为 False，控制返回标签的标志位
precision	默认为 3，接收 int，用来控制显示标签的精度

下面通过代码说明。

```
In [1]: import pandas as pd
In [2]: data_1 = [1,5,10,23,56,43,22,100]      # 定义一个数据
In [3]: change = [0,20,40,60,80]               # 区间划分依据
In [4]: pd.cut(data_1,change)                  # 使用 change 区间对数据 data_1 进行划分
Out[4]: [(0, 20], (0, 20], (0, 20], (20, 40], (40, 60], (40, 60], (20, 40], NaN]
Categories (4, interval[int64]): [(0, 20] < (20, 40] < (40, 60] < (60, 80]]
```

数据处理的基本手段

上述代码中定义了一个数据源 data_1,同时定义一个划分区间 change,通过 cut()函数将数据进一步划分,返回结果为 Categories 对象。值得注意的是,因为"100"没有被标记在相应的范围内,导致最后一个值被标记为 NaN。

```
In [5]: change.append(100)                    # 将划分依据更改为包含 100 再次运行
In [6]: pd.cut(data_1,change)                 # 使用 change 区间对数据 data_1 进行划分
Out[6]: [(0, 20], (0, 20], (0, 20], (20, 40], (40, 60], (40, 60], (20, 40], (80, 100]]
Categories (5, interval[int64]): [(0, 20] < (20, 40] < (40, 60] < (60, 80] < (80, 100]]
```

Pandas 允许开发者控制区间闭合状态,通过指定 right 参数进行对应的限制。更改 change 列表,重新将数据 data_1 进行划分切割,具体代码如下。

```
In [7]: pd.cut(data_1,change,right = False)   # 使用 change 区间对数据 data_1 进行划分
Out[7]: [[0, 20), [0, 20), [0, 20), [20, 40), [40, 60), [40, 60), [20, 40), NaN]
Categories (5, interval[int64]): [[0, 20) < [20, 40) < [40, 60) < [60, 80) < [80, 100)]
```

在数据量比较多的情况下,一般使用别名进行快捷读取。Pandas 允许开发者使用 labels 参数传递对应的参数用来进行别名限制。

```
In [8]: pd.cut(data_1,change, labels = ["a","b","c","d","e"] )   # 返回简写名
Out[8]: [a, a, a, b, c, c, b, e]
Categories (5, object): [a < b < c < d < e]
```

Pandas 提供了 precision 参数用来对数据分割后的精度进行限制。

```
In [9]: pd.cut(data_1,2,precision = 4)                # 分成 4 组,精度为 4 个数位
Out[9]: [(0.901, 50.5], (0.901, 50.5], (0.901, 50.5], (0.901, 50.5], (50.5, 100.0], (0.901,
50.5], (0.901, 50.5], (50.5, 100.0]]
Categories (2, interval[float64]): [(0.901, 50.5] < (50.5, 100.0]]
```

在进行数据的基本分割方式演示完成后,下面将介绍使用不同的方式进行数据处理。

1. 等频法

cut()函数可以在对应的数据范围内限制切分的数据量。该函数不能够直接对数据的频率进行限制,需要开发者自定义等频处理函数,具体代码如下。

```
In [1]: import numpy as np
def cut_q(data,k):
    w = data.quantile(np.arange(0,1 + 1.0/k,1.0/k))    # 用来计算分位数
    data = pd.cut(data,w)
    return data
result = cut_q(pd.Series(data_1),4).value_counts()
print(result)
Out[1]:
(46.25, 100.0]    2
(22.5, 46.25]     2
(8.75, 22.5]      2
(1.0, 8.75]       1
dtype: int64
```

上述代码中使用了 quantile()函数对数据的等分线进行了计算,然后将源数据进行数据等分线的划分,通过定义 cut_q()函数实现了等频操作。

通过数据打印("Out[1]")可以看出,数据在对应区间中个数一般为 2,只有最后一个行数据为 1,这是由于区间左侧为开区间,该方法之所以称为等频法是因为数据在相应区间中的数量为相同的。(注意:quantile()函数默认使用的是 $1+(n-1)\times p$,其中,n 为数据个数,p 为等分值。)

2. 等宽法

开发者可以使用 cut()函数对数据进行等宽处理。开发者无须定义函数。

cut()函数等宽切割数据,具体代码如下。

```
In [2]: dataz = pd.cut(data_1,4)
```

查看具体数据。

```
In [3]: dataz
Out[3]:
[(0.901, 25.75], (0.901, 25.75], (0.901, 25.75], (0.901, 25.75], (50.5, 75.25], (25.75, 50.5],
(0.901, 25.75], (75.25, 100.0]]
Categories (4, interval[float64]): [(0.901, 25.75] < (25.75, 50.5] < (50.5, 75.25] < (75.25,
100.0]]
```

上述代码在 cut()函数的基本使用中已经讲解过,此处不重复讲解。

3. 聚类分析法

聚类分析法是用于数据分类的算法。开发者可以使用 K-Means 算法进行数据聚类。相关内容将在 9.3 节进行讲述。

7.4.2 哑变量处理类型数据

视频讲解

数据分析模型中相当一部分算法模型都要以输入的特征为数据值,但实际数据中特征的类型不一定只有数值,还会存在一部分类别型,这部分特征需要经过哑变量处理才能放到模型之中。哑变量处理的结果对比如图 7.4 所示。

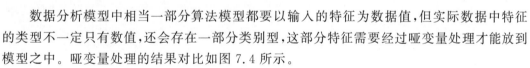

	性别
1	男
2	女
3	男
4	女
5	男
6	女

	男	女
1	1	0
2	0	1
3	1	0
4	0	1
5	1	0
6	0	1

(a)哑变量处理前　　　　　　　　(b)哑变量处理后

图 7.4　哑变量处理结果对比

第 7 章

数据处理的基本手段

Pandas 支持使用 get_dummies()函数进行特征值的哑变量处理,具体形式如下。

```
pandas.get_dummies(data, prefix = None, prefix_sep = '_', dummy_na = False, columns = None,
sparse = False, drop_first = False, dtype = None)
```

get_dummies()函数参数列表如表 7.9 所示。

表 7.9　get_dummies()函数参数列表

参　　　数	说　　　明
data	参数为 array、DataFrame、Series,接收需要处理的哑变量数据
perfix	参数为 string 类型列表、字典,控制转换后数据的列的前缀
perfix_sep	默认值为"_",参数为 string 类型,表示前缀的连接符号
dummy_na	默认值为 False,参数为 bool 类型。控制 NaN 数据的一列
columns	默认值为 None,参数为 list 类型数据,表示 DataFrame 中编码的列名,表示对所有 object、category 类型进行编码
sparse	默认值为 False,接收 bool 类型的数据,用于控制虚拟列的稀疏
drop_first	默认值为 False,bool 类型,表示通过从 k 个分类级别中删除第一级获得 k−1 个分类级别

下面通过代码说明。

首先,创建数据 data_before 并查看,具体代码如下。

```
In [1]:
import pandas as pd
import numpy as np
data_before = pd.DataFrame({"书籍": ["HTML5","Mysql","Web","Python"]})
In [2]: data_before
      书籍
0     HTML5
1     Mysql
2     Web
3     Python
```

然后,使用 get_dummies()函数进行数据的哑变量处理,具体代码如下。

```
In [3]: data_after = pd.get_dummies(data_before)
In [4]: data_after
     书籍_HTML5     书籍_Mysql     书籍_Python     书籍_Web
0    1            0            0             0
1    0            1            0             0
2    0            0            0             1
3    0            0            1             0
```

上述代码已经完成基本的哑变量处理,但是在实际开发中,有时会遇到指定前缀的需求,这时需要使用 prefix()函数进行设置。当未指定 prefix 时,将使用源数据的列名称作为前缀参数使用。这里指定前缀参数为"book",具体代码如下。

```
In [5]: pd.get_dummies(data_before,prefix = "book")
   book_HTML5    book_Mysql    book_Python    book_Web
0     1              0              0             0
1     0              1              0             0
2     0              0              0             1
3     0              0              1             0
```

Pandas 给予开发者最大权限,允许开发者自定义连接符以替代原有连接符"_",具体代码如下,使用"+"代替(一般不使用其他符号进行替换)。

```
In [6]: pd.get_dummies(data_before,prefix = "book",prefix_sep = "+")
   book + HTML5    book + Mysql    book + Python    book + Web
0     1               0               0              0
1     0               1               0              0
2     0               0               0              1
3     0               0               1              0
```

在 get_dummies()函数参数列表中的 dummy_na 参数,用于设置 NaN 列,以实现创建数据的特征列。关于 NaN 列的设置,具体代码如下。

```
In [7]: pd.get_dummies(data_before,dummy_na = True)
   书籍_HTML5    书籍_Mysql    书籍_Python    书籍_Web    书籍_NaN
0     1             0             0            0          0
1     0             1             0            0          0
2     0             0             0            1          0
3     0             0             1            0          0
```

小　　结

本章主要讲述了数据处理的基本方法。数据处理为数据建模、业务分析做准备。通常使用的数据处理方法为数据合并、数据清洗、数据标准化、数据类型的转换。

数据合并的目的主要是将不同的数据集进行合并,具体包括依据不同数据集的主键进行数据合并、沿轴方向进行数据合并、将重叠数据进行合并、索引键的合并。

数据清洗对数据的错误进行纠正。主要包括检查数据的重复性、正确性、完整性。在对数据的完整性进行校验时,可以通过 list 等容器进行数据重复值的记录,同时可以通过集合容器进行数据去重。另外,Pandas 提供了数据去重功能,开发者只需要使用 corr()函数进行数据去重,其实现依赖于底层算法的封装;在处理异常数据时,可以通过箱型图绘制进行直接筛选,箱型图可以直观地反映异常值的存在。开发者也可以通过 3σ 原则处理异常值,但该方法只能对具有正态分布的数据进行测试。在处理缺失值方面,主要使用 Pandas 提供的基本函数,如 isnull()、notnull()函数。缺失值的处理方面,主要使用删除缺失值、替代缺失值、插入缺失值的处理方法。

数据标准化是数据建模前的关键一步,需要通过数据特定算法对数据进行有效的标准化,主要包括最小-最大值、Z-score、按小数定标标准化方法。数据标准化的目的是将数据源

数据处理的基本手段

映射到[0,1]范围内,并且将源数据的量纲去除掉,以方便不同特征数据之间的比较。

数据离散化主要通过 Pandas 的 cut()函数对数据进行切分,可以通过等宽法、等频法实现相关功能。数据建模会使用到一定量的特征值。模型不一定能识别处理数据的特征值,所以需要将数据处理为哑变量。

学完本章读者应具有数据处理的基本技能,并能通过大量实践熟练掌握数据处理的基本方法。

习　　题

一、填空题

1. merge()函数实现内连接需要对_____关键字参数进行控制,传递_____类型的_____参数可以实现。

2. 数据进行轴向合并时需要使用的函数为_____。

3. 在数据处理过程中处理特征数据的重复问题需要使用_____函数,开发者可以使用_____参数控制不同的统计方法。

4. 数据标准化是将数据的_____去除,同时将数据映射到_____区间中。

5. 数据标准化值的常用方法有_____、_____、_____。

二、选择题

1. 下列代码运行的结果是(　　)。

```python
import pandas as pd
data_1 = pd.DataFrame({"A": [1,2,3],"B": [4,5,6]})
data_2 = pd.DataFrame({"A": [0,2,3],"B": [0,3,6]})
pd.merge(data_1,data_2)
```

A.

	A	B
0	1	4
1	2	5
2	3	6

B.

	A	B
0	1	4
1	2	5
2	3	6
3	0	0
4	2	3

C.

	A	B
0	3	6
1	0	0
2	2	3

D.

	A	B
0	3	6

2. 下列选项中对代码中使用的方法的说法不正确的是(　　)。

```python
corr(method = 'pearson', min_periods = 1)
```

A. 用来衡量两个数据集合是否在同一条直线上

B. 对于线性数据有误差

C. 该方法名为 Spearman 方法

D. 计算观察数据 1 次即可完成

3. 关于图 7.5 说法正确的是(　　)。

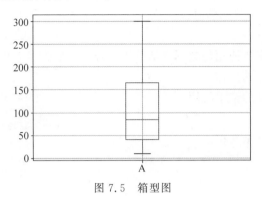

图 7.5　箱型图

    A. 数据中的最大值为 300

    B. 数据中的最小值接近 10

    C. 数据中位数为 80 左右

    D. 数据中的数据集中在 150～300

4. 下列数据中可以使用 3σ 方法处理的数据集是(　　)。

    A. $[1,2,3,45,2,3,4,1]$

    B. $[1,10,1000,100000]$

    C. $[1,5,7,9]$

    D. $[1000,2,5,10,80,60,100]$

5. 下列代码中使用等宽法进行数据离散化处理的是(　　)。

    A.

```
pd.cut(data_1,4)
```

    B.

```
def cut_q(data,k):
    w = data.quantile(np.arange(0,1 + 1.0/k,1.0/k))
    data = pd.cut(data,w)
    return data
result = cut_q(pd.Series(data_1),4).value_counts()
```

    C.

```
data = [10,5,40,23,422,100]
cut_data = [1,2,3]
pd.cut(data, cut_data)
```

三、判断题

1. cut()函数可以直接实现等频切分。(　　)

2. 使用 merge()函数进行合并可以指定键。（　　　）

3. 3σ 原则可以直接使用,该方法对源数据没有限制。（　　　）

4. get_dummies()函数能够直接将特性数据转换成数值型数据。（　　　）

四、简答题

1. 异常值处理时需要使用的数据方法分别是什么？它们各自的优缺点有哪些？

2. 请列出数据合并的操作。

3. 请简述数据处理的基本流程。

五、程序题

1. 创建如图 7.6 所示数据。

	A	B	C	D
0	1	6	NaN	NaN
1	2	10	1.0	20.0
2	3	7	2.0	30.0
3	4	8	3.0	40.0
4	5	9	4.0	50.0

图 7.6　实验数据

2. 处理数据中的缺失值。

3. 将数据进行标准化处理。

第8章 基于文本的自然语言分析

本章学习目标
- 了解文本自然语言处理的基本流程。
- 掌握 Jieba 分词工具的使用。
- 掌握 NLTK 工具的使用。
- 掌握文本相似度分析。
- 掌握情感分析的相关内容。
- 掌握文本分类的相关内容。

自然语言处理是计算机科学与人工智能领域的重要研究方向,主要研究人与计算机通过自然语言沟通的方法。在大数据时代的今天,自然语言处理也相对成熟起来,如翻译软件、智能客服、聊天助手等。自然语言处理在数据分析领域同样有着十分重要的地位,如京东、淘宝通过分析用户对商品的文字评价,得到买家对商品的满意度。学完本章内容,读者将能够通过自然语言分析工具完成一定的工作,对数据分析工作大有裨益。

8.1 基于文本的自然语言处理概述

视频讲解

世界上的语言的种类繁多,本章主要介绍中文与英文的自然语言处理。依托于强大的 Python 社区,开发者可以借助 Jieba 语言处理库、NTLK 语言处理库分别对中文、英文进行语言处理。

和所有数据处理一样,在进入正常的数据处理流程之前,都需要进行数据预处理,文本处理也不例外。一般来说,文本预处理包括文本分词、词性标注、词形归一化、删除停用词、单词列表几步。

1. 文本分词

文本分词是对数据字符串进行切片操作,并使切片结果符合语法的过程。文本分词是文本预处理过程中必不可少的流程,就像在垃圾回收站对废旧垃圾进行处理时,先要对垃圾进行分类。文本预处理过程中的分词动作与垃圾分类动作类似,通过对词语进行不同类别的划分实现分词。本质上看,分词动作就是分类算法在自然语言上的应用。

文本分词主要包含两步:首先是对字典进行构造,以字典作为分词的基本依据;第二步是运行算法。词典构造主要包括基于整词的二分、基于 TRIE 索引树的建立、基于逐字二分等。由于不同语言的表述语法不同,分词算法也不同。中英文分词的常用方法具体如表 8.1 所示。

表 8.1　中英文分词的常用方法

语　言	分 词 算 法
中文	字符串匹配法
	基于统计学的分词方法
	基于理解的分词方法
英文	EnglishMinimalStemmer
	Porter Stemming
	KStemmer

2. 词性标注

词性标注是词语分类的一种方式。词性标注是对分词结果进行词语分类。中文里将词性分为两大类,分别是实词与虚词,共计 14 小类,其中,实词包括名词、代词、动词、形容词、数词、量词、区别词,虚词包括冠词、副词、介词、连词、助词、叹词、拟声词。

英文将词性分为 10 种,分别是名词、形容词、动词、代词、数词、副词、介词、连词、冠词、感叹词。

3. 词形归一化

词形归一化就是将对应的词语进行数据规整。词形归一化的概念一般出现在英文文本的处理过程中,因为英文单词中同一个词会出现多种不同的形式。例如,be 的形式有 am、is、are,经过词形归一化后留下的只是 be 的形式。

4. 删除停用词

停用词指的是文本中不能表述该对应文本特性的词,一般指的是有"什么""今""今后"等,开发者可以查阅说明文件查看对应的停用词。删除停用词可以加快处理文本的速度,降低文本处理的复杂性。

5. 单词列表

单词列表是文本处理的最后一个环节,简单地说,单词列表就是停用词处理后的结果,通过特定的排序需求进行罗列。

8.2　Jieba 基本介绍和使用

中文分词大多使用 Python 的第三方库 Jieba 作为分词工具,本节将介绍 Jieba 的安装和基本使用。

8.2.1　基本介绍

视频讲解

Jieba 分词的开发者为中文作者,GitHub 上的名字为 SunJunyi,目前就职于北京的百度总部。如果使用者有问题可以通过 sunjunyi01@baidu.com 邮箱联系作者。Jieba 的存在为中文分词提供了更好的解决方案。Jieba 分词的三种模式如表 8.2 所示。

表 8.2　Jieba 分词的三种模式

模　式	说　明
精确模式	可以将句子最精确地切开,适合文本分析
全模式	把句子中所有可以成词的词语都扫描出来,速度非常快,但是不能解决歧义

模　　式	说　　明
搜索引擎模式	在精确模式的基础上,对长词再次切分,提高召回率,适用于搜索引擎分词

Jieba 同时支持繁体分词、自定义字典、MIT 授权协议。Jieba 分词采用的是基于统计的分词方法,利用机器学习的方法,学习分词规律,然后保存好训练模型,从而实现对文本的分词。Jieba 虽然是比较好的中文分词工具,但是同样具有缺点,如不能识别机构名、特殊名词等。

8.2.2　安装

开发者可以使用如下指令,安装 Jieba 分词库。

```
$ easy_install jieba
```

或使用如下指令。

```
$ pip install jieba
```

或者直接下载源文件,解压后输入指令进行安装,具体指令如下。

```
$ python setup.py install
```

在使用时直接使用 import jieba 导入即可。

8.2.3　基本使用

本节将从基本使用、自定义字典、动态修改字典、关键词提取、词性标注、并行分词等方面介绍 Jieba 分词工具的使用。

1. 基本使用

Jieba 分词可以完成基本的分词动作。该工具提供了 cut()函数进行分词动作,具体形式如下。

```
jieba.cut(sentence, cut_all = False, HMM = True)
```

cut()函数参数具体如表 8.3 所示。

表 8.3　cut()函数参数

参　　数	说　　明
sentence	位置参数,无默认值,该参数为要分词的字符串对象
cut_all	接收 bool 参数,用于模式控制,默认为 False。 如果参数为 True,表示全模式; 如果参数为 False,表示精确模式

基于文本的自然语言分析

参　　数	说　　明
HMM	接收 bool 参数,用于模式控制是否使用隐马尔可夫模型。默认为 True,使用隐马尔可夫模型;反之为 False

具体代码如下。

1) 默认模式/精确模式

Jieba 使用默认形式分词,具体代码如下。

```
In [1]: import jieb
In [2]:
seg_list = jieba.cut("千锋教育是中国 IT 人才的摇篮",cut_all = False)
"Default Mode: " + "/ ".join(seg_list)
Out[2]: 'Default Mode: 千锋/ 教育/ 是/ 中国/ IT/ 人才/ 的/ 摇篮'
```

2) 全模式

当开发者将 cut_all 参数设置为 True 时,Jieba 将使用全模式。全模式相对于精确模式/默认模式而言,能够将词分得更加精细,具体代码如下。

```
In [3]:
seg_list = jieba.cut("千锋教育是中国 IT 人才的摇篮",cut_all = True)    # 默认是全模式
", ".join(seg_list)
Out[3]: '千/ 锋/ 教育/ 是/ 中国/ IT/ 人才/ 的/ 摇篮'
```

3) 搜索引擎模式

Jieba 支持使用搜索引擎模式,开发者需要使用 cut_for_search()函数进行开发使用,具体形式如下。

```
cut_for_search(sentence, HMM = True)
```

cut_for_search()函数参数具体如表 8.4 所示。

表 8.4　cut_for_search()函数参数

参　　数	说　　明
sentence	位置参数,无默认值,该参数为要分词的字符串对象
HMM	接收 bool 参数,用于模式控制是否使用隐马尔可夫模型。默认为 True,使用隐马尔可夫模型;反之为 False

具体代码如下。

```
In [4]:
seg_list = jieba.cut_for_search("千锋教育一直秉承'用良心做教育'的理念")    # 搜索引擎模式
", ".join(seg_list)
Out[4]: "千锋/教育/一直/秉承/'/用/良心/做/教育/'/的/理念"
```

搜索引擎模式多用于数据搜索中的文本处理,其处理效率很高,也是 Jieba 在实际中应用很广泛的一种模式。

值得注意的是,上述模式的返回结果都是可迭代对象,使用较为麻烦且不便于调试,Jieba 分词人性化地提供了 lcut( )与 lcut_for_search( )函数,返回值为列表形式,具体代码如下。

```
In [5]:
seg_list = jieba.lcut("千锋教育是中国 IT 人才的摇篮", cut_all = False)
print("Default Mode: ",seg_list )              ♯ 精确模式
seg_list = jieba.lcut_for_search("千锋教育一直秉承'用良心做教育'的理念")
                                               ♯ 搜索引擎模式
print(seg_list)
```

上述代码返回结果为列表形式,具体结果如下。

```
Out[5]: Default Mode: ['千锋','教育','是','中国','IT','人才','的','摇篮']
['千锋','教育','一直','秉承',"'",'用','良心','做','教育',"'",'的', '理念']
```

2. 自定义字典功能

Jieba 分词库允许开发者自行添加自定义的字典,用来包含 Jieba 词库中没有的词。虽然 Jieba 有新词的识别能力,但是手动添加新词可以确保更高的正确率。开发者需要使用 load_userdict( )添加字典,具体形式如下。

```
load_userdict(f)
```

其中,f 参数代表文件路径,f 所指向的路径为 TXT 格式文件。. txt 文件内容格式如下。

```
词 词频(可省略) 磁性(可省略)
```

注意:词频越高,匹配成功的概率越大。

下面通过代码具体说明。

首先,添加一个样例做对比使用,具体代码如下。

```
In [6]: seg_list = jieba.cut("中国红太阳红千锋红")
    ", ".join(seg_list)
Out[6]: 中国, 红太阳, 红千锋, 红
```

然后,新建 S. txt 文件并添加相关内容,具体内容如下。

```
中国红    100
太阳红    100
千锋红    3
```

其次,通过如下代码添加字典内容,并重新运行,具体代码如下。

基于文本的自然语言分析

```
In [7]:
jieba.load_userdict("./S.txt")
seg_list = jieba.cut("中国红太阳红千锋红")
", ".join(seg_list)
```

上述代码运行后,具体结果如下。

```
Out[7]: 中国红, 太阳红, 千锋红
```

通过上述代码可以看出,用户添加自定义字典,可以提高匹配的准确性。

3. 动态修改字典

另外,开发者可以通过 add_word() 函数与 suggest_freq() 函数动态地修改词与词频,具体形式如下。

```
add_word(word, freq = None, tag = None)
```

add_word() 函数参数具体如表 8.5 所示。

表 8.5　add_word() 函数参数

参　　数	说　　明
word	string 类型,无默认值,表示添加的词
freq	int 类型,默认值为 None,表示词语的频率
tag	string 类型,表示词语的词性

具体代码如下。

```
In [8]:
jieba.add_word("千锋教育", 100,)
seg_list = jieba.cut("千锋教育一直秉承'用良心做教育'的理念")
",".join(seg_list)
Out[8]: "千锋教育,一直,秉承,',用,良心,做,教育,',的,理念"
```

从上述代码可以看出,在添加"千锋教育"并为其标注 100 的词频后,可以通过分词得出对应的结果。另外,Jieba 还提供了动态删除词语功能,具体形式如下。

```
del_word(word)
```

其中,word 为要删除的 string 类型的词语,具体代码如下。

```
In [9]: jieba.del_word("千锋教育")
seg_list = jieba.cut("千锋教育一直秉承'用良心做教育'的理念")
In [10]: ",".join(seg_list)
Out[10]: "千,锋,教育,一直,秉承,',用,良心,做,教育,',的,理念"
```

可以看出,将"千锋教育"词动态删除后,再查看分词结果,发现分词结果中已经没有了"千锋教育"。

另外，Jieba 可以在不删除词语的基础上进行词汇的分词隐藏功能，开发者可以使用 suggest_freq() 函数实现该功能，具体形式如下。

```
suggest_freq( segment, tune = False)
```

具体参数如表 8.6 所示。

表 8.6　suggest_freq() 函数参数说明

参　　数	说　　明
segment	被调频的字符串，string 数据类型
tune	bool 参数，如果是 True，调整单词的频率；如果为 False，不调节

注意：HMM 模型下此方法无效。

具体代码如下。

```
In [11]: jieba.suggest_freq(("千","锋"), tune = True)
Out[11]: 0
In [12]: seg_list = jieba.cut("千锋教育一直秉承'用良心做教育'的理念",HMM = False)
In [13]: ",".join(seg_list)
Out[13]: "千,锋,教育,一直,秉承,',用,良心,做,教育,',的,理念"
```

通过上述代码可以看出，开发者使用该函数将对应的字符串显式/隐式地在分词结果中体现。（注意：当 tune 为 True 时频率提高，当参数为 False 时不调节对应词的频率。）

4. 关键词提取

关键词提取是常用的文本处理方式，如京东或者淘宝的订单评价中，经常会使用对应的关键词提取方式。Jieba 分词支持关键词的提取，开发者可以使用 extract_tags() 函数与 TextRank() 函数对关键词进行对应的提取，这两种方法基于不同的算法形式。

1）基于 TF-IDF 算法的关键词抽取

Jieba 提供了 extract_tags() 函数用来进行关键词提取，具体形式如下。

```
jieba.analyse.extract_tags(sentence,topK = 20,withWeight = False,allowPOS = (), withFlag = False)
```

extract_tags() 函数参数如表 8.7 所示。

表 8.7　extract_tags() 函数参数

参　　数	说　　明
sentence	str 类型，表示待提取的文本
topK = 20	int 类型，表示返回几个 TF/IDF 权重最大的关键词，默认值为 20
withWeight	bool 类型，是否一并返回关键词权重值，默认值为 False
allowPOS	str 类型，包括指定词性的词，默认值为空，即不筛选
withFlag	bool 类型，默认为 False，只有 allowPOS 参数不为空时使用有效。如果为 True，单词的权重数组为（word，weight）；如果为 False，返回单词列表

下面通过代码说明。

基于文本的自然语言分析

```
In [14]:
from jieba.analyse import extract_tags,textrank
data = "5 月 18 日,以"融合创新. 驱动未来"为主题的千锋教研\
院"C－Plus"战略发布会在京胜利召开. 来自众多的一线知名企业\
代表和行业专家顾问齐聚一堂,共同就深化我国 IT 职业教育创新发\
展进行了探讨. 未来,教研院将主动面向产业,进一步结合自身优\
势深化校企协同与产教融合,大力增强研发能力,建立了多维度、\
多层次的 IT 人才培养标准,推进了行业人才标准化的建设."
In [15]: extract_tags(data,topK = 5)
Out[15]: ['教研', '深化', '融合', '多维度', '校企']
```

上述代码通过 extract_tags()函数进行数据的关键词提取,通过 topK 参数对关键字、关键词数量进行限制。

2)基于 TextRank 算法的关键词抽取

Jieba 分词还提供了基于 TextRank 算法的分词工具——textrank()函数,该函数具体形式如下。

```
jieba.analyse.textrank(sentence,topK = 20,withWeight = False, allowPOS = ('ns', 'n', 'vn', 'v'))
```

其参数同 extract_tags()函数大致相同,不重复讲述,下面通过代码进行说明。

```
In [16]: textrank(data,topK = 5)
Out[16]: ['行业', '融合', '创新', '胜利', '校企']
```

通过上述代码可以看出,两种关键词算法的结果并不相同。二者在实际使用中并无太大差别。

5. 词性标注

Jieba 提供了词性标注功能,该功能通过使用 Posseg 对象的 cut()函数实现,具体代码如下。

```
In [17]: import jieba.posseg as pseg
words = pseg.cut("千锋教育是中国 IT 人才的摇篮")
for word, flag in words:
    print('%s %s' % (word, flag))
Out[17]:
千锋 i
教育 vn
是 v
中国 ns
IT eng
人才 n
的 uj
摇篮 v
```

通过上述代码可以看出,Posseg 对象的 cut()函数可以返回词－词性对的元组,可以使用 for 对象遍历查看。Jieba 的词性对照表如表 8.8 所示。

表 8.8　Jieba 的词性对照表

简　写	词　性	说　明
Ag	形语素	形容词性语素。形容词代码为 a，语素代码 g 前面置以 A
a	形容词	取英语形容词 adjective 的第 1 个字母
ad	副形词	直接作状语的形容词。形容词代码 a 和副词代码 d 并在一起
an	名形词	具有名词功能的形容词。形容词代码 a 和名词代码 n 并在一起
b	区别词	取汉字"别"的声母
c	连词	取英语 conjunction 的第 1 个字母
Dg	副语素	副词性语素。副词代码为 d，语素代码 g 前面置以 D
d	副词	取 adverb 的第 2 个字母，因其第 1 个字母已用于形容词
e	叹词	取英语 exclamation 的第 1 个字母
f	方位词	取汉字"方"的声母
g	语素	绝大多数语素都能作为合成词的"词根"，取汉字"根"的声母
h	前接成分	取英语 head 的第 1 个字母
i	成语	取英语 idiom 的第 1 个字母
j	简称略语	取汉字"简"的声母
k	后接成分	略
l	习用语	习用语尚未成为成语，有点儿"临时性"，取"临"的声母
m	数词	取英语 numeral 的第 3 个字母，n，u 已有他用
Ng	名语素	名词性语素。名词代码为 n，语素代码 g 前面置以 N
n	名词	取英语 noun 的第 1 个字母
nr	人名	名词代码 n 和"人"的声母并在一起
ns	地名	名词代码 n 和处所词代码 s 并在一起
nt	机构团体	"团"的声母为 t，名词代码 n 和 t 并在一起
nz	其他专名	"专"的声母的第 1 个字母为 z，名词代码 n 和 z 并在一起
o	拟声词	取英语 onomatopoeia 的第 1 个字母
p	介词	取英语 prepositional 的第 1 个字母
q	量词	取英语 quantity 的第 1 个字母
r	代词	取英语 pronoun 的第 2 个字母，因 p 已用于介词
s	处所词	取英语 space 的第 1 个字母
Tg	时语素	时间词性语素。时间词代码为 t，在语素的代码 g 前面置以 T
t	时间词	取英语 time 的第 1 个字母
u	助词	取英语 auxiliary 的第 2 个字母
Vg	动语素	动词性语素。动词代码为 v。在语素的代码 g 前面置以 V
v	动词	取英语 verb 的第一个字母
vd	副动词	直接作状语的动词。动词和副词的代码并在一起
vn	名动词	指具有名词功能的动词。动词和名词的代码并在一起
w	标点符号	略
x	非语素字	非语素字只是一个符号，字母 x 通常用于代表未知数、符号
y	语气词	取汉字"语"的声母
z	状态词	取汉字"状"的声母的前一个字母
un	未知词	不可识别词及用户自定义词组。取英文 unkonwn 首两个字母。（非北大标准，CSW 分词中定义）

基于文本的自然语言分析

6. 并行分词

Jieba 为了提高分词效率，默认支持并行计算，开发者通过调用 jieba. enable_parallel() 或者 jieba. disable_parallel() 函数可以开启或关闭 Jieba 分词的并行模式。

开启并行计算，具体形式如下。

```
jieba.enable_parallel(processnum = None)
```

其中，参数 processnum 为线程的并行数量，默认值为 None，接收 int 类型的数据。

关闭并行计算，具体形式如下。

```
jieba.disable_parallel()
```

注意：请读者自行测试，本书暂不编写具体代码。

7. 返回词语的原始位置

在分词情况较多的情况下，有时需要返回词语在文章中的具体位置，Jieba 分词同样能够完成这一点。Jieba 分词提供了 tokenize() 函数实现这一功能，具体代码如下。

```
jieba.tokenize( unicode_sentence, mode = "default", HMM = True)
```

tokenize() 函数具体参数如表 8.9 所示。

表 8.9　tokenize() 函数参数

参　　数	说　　明
unicode_sentence	接收处理的 unicode 形式字符串
mode	模式选择位，可以使用 default 或者 search 模型，search 模型可以更高分割，默认使用 default
HMM	bool 参数类型，是否使用隐马尔可夫模型

注意：请读者自行测试，本书暂不编写具体对应代码。

另外，Jieba 分词还提供了兼容 Whoosh 引擎的功能，开发者可以通过查看 Jieba 分词的文档进行使用。同时 Jieba 为丰富其使用环境，添加了命令行模式，开发者不需要使用 Python IDE 环境就可以在命令行中使用 Jieba 分词。Jieba 分词还提供了许多其他语言的版本，如 Java、C++ 版本等。

8.3　NLTK 的基本介绍和使用

视频讲解

8.3.1　NLTK 的基本介绍

NLTK(Natural Language Toolkit) 是用来处理英文文本的 Python 工具包，由宾夕法尼亚大学的 Steven Bird 和 Edward Loper 开发，至今已有超过十万行的代码。该工具包免费开源，包含数十个语料库和词汇资源接口。

NLTK 可以用于获取与处理语料库、处理字符串、文本分类处理、概率计算与预测等。可以看出 NLTK 的功能十分强大，其常用模块和功能如表 8.10 所示。

表 8.10　NLTK 的常用模块和功能

语言处理任务	常 用 模 块	功 能 描 述
获取和处理语料库	nltk. corpus	语料库和词典的标准化接口
处理字符串	nltk. tokenize,nltk. stem	分词,句子分解提取主干
搭配发现	nltk. collocations	t-检验、卡方、点互信息 PMI
词性标识符	nltk. tag	N-gram、backoff、Bril、HMM、TnT
文本分类处理	nltk. classify,nltk. cluster	决策树、最大熵、贝叶斯、EMK-means
分块	nltk. chunk	正则、N-gram、命名实体
解析	nltk. parse	图表、基于特征、一致性
语义解释	nltk. sem,nltk. inference	一阶逻辑、模型检查
指标评测	nltk. metrics	协议系数
概率计算与预测	nltk. probability	频率分布、平滑概率分布
应用	nltk. app, nltk. chat	分析器、聊天机器人
语言学领域的工作	nltk. toolbox	处理 SIL 工具箱格式的数据

8.3.2　NLTK 的安装

Anaconda 默认安装了 NLTK 库,但是尚未安装语料库。开发者可以使用 pip 命令安装 NLTK 库,具体命令如下。

```
pip install - U NLTK
```

可以在终端中使用命令,测试该模块是否使用成功,具体命令如下。

```
import NLTK
```

开发者也可以在终端中输入如下指令,完成 NLTK 语料库的下载。

```
import nltk
nltk.download()
```

在指令完成之后会出现如图 8.1 所示的界面。

图中菜单栏分别是 Collections(集成模块)、Corpora(语料库)、Models(模型)、All Packages(所有包)。在安装时,一般使用默认选项,安装所有集合。开发者只需要单击 Download 按钮即可(安装过程时间较长)。

8.3.3　NLTK 基本使用

8.3.2 节中讲述了 NLTK 的基本安装,本节主要从文本切分、分词操作、词干提取、词性标注、删除停止词、词性还原几个方面讲述 NLTK 的基本使用。

1. 文本切分

在处理英文文本时,有时文本量过大,会要求将段落形式的文本切分成单句长度的信息。NLTK 提供了将文本切分成单句的函数,具体形式如下。

基于文本的自然语言分析

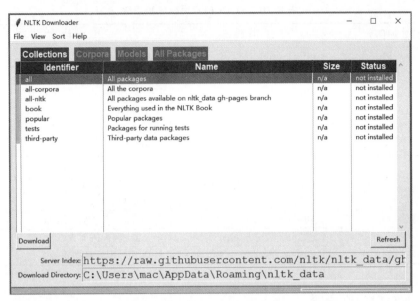

图 8.1　NLTK 语料库下载界面

```
nltk.tokenize.sent_tokenize(text, language = 'english')
```

sent_tokenize()函数参数具体如表 8.11 所示。

表 8.11　sent_tokenize()函数参数

参　　数	说　　明
text	str 类型,表示用来被分割的文章
language	str 类型,Punkt 语料库中的模型名,默认值为 english

下面通过代码说明,具体过程如下。
首先,准备测试文本,具体代码如下。

```
# 样例文本
In [1]:
    essay = "When I do well in the exam, I will show my paper to my parents, they are so happy to
see me do well in the exam. I want to be happy all the time. But I have put so much pressure on
myself. One day, my parents tell me that they don't care how I do well in the exam, they just want
me to be happy. I know I should relax myself and be happy."
```

然后,导入 NLTK 的句子分词器并进行分词,具体代码如下。

```
In [2]:
from nltk.tokenize import sent_tokenize           # 导入句子分词器
sent_tokenize(essay)
Out[2]:
['When I do well in the exam, I will show my paper to my parents, they are so happy to see me do
well in the exam.',
'I want to be happy all the time.',
```

```
'But I have put so much pressure on myself. ',
'One day, my parents tell me that they don't care how I do well in the exam, they just want me to
be happy. ',
'I know I should relax myself and be happy. ']
```

通过上述代码可以看出,sent_tokenize()函数将 eassy 变量指代的文本进行了分割,并返回一个列表。

2. 分词操作

在实际开发中除了经常使用句子分词器外,还会经常使用单词分词器。单词分词器将文本处理成当个单词的形式,并返回分词后的列表,具体形式如下。

```
word_tokenize(text, language = 'english', preserve_line = False)
```

word_tokenize()函数参数具体如表 8.12 所示。

表 8.12 word_tokenize()函数参数

参　　数	说　　明
text	str 类型,表示用来被分割的句子
language	str 类型,Punkt 语料库中的模型名,默认值为 english
preserve_line	bool 类型,用来控制是否对句子进行保留并标记,默认值为 False,不对句子进行标识

下面通过代码说明,具体代码如下。

```
In [3]: import nltk
text = " QianFeng school is a great IT school "
In [4]: words = nltk.word_tokenize(text)          # 第一种分词方法
In [5]: words
Out[5]: ['QianFeng','school','is','a','great','IT','school']
In [6]:
from nltk.tokenize import WordPunctTokenizer       # 第二种分词方法
tokenizer = WordPunctTokenizer()
words   = tokenizer.tokenize(text)
In [7]: words
Out[7]: ['QianFeng', 'school', 'is', 'a', 'great', 'IT', 'school']
```

上述代码使用了两种分词方法,第一种分词方法直接使用 word_tokenize()函数对文本进行切分,第二种方法使用 WordPunctTokenizer 对象创建实例,通过 tokenize()函数进行分词处理,上述两者的返回值均为单词字符串列表。

3. 词干提取(词性归一化)

在英文文本处理的过程中,经常要用到词性归一化对文本进行处理,词性归一化指的是将英文词语的变形规整为英文单词的原始形式,如 going 规整为 go。词性归一化方法有porterStemmer()方法、LancasterStemmer()方法、Snowball()方法,下面分别进行演示。

(1) 使用 porterStemmer()方法进行词干提取。

通过使用 porterStemmer 类创建代码对象进行数据归一化使用,具体代码如下。

```
In [8]
from nltk.stem import PorterStemmer
stemmerporter = PorterStemmer()
stemmerporter.stem("happiness")
Out[8]: 'happi'
```

(2) 使用 LancasterStemmer()方法进行词干提取。

通过创建 LancasterStemmer 类进行词干的提取,具体代码如下。

```
In [9]:
from nltk.stem import LancasterStemmer
stemmerlan = LancasterStemmer()
stemmerlan.stem("happiness")
Out[9]: 'happy'
```

(3) 使用 Snowball()方法进行词干提取。

通过创建 Snowball()方法进行词干的提取,具体代码如下。

```
In [10]
from nltk.stem import SnowballStemmer
snowball_stemmer = SnowballStemmer("english")
snowball_stemmer.stem("happiness")
Out[10]: 'happi'
```

通过比较上述三种词干提取方式可以看出,并无太大大差别。

4. 词性标注

词性标注是文本分析中的重要环节,通过词性分析可以看出文本的主要侧重点。NLTK 提供了词性标注功能接口 pos_tag(),NLTK 标注词性的含义具体如表 8.13 所示。

表 8.13　NLTK 标注词性的含义

简　　写	说　　　　明
CC	Coordinating conjunction 连接词
CD	Cardinal number 基数词
DT	Determiner 限定词,如 this,that,these,those,such,不定限定
EX	Existential there 存在句
FW	Foreign word 外来词
IN	Preposition or subordinating conjunction 介词或从属连词
JJ	Adjective 形容词或序数词
JJR	Adjective,comparative 形容词比较级
JJS	Adjective,superlative 形容词最高级
LS	List item marker 列表标识
MD	Modal 情态助动词

简　　写	说　　明
NN	Noun,singular or mass 常用名词,单数形式
NNS	Noun,plural 常用名词,复数形式
NNP	Proper noun,singular 专有名词,单数形式
NNPS	Proper noun,plural 专有名词,复数形式
PDT	Predeterminer 前位限定词
POS	Possessive ending 所有格结束词
PRP	Personal pronoun 人称代词
PRP$	Possessive pronoun 所有格代名词
RB	Adverb 副词
RBR	Adverb,comparative 副词比较级
RBS	Adverb,superlative 副词最高级
RP	Particle 小品词
SYM	Symbol 符号
TO	to 作为介词或不定式格式
UH	Interjection 感叹词
VB	Verb,base form 动词基本形式
VBD	Verb,past tense 动词过去式
VBG	Verb,gerund or present participle 动名词和现在分词
VBN	Verb,past participle 过去分词
VBP	Verb,non-3rd person singular present 动词非第三人称单数
VBZ	Verb,3rd person singular present 动词第三人称单数
WDT	Wh-determiner 限定词(如关系限定词 whose,which,疑问限定词 what,which,whose)
WP	Wh-pronoun 代词(who, whose, which)
WP$	Possessive wh-pronoun 所有格代词
WRB	Wh-adverb 疑问代词(how, where, when)

pos_tag()函数的基本形式如下。

```
nltk. pos_tag(tokens, tagset = None, lang = 'eng')
```

具体参数如表 8.14 所示。

表 8.14　pos_tag()函数参数说明

参　　数	说　　明
tokens	list 类型,用来表示被标记的字符串参数列表
tagset	string 类型,用来表示当前使用的标记集,默认参数为 None
lang	string 类型,用来表示语言种类,英语使用 eng 表示,俄语使用 rus 表示

下面通过简单代码说明,具体代码如下。

215

第 8 章

基于文本的自然语言分析

```
In [11]:
import nltk
word = nltk.word_tokenize(text)
nltk.pos_tag(word)
Out[11]:
[('QianFeng', 'NNP'),
('school', 'NN'),
('is', 'VBZ'),
('a', 'DT'),
('great', 'JJ'),
('IT', 'NNP'),
('school', 'NN')]
```

通过上述代码可以看出，pos_tag()函数返回的参数为二元数组，数组中包含对应词语的字符串，同时包含数据的词性。

5. 删除停止词

停止词指的是文本中不存在实际意义的词语，英文中如"the""a"。停止词的剔除能够大大减轻文本处理的负载，保证优质的信息处理结果。开发者可以通过导入 stopwords 查看对应的停止词，具体如图 8.2 所示。

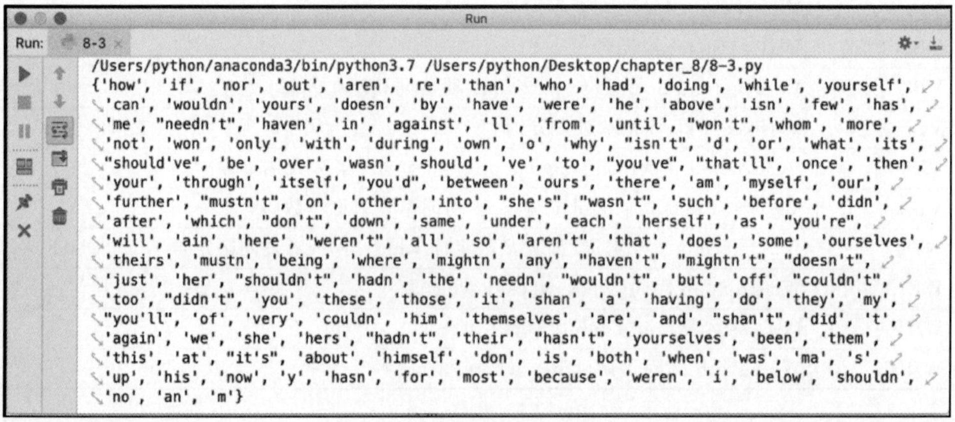

图 8.2　英文停止词

具体代码如下。

```
In [12]
from nltk.corpus import stopwords
from nltk.tokenize import word_tokenize
stop_words = set(stopwords.words('english'))
text = " QianFeng school is a great IT school "
word_tokens = word_tokenize(text)
filtered_sentence = [w for w in word_tokens if not w in stop_words]
In [13]: filtered_sentence
Out[13]: ['QianFeng', 'school', 'great', 'IT', 'school']
```

上述代码通过单词分词器后处理后，将其结果与停止词进行比对，完成剔除停止词的功能。

6. 词性还原

在大量数据的文本中,有时需要对词性进行还原,将数据还原可以提高处理文本速度,NLTK 的词性还原函数如下。

```
WordNetLemmatizer().emmatize(word, pos = NOUN)
```

emmatize()函数参数具体如表 8.15 所示。

表 8.15　emmatize()函数参数

参　　数	说　　明
word	str 类型,用来被处理的文本
pos	str 类型,用来表示当前使用的标记集,默认参数为 None

下面通过代码说明,具体代码如下。

```
In [14]
from nltk.stem import WordNetLemmatizer
wordnet_lem = WordNetLemmatizer()
wordnet_lem.lemmatize("books")
Out[14]: 'book'
In [15]: wordnet_lem.lemmatize("went", pos = "v")
Out[15]: 'go'
```

有时直接还原词会发现,并没有得到预期结果,出现这种情况主要是因为该词具有多种词性,需要指定还原的词性。

8.4　文本相似度

文本相似度分析是文本分析的一个重要应用,在文本查重系统、搜索引擎文本排名中经常使用。文本相似度分析替代了人工核查机制,在实际生产中节省了人力成本。本节将从相似度理论基础、NLTK 实现和 Gensim 实现三个方面对文本相似度进行讲述。

8.4.1　相似度分析

本节将主要介绍相似度分析的基本步骤与基本理论。

相似度分析的基本流程如下。

1. 关键词提取

文本相似度的衡量是通过关键词实现的,不同文本具有越多相同的关键词,可以认为文本的主要内容越接近。

2. 关键词词频统计

如果关键词的词频接近则可以认为文本的内容基本一致,也就是说,文章的相似度比较高(高校数据查重平台——维普网就是利用这一原理。)

3. 词频向量生成

词频向量是关键词位置计数统计的数学名称,简单来说,词频向量是关键词按照一定顺

视频讲解

序排序,然后对相应位置的关键词进行计数。

4. 余弦相似度计算

余弦相似度又被称为余弦相似性,通过计算两个向量的夹角的余弦值来评估它们的相似度。

余弦值的范围为[−1,1],同样可以看出是两个向量的值的大小。如果值为 1,则夹角为 0°,说明方向相同,表示为同一文本。如果值为−1 说明夹角越大,方向相反,表示越不同。总之,夹角[0°~90°~180°]对应着[完全相同~部分相似~完全不同]的范围。

具体公式如下。

$$\cos\theta = \frac{A \cdot B}{\|A\| \cdot \|B\|}$$

实际上,除了余弦相似度计算方式外,还有 N-gram 相似度计算方式、基于深度学习的方法实现计算方式,本书只讲述第一者。

8.4.2 基于 NLTK 的文本相似度分析

视频讲解

本节将结合 8.4.1 节讲述的基本流程,通过实例进行讲解,具体过程如下。

首先,导入需要使用的 freqDist()函数,并创建需要测试使用的文本,具体代码如下。

```
In [1]: import nltk
In [2]: from nltk import FreqDist
In [3]: text1 = "hello,this is QianFeng school"
In [4]: text2 = "hello,QianFeng school is good"
In [5]: all  = text1 + text2
```

freqDist()函数用来统计词汇的词频,开发者可以通过传入分词结果完成对应的词频统计,具体代码如下。

```
In [6]: words = nltk.word_tokenize(all)
In [7]: words
Out[7]: ['hello', ',', 'this', 'is', 'QianFeng', 'schoolhello',
',', 'this', 'is', 'QianFeng', 'school']
In [8]: freq_dist = freqDist(words)          # 通过频率统计
In [9]: freq_dist
Out[9]: FreqDist({',': 2, 'this': 2, 'is': 2, 'QianFeng': 2, 'hello': 1, 'schoolhello': 1, 'school':
1})
```

通过上述代码可以看出,FreqDist()函数接收列表参数,可以返回一个 FreqDist 实例对象,该实例对象中包含词与词频。

NLTK 支持开发者使用 common_word()函数对数据进行统计筛选,开发者可以通过该函数查看对应个数的词频统计值,具体形式如下。

```
FreqDist.most_common(n = None)
```

开发者可以通过传入一个 int 类型的参数,控制数据显示的关键字个数,具体代码如下。

```
In [10]: common_word = freq_dist.most_common(5)
In [11]: common_word
Out[11]: [(',', 2), ('this', 2), ('is', 2), ('QianFeng', 2), ('hello', 1)]
```

为了更好地生成词频向量,需要返回关键词的排序,具体代码如下。

```
In [12]:
def pos(common_word):                    # 返回关键词位置
    result = {}
    pos_num = 0
    for word in common_word:
        result[word[0]] = pos_num
        pos_num += 1
    return result
pos_dict = pos(common_word)
In [13]: pos_dict
Out[13]: {',': 0, 'this': 1, 'is': 2, 'QianFeng': 3, 'hello': 4}
```

上述代码用来返回关键词位置。下面定义词频向量统计函数,具体代码如下。

```
In [14]:
def vector(words):
    n = 5
    freq_vec = [0] * n
    for word in words:
        if word in list(pos_dict.keys()):
            freq_vec[pos_dict[word]] += 1
    return freq_vec
vector1 = vector(nltk.word_tokenize(text1))
In [15]: vector1
Out[15]: [1, 1, 1, 1, 1]
In [16]: vector2 = vector(nltk.word_tokenize(text2))
In [17]: vector2
Out[17]: [1, 1, 1, 1, 0]
```

上述代码通过对分词列表中的元素进行遍历,逐一统计对应词语的频率,最终返回一个向量列表。

通过对应函数得到相似度值,具体代码如下。

```
In [18]:
from nltk.cluster.util import cosine_distance
cosine_distance(vector1,vector2)
Out[18]: 0.10557280900008414
```

通过上述代码可以看出,cosine_distance()函数计算出 vector 1 与 vector 2 的相似度的值,该值趋近于 0,表示句子完全不同。

基于文本的自然语言分析

8.4.3 基于 Gensim 的文本相似度分析

8.4.2 节中主要讲述的是基于 NLTK 的文本分析,本节将讲述基于 Gensim 的文本相似度分析。

Gensim 是一款开源的第三方 Python 工具包,用于从原始的非结构化的文本中,无监督地学习到文本隐层的主题向量表达,它支持包括 TF-IDF、LSA、LDA 和 word2vec 在内的多种主题模型算法、流式训练,并提供了诸如相似度计算、信息检索等一些常用任务的函数接口。

Gensim 处理文本的基本流程主要包括分词处理、创建词典、创建语料库、模型处理与稀疏向量生成、创建索引、计算相似度,下面分别讲述。

1. 分词处理

在 Gensim 文本分析的应用中,需要开发者用 Jieba 分词将原始文本进行分词处理,经过 Jieba 分词加工后的文本可以降低对文本相似度分析的影响,具体代码如下。

```
In [1]:
from gensim import corpora, models, similarities
import jieb
Atexts = ['千锋教育是最好的 IT 学校',
          '千锋教育真的不错',
          '出彩千锋人']
keyword = '千锋人真的用心做教育'
texts = [jieba.lcut(text) for text in texts]
In [2]: texts
Out[2]:[['千锋', '教育', '是', '最好', '的', 'IT', '学校'],
['千锋', '教育', '真的', '不错'],
['出彩', '千锋', '人']]
```

上述代码将 texts 列表中的字符串进行分割,重新获取 texts 的分词列表。

2. 创建词典

Gensim 文本处理需要使用 corpora.Dictionary 类创建词典(有的文章称为词袋),该类的具体形式如下。

```
gensim.corpora.Dictionary(documents = None, prune_at = 2000000)
```

Dictionary 类参数如表 8.16 所示。

表 8.16 Dictionary 类参数

参　　数	属　　性
documents	string 类型参数,用于初始化映射和收集语料库统计信息的文本,默认为 None
prune_at	int 类型参数,该参数用来限制字典中存储的词汇个数,默认存储 2 000 000 个

Dictionary()类返回值为词典对象,词典对象具有许多属性,可以通过“.”运算查看属性。Dictionary()类可以创建词语整数 id 之间的映射,同时该对象具有以下属性,如表 8.17 所示。

表 8.17　Dictionary()类的基本属性

参　　数	属　　性
token2id	可以查看 tokenId。类型：dict of (str，int)
id2token	token2id 的反向映射，以惰性方式初始化以保存内存(直到需要时才创建)。类型：dict of (int，str)
dfs	文档频率，即有多少文档包含这个 token_id。类型：dict of (int，int)
num_docs	处理的文件数量。类型：int
num_pos	语料库位置总数(处理词数)。类型：int
num_nnz	BOW 矩阵中非零的总数。类型：int

具体代码如下。

```
In [3]: dictionary = corpora.Dictionary(texts)
        feature_cnt = len(dictionary.token2id)
In [4]: dictionary.token2id
Out[4]:
{'IT': 0,
'千锋': 1,
'学校': 2,
'教育': 3,
'是': 4,
'最好': 5,
'的': 6,
'不错': 7,
'真的': 8,
'人': 9,
'出彩': 10}
In [5]: dictionary.num_docs
Out[5]: 3
```

上述代码通过词典对象创建词典实例 dictionary，并通过 len 查看词典的词典对象 token2id 的数量(又叫作词典的特征值)，同时使用"."运算查看 token2id 的值与处理的文本单位数量 num_docs。

3. 创建语料库

语料库指的是创建稀疏向量的列表，而稀疏向量指的是词典中词语与对应的频次的数组列表，这样看来，语料库就是存放一种列表的地方。

在这一过程中需要使用 doc2bow()函数，具体形式如下。

```
doc2bow(document, allow_update = False, return_missing = False)
```

doc2bow()函数参数具体如表 8.18 所示。

表 8.18　doc2bow()函数参数

参　　数	说　　明
document	string 类型或者 list 类型，表示输入的文档

基于文本的自然语言分析

续表

参　　数	说　　明
allow_update	bool 类型,可选参数,通过从文档中添加新标记并更新内部资料库统计信息来更新自身
return_missing	bool 类型,可选参数,表示是否以频率返回丢失的令牌

具体代码如下。

```
In [6]: corpus = [dictionary.doc2bow(text) for text in texts]
In [7]: corpus
Out[7]:
[[(0, 1), (1, 1), (2, 1), (3, 1), (4, 1), (5, 1), (6, 1)],
 [(1, 1), (3, 1), (7, 1), (8, 1)],
 [(1, 1), (9, 1), (10, 1)]]
```

上述代码通过使用 doc2bow()函数创建语料库。

4. 模型处理与稀疏向量生成

TF-IDF 模型是一种统计方法,该方法可以用于评估字、词对文件集或者语料库的重要程度。在这一过程中,需要使用 models. TfidfMod()函数,具体形式如下。

models. TfidfMod()函数形式。

```
models.TfidfMode(corpus)
```

该函数接收语料库参数,具体代码如下。

```
In [8]: tfidf = models.TfidfModel(corpus)
In [9]: tfidf
Out[9]: < gensim.models.tfidfmodel.TfidfModel at 0x1a1ecd7978 >
In [10]: kw_vector = dictionary.doc2bow(jieba.lcut(keyword))
In [11]: kw_vector
Out[11]: [(1, 1), (3, 1), (8, 1), (9, 1)]
```

上述代码创建了模型 tfidf,同时使用 doc2bow()函数将需要测试的文本转换成稀疏向量,为计算相似度做准备。

5. 创建索引

创建语料库索引需要使用 similarities. SparseMatrixSimilarity()函数,其具体形式如下。

```
similarities.SparseMatrixSimilarity(corpus, num_features = None, num_terms = None, num_docs = None, num_nnz = None, num_best = None, chunksize = 500, dtype = numpy.float32, maintain_sparsity = False)
```

SparseMatrixSimilarity()函数参数如表 8.19 所示。

表 8.19 SparseMatrixSimilarity()函数参数

参　　数	说　　明
corpus	可迭代的列表(int,float),BoW 格式的文档列表(语料库的格式列表)
num_features	int,可选字典的大小,默认为 None
num_terms	int,可选 num_features 的别名,可以使用其中之一
num_docs	int,可选语料库中的文档数量。如果没有提供,将计算
num_nnz	int,可选"语料库"中非零元素的数量。如果没有提供,将计算
chunksize	int,可选查询块的大小。当查询是一个完整的语料库时,在内部使用
dtype	numpy.dtype,可选内部矩阵的数据类型
maintain_sparsity	bool 类型,可选返回稀疏向量

具体代码如下。

```
In [12]:
index = similarities.SparseMatrixSimilarity(tfidf[corpus], num_features = feature_cnt)
In [13]: index
Out[13]: < gensim.similarities.docsim.SparseMatrixSimilarityat 0x1a1ecdc6d8 >
```

上述代码通过 SparseMatrixSimilarity()函数创建 index 对象,该对象为一个相似度计算矩阵。

6. 计算相似度

相似度计算需要将模型加工成稀疏向量的结果传入相似度矩阵进行计算,具体代码如下。

```
In [14]:
sim = index[tfidf[kw_vector]]
for i in range(len(sim)):
    print('keyword 与 text % d 相似度为: %.2f' % (i + 1, sim[i]))
Out[14]:
keyword 与 text1 相似度为: 0.04
keyword 与 text2 相似度为: 0.53
keyword 与 text3 相似度为: 0.48
```

通过上述代码可以看出第二句的相似最高(值越大相似度越高)。

8.5　情　感　分　析

8.5.1　情感分析概述

文本情感分析多用于处理商品的用户评价中,商家通过情感分析可以了解用户的基本喜好,便于调整商品的曝光度。

文本情感分析又被称为倾向性分析和意见挖掘,指的是对带有情感色彩的主观性文本进行分析、处理、归纳和推理的过程。情感分析分为情感倾向分析、情感程度分析和主客观分析等。

基于文本的自然语言分析

本书主要讲述情感倾向分析。情感倾向分析的方法包括基于情感词典分析法和基于机器学习分析法。基于机器学习分析法将情感分为正、负，通过人工标注进行监督学习。而基于情感词典分析法，主要是通过一定的规则，将文本拆解，通过计算情感值，完成情感分析。

8.5.2　基于朴素贝叶斯的分析

该方法的基本思路是：通过求解给定待分类项在对应条件下最大概率的类别，以确认测试数据的情感划分。

nltk. classify 模块提供了类别标签标记的接口，其内置了 NaiveBayesClassifier 类并实现了朴素贝叶斯算法。开发者可以使用 nltk. classify 模块中的 train()函数实现模型训练，该函数的具体形式如下。

```
NaiveBayesClassifier.train(labeled_featuresets)
```

train()函数的参数具体如表 8.20 所示。

表 8.20　train()函数参数

参　　数	说　　明
labeled_featuresets	该参数用来接收分类功能集列表。其列表元素为(特征值,标签)类型

下面通过代码进行说明，具体如下。

首先，创建测试数据集和建模数据集，共 5 个句子。

```
In [1]:
sentence1 = "I like this book"
sentence2 = "I like this book very much"
sentence3 = "I very like this book"
sentence4 = "I hate this book"
sentence5 = "this is a not good"
```

然后，创建一个 pre_text()函数，该函数能够实现分词、去除停止词并生成标记字典，以区分词语是否在源数据中，具体代码如下。

```
In [2]:
import nltk
from nltk.stem import WordNetLemmatizer
from nltk.corpus import stopwords
from nltk.classify import NaiveBayesClassifier
def pre_text(text):
    cut_words = nltk.word_tokenize(text)
    wordnet = WordNetLemmatizer()
    words = [wordnet.lemmatize(word) for word in cut_words]
    re_words = [word for word in cut_words if word not in stopwords.words("english")]
    return {word: True for word in re_words}
```

下面使用 pre_text()函数,生成对应的分类功能集列表,并使用 train()函数完成建模,最后通过建立的模型对测试文本进行判断。

```
In [3]:
data = [
    [pre_text(sentence1),1],
    [pre_text(sentence2),1],
    [pre_text(sentence3),1],
    [pre_text(sentence4), -1],
    [pre_text(sentence5), -1],]
In [4]: train_model = NaiveBayesClassifier.train(data)
In [5]:
test_text1 = "I like the book"
train_model.classify( pre_text(test_text1))
Out[5]: 1
```

上述结果输出"1",说明该语句是"喜欢"类型的语句,因为特征数据集列表中将积极的语句使用"1"作为标志。

情感分析可以理解为对数据进行分类,按照开发者自定义的分类方式区分其他语句。8.5.3 节将介绍最为原始的情感分析方法。

8.5.3 基于情感词典的分析

情感词典指的是通过创建数据词典的方式,将数据源中的特征数据集中起来作为特征数据源,在情感分析时将要分析的测试数据与特征数据源做比较,并完成判定。

该种方法十分原始,在数据量较小时可以使用该方案,如果数据量比较大时,不建议使用该方法。

下面通过代码进行说明,具体如下。

首先,导入分词工具,同时创建数据字典,并为不同的词语分配权重,具体代码如下。

```
In [6]: import jieb
In [7]: comment_dic = {"牛": 5,"厉害": 4,"一般": 3,"不怎么样": -4,"还可以": 1,"不错": 2}
```

然后,定义 get_comment()函数,用来对结果进行评价,具体代码如下。

```
In [8]:
def get_comment(score):
    comment_archive = ['不好','一般','较好','特别好']
    if score <= 0:
        return comment_archive[0]
    elif 0 < score <= 5:
        return comment_archive[1]
    elif 5 < score <= 10:
        return comment_archive[2]
    elif 10 < score :
        return comment_archive[3]
```

基于文本的自然语言分析

其次,创建测试数据,并使用 Jieba 分词进行分解,同时根据权重计算评论的值,具体代码如下。

```
In [9]:
test = "千锋教育,牛牛牛牛"
string = [] #
seg_list = jieba.cut(test, cut_all = True)
for i in seg_list:
    string.append(i)
comment_value = 0
for _ in range(len(string)):
    if string[_] in comment_dic:
        comment_value += float(comment_dic[string[_]])
```

最后,得到数据值后,可利用已经定义好的 comment_value()函数完成评价,具体代码如下。

```
In [10]: comment_value
Out[10]: 20.0
In [11]: get_comment(comment_value)
Out[11]: '特别好'
```

上述代码运行结果为"特别好",说明说这句话的人很喜欢"千锋教育"。

8.6　文　本　分　类

8.5 节主要介绍了文本的情感分析方面,本节将介绍文本分析的另一方面——文本分类。文本分类指用计算机对文本按照一定的分类标准进行自动分类标记的分类方式。文本分类经常用于新闻信息的分类,如百度在对爬取的新闻内容进行分类时,使用文本分类操作对新闻内容进行区分。各大邮箱网站对垃圾邮箱的识别,同样使用了分类操作的基本手段。所以,对于数据分析师来说,掌握好文本分类技术,可以帮助数据分析师更好地完成工作。

文本分类一般包括文本的表示、分类器的选择与训练、分类结果与反馈等。文本分类可以细分为文本预处理、创建索引与统计、特征抽取等步骤。

文本分类通过对文章的关键词进行统计,使用出现频率比较高的词语定义一篇文章的基本内容,然后将含有相同主题的文章归类,演示过程具体如下。

首先,创建数据集 data,data 已经被定义成分类功能集列表的形式,方便 train()函数处理数据,具体形式如下。

```
In [1]:
import nltk
import numpy as np
data = [({"千锋": "HTML5"},1),
        ({"其他": "Unity"},1),
        ({"其他": "GO"},0),
        ({"千锋": "前端"},1),
```

```
({"千锋": "python"},1),
({"千锋": "网络安全"},1),
({"千锋": "云计算"},1),
({"其他": "PHP"},0),
({"其他": "网络安全"},0),
({"其他": "云计算"},0)]
```

然后,将定义好的数据集手动分为训练数据集与测试数据集,具体代码如下。

```
In [2]: train, test = data[: 5],data[6: ]
In [3]: train
Out[3]:
[({'千锋': 'HTML5'}, 1),
 ({'其他': 'Unity'}, 1),
 ({'其他': 'GO'}, 0),
 ({'千锋': '前端'}, 1),
 ({'千锋': 'python'}, 1)]
In [4]: test
Out[4]:
[({'千锋': '云计算'}, 1),
 ({'其他': 'PHP'}, 0),
 ({'其他': '网络安全'}, 0),
 ({'其他': '云计算'}, 0)]
```

最后,使用 train() 函数进行数据建模,并使用 accuracy() 函数将测试数据集带入 classifiter(分类模型类对象),具体代码如下。

```
In [5]: classifier = nltk.NaiveBayesClassifier.train(train)
In [6]: nltk.classify.accuracy(classifier,test)
Out[6]: 0.25
In [7]: classifier.classify({"千锋": "Ella"})
Out[7]: 1
```

通过上述代码可以看出,输出的结果对比值前者为"0.25",该值表示不相似,可以认为两类词典并不相同;后者值为"1",可以认为数据十分接近。

小　　结

本章主要讲述了文本分析的基本实现,描述了 Jieba 库在实际生产中对中文分词的基本实现。在 8.3 节中讲述了 NLTK 对英文分词的主要应用。

本章主要从中文分词、英文分词、文本相似度分析、情感分析、文本分类 5 个方面讲述了文本分析的基本手段。通过对本章的学习,读者可以完成生产中的基本工作需求。

在中文分词方面,主要应用 Jieba 分词,该工具有三种基本模式,三种模式应用于不同的需求场景。如果开发者需要处理特殊内容的文本,可以使用 Jieba 分词提供的自定义字典功能,该功能支持动态修改。

在英文分词方面,主要讲解了 NLTK 的基本应用,开发者可以使用 NLTK 完成英文分词、词性标注、词干提取等工作。NLTK 在文本相似度分析、情感分析、文分分类等方面都具有不可替代的功能。

习　　题

一、填空题

1. 文本处理常用的 Python 库有_____和_____。

2. Jieba 库支持_____、_____、_____三种分词模式。

3. NLTK 库由_____、_____开发而成。

4. 文本相似度分析可以使用_____库和_____库。

5. 文本情感分析又被称为_____和_____,指的是带有情感色彩的主观性文本进行_____、_____、_____和_____的过程。

二、选择题

1. 下列关于 Jieba 分词说法正确的是(　　)。

    A. Jieba 分词包含 4 种工作模式

    B. Jieba 分词可以用于英文文本

    C. Jieba 分词的默认模式为精确模式

    D. Jieba 分词可以自定义停止词词典

2. 下列关于 NLTK 说法正确的是(　　)。

    A. NLTK 可以用于若干种语言

    B. NLTK 不可用于中文文本分析

    C. NLTK 词性标注 CC 表示连击词

    D. NLTK 免费开源

3. 下列关于文本相似度分析说法不正确的是(　　)。

    A. Gensim 使用词袋模型进行文本分析

    B. token2id 值是词典中词语的序号

    C. 文本相似度计算的对象是词频向量

    D. 余弦相似度计算能表示所有文本内容的比较

4. 下列关于情感分析说法不正确的是(　　)。

    A. 情感分词主要使用 train()函数训练模型

    B. 词典分词不适合大量的文章

    C. 朴素贝叶斯分析不适合小量的文章

    D. 情感分析又称为意向挖掘

三、判断题

1. NLTK 分词只能用于英文。(　　)

2. Jieba 分词只能用于中文。(　　)

3. 停止词对文本分析没有任何帮助。(　　)

4. Jieba 分词在词干提取时可以使用并行模式。(　　)

5. Gensim 模块不能处理英文文本。(　　)

四、简答题

1. 文本处理的基本流程是什么？

2. 什么是余弦相似度分析？

3. 文本相似度分析的应用场景是什么？

基于文本的自然语言分析

第 9 章　Scikit-Learn 数据建模

本章学习目标
- 掌握数据建模的基本流程。
- 掌握回归模型的创建与评价。
- 掌握聚类模型的创建与评价。
- 掌握分类模型的创建与评价。

在 21 世纪的今天,我国的综合国力不断提升,科技水平成为现代衡量国家力量的重要指标。近年来,我国在 AI 领域的科技水平迅速发展,促进了国防科技的更新换代,AI 科技在国际竞争中的地位可见一斑。Scikit-Learn 是 AI 入门的必学之器,学好 Scikit-Learn 为祖国 AI 事业做贡献是必然之事。

9.1　数据建模的基本概述

视频讲解

9.1.1　Scikit-Learn 的基本介绍

作为 GitHub 上排名第二的 Python 机器学习项目,Scikit-Learn 具有分类、回归、聚类、数据降维、模型选择、数据处理六大功能。Scikit-Learn 库是基于科学计算领域的 SciPy 包开发,该包是 SciPy 在机器学习领域的定制包。SciPy 具有许多领域的分支包,通常将所有领域的包的集合称为 Scikits,即 SciPy 工具包的集合。Scikit-Learn 本身并不支持深度学习,同时不支持 GPU 加速。

Scikit-Learn(以下简称 sklearn)中具有用于监督学习和无监督学习的基本方法。sklearn 中的函数大致可以分为两类,分别是估计器和转换器。估计器就是模型,用于对数据的预测和回归;转换器用于对数据的处理,如标准化、数据降维及特征选择等。

估计器通常具有三个函数,分别是 fit()、socre()和 predict()函数。fit()函数通常为可训练模型;socre()函数多用于对模型的评分;predict()函数用于对数据的预测,并输出预测标签。

转换器通常具有三个函数,分别是 fit()、transform()、fit_transform()。fit()函数用于计算数据变换方式;transform()根据已经计算的变换方式,计算数据的变换结果;fit_tramsform()函数用于计算出数据变换方式之后对输入数据进行就地转换。

视频讲解

9.1.2　数据建模的基本流程

sklearn 作为数据建模的利器,在使用过程中会经过如下步骤:数据集加载、数据集划分、数据集预处理、数据模型评估。下面将对具体步骤分别进行介绍。

1. 数据集加载

数据集加载是将已知的数据源加载到当前工程的内存环境中,供数据预处理与数据建模使用。当然,开发者也可以根据自己的实际需求,调整数据集的大小等相关属性。

sklearn 库中集成了 datasets 模块,该模块中包含数据分析中常用的经典数据集。datasets 模块中常用的数据集加载函数具体如表 9.1 所示。

表 9.1　datasets 常用的数据集加载函数

函　　数	说　　明
load_boston([return_x_y])	用于加载波士顿房屋价格(用于回归建模)
load_diabetes([return_x_y])	加载并返回糖尿病数据集(回归)
load_digits([return_x_y])	加载并返回数字数据集(分类)
load_breast_canner([n_class,return_x_y])	加载并返回威斯康星州乳腺癌数据集(分类)
load_iris([return_x_y])	加载并返回鸢尾花数据集(分类)
load_wine([return_x_y])	加载并返回 wine 数据集(分类)
load_linnerud([return_x_y])	加载并返回 linnerud 数据集(多元回归)

sklearn 同时支持加载实际的数据集,相对上述数据集而言,实际数据集可靠性更强,数据量更大,实际数据集的加载函数具体如表 9.2 所示。

表 9.2　实际数据集的加载函数

调　　用	描　　述
fetch_olivetti_faces	加载 Olivetti 面临来自 AT&T 的数据集(分类)
fetch_20newsgroups	从 20 个新闻组数据集(分类)加载文件名和数据
fetch_20newsgroups_vectorized	加载 20 个新闻组数据集,并将其向量化为令牌计数(分类)
fetch_lfw_people	加载野生(LFW)人数据集(分类)中的标记人脸
fetch_covtype([data_home，…])	加载 covertype 数据集(分类)
fetch_rcv1	加载 RCV1 多标签数据集(分类)
fetch_kddcup99	加载 kddcup99 数据集(分类)
fetch_california_housing	加载加利福尼亚住房数据集(回归)

除此之外,sklearn 同时支持加载外部数据集,加载外部数据集主要通过 pandas.io 加载 CSV、Excel、JSON、SQL 等类型的数据;通过 scipy.io 可以加载.mat、.arff 格式的数据;除了文本数据外,sklearn 支持使用 skimage.io 或者 Imageio 加载图像或者视频数据,并将数据处理为 NumPy 的数据类型数据;通过 scipy.io.wavfile.read()函数读取 WAV 形式的音频数据。

开发者可以使用 datasets 数据集进行相关数据的导入,具体代码如下。

```
In [1]: from sklearn.datasets import load_iris
In [2]: iris = load_iris()
```

上述代码从 datasets 模块中导入 load_iris()函数,通过调用该函数实现数据集的加载。

数据加载后,可认为是一个字典形式的数据,可以查看其元素个数。但是数据类型并非字典类型,而是 sklearn 中的 Bunch 类型,具体代码如下。

```
In [3]: print(len(iris))
6
In [4]: print(type(iris))
< class 'sklearn.utils.Bunch'>
```

当然,开发者可以通过 Python 自带的 dir()函数查看 iris 对象的基本属性,一般来说,该对象的属性由 DESCR、data、feature_names、filename、target、target_names 组成,具体代码如下。

```
In [5]: print(dir(iris))
['DESCR', 'data', 'feature_names', 'filename', 'target', 'target_names']
```

DESCR 指该数据对象的基本描述信息,描述信息中会包括数据对象中的基本数据信息,如实例个数、属性个数等。开发者可以使用“.”运算或者“[ ]”运算的方法将属性内容取出,具体代码如下。

```
In [6]: print(iris.DESCR) #
.. _iris_dataset:
Iris plants dataset
- - - - - - - - - - - - - - - - - - -
** Data Set Characteristics: **
    : Number of Instances: 150 (50 In each of three classes)
    : Number of Attributes: 4 numeric, predictive attributes and the class
    : Attribute Information:
        - sepal length in cm
        - sepal width in cm
        - petal length in cm
        - petal width in cm
        - class:
            - Iris-Setos
            - Iris-Versicolour
            - Iris-Virginic
```

开发者可以使用 data 参数直接查看数据。如直接查看鸢尾花数据,返回结果为一个二维数组数据,具体代码如下。

```
In [7]: iris.dat
Out[7]:
array([[5.1, 3.5, 1.4, 0.2],
       [4.9, 3. , 1.4, 0.2],
       ...
       [6.2, 3.4, 5.4, 2.3],
       [5.9, 3. , 5.1, 1.8]])
```

鸢尾花数据的特征值分别为花萼的长度和宽度、花瓣的长度和宽度,具体代码如下。

```
In [8]: iris.feature_names
Out[8]:
['sepal length (cm)',
'sepal width (cm)',
'petal length (cm)',
'petal width (cm)']
```

filename 属性指代的是 iris 数据的来源文件,开发者可以通过该属性进行查看,具体代码如下。

```
In [9]: iris.filename
Out[9]:
'C:\anaconda3\lib\python3.7\site - packages\sklearn\datasets\data\iris.csv'
```

iris 数据对象的 target 属性为数据值(标签值),在监督学习时使用数据传参的方式,具体代码如下。

```
In [10]: iris.target
Out[10]:
array([0, 0, 0, 0, 0, 0, 0, 0, 0, 0, 0, 0, 0, 0, 0, 0, 0, 0, 0, 0, 0, 0, 0,
       0, 0, 0, 0, 0, 0, 0, 0, 0, 0, 0, 0, 0, 0, 0, 0, 0, 0, 0, 0, 0, 0,
       0, 0, 0, 0, 0, 0, 1, 1, 1, 1, 1, 1, 1, 1, 1, 1, 1, 1, 1, 1, 1, 1,
       1, 1, 1, 1, 1, 1, 1, 1, 1, 1, 1, 1, 1, 1, 1, 1, 1, 1, 1, 1, 1, 1,
       1, 1, 1, 1, 1, 1, 1, 1, 1, 1, 2, 2, 2, 2, 2, 2, 2, 2, 2, 2,
       2, 2, 2, 2, 2, 2, 2, 2, 2, 2, 2, 2, 2, 2, 2, 2, 2, 2, 2, 2,
       2, 2, 2, 2, 2, 2, 2, 2, 2, 2, 2, 2, 2, 2, 2, 2, 2, 2, 2])
```

target_names 属性用于存放标签名,具体代码如下。

```
In [11]: iris.target_names
Out[11]: array(['setosa', 'versicolor', 'virginica'], dtype = '< U10')
```

2. 数据集划分

数据集划分指将加载的数据源按要求进行相关成分的调整。一般对于量大的数据可以分为训练集、测试集、验证集;对于量少的数据可以使用 k 折交法进行划分。

数据集划分通常会使用 train_test_split()函数,具体形式如下。

```
train_test_split( * arrays, ** options)
```

该函数用于将数组或矩阵分割、生成随机序列与测试子集。该函数的具体参数如表 9.3 所示。

表 9.3　train_test_split()函数参数

参　　数	说　　明
* arrays	接收一个或者多个数据集。代表需要划分的数据集。若为分类回归,则分别传入数据和标签;若为聚类,则传入数据。无默认值

参　　数	说　　明
test_size	接收 float、int 类型的数据或者 None,代表测试集的大小。如果传入的为 float 类型的数据,则需要限定为 0~1,代表测试集在总数中的占比;如果传入的为 int 类型的数据,则表示测试记录的绝对数目。该参数与 train_size 可以只传入一个。在 0.21 版本前,若 test_size 和 train_size 均为默认,则 testsize 为 25%
train_size	接收 float、int 类型的数据或者 None。代表训练集的大小。该参数与 test_size 可以只传入一个
random_state	接收 int。代表随机种子号,相同随机种子编号产生相同的随机结果,不同的随机种子编号产生不同的随机结果。默认为 None
shuffle	接收 bool 类型的参数,代表是否进行有放回的抽样,若该参数取值为 True,则 stratify 参数必须不为空
stratify	接收 array 或者 None,如果不为 None,则使用传入的标签进行分层抽样

下面通过代码进行说明。

首先,将鸢尾花的数据导入,并从中取出数据的具体值与标签,具体代码如下。

```
In [12]:
from sklearn.datasets import load_iris
iris_data = load_iris()["data"]
iris_target = load_iris()["target"]
```

开发者可以通过 shape() 函数查看数据的形状,具体代码如下。

```
In [13]: iris_data.shape          # 数据形状
Out[13]: (150, 4)
```

然后,使用 train_test_split() 函数,在配置对应参数时,将测试参数设置为 20%,并设置随机种子为 42(此参数的设置无太多实际意义),具体代码如下。

```
In [14]: from sklearn.model_selection import train_test_split
In [15]: iris_data_train, iris_data_test, iris_target_train, iris_target_test = train_test_
split(iris_data, iris_target, test_size = 0.2, random_state = 42)
```

最后,使用 shape() 函数查看数据,具体代码如下。

```
In [16]: iris_data_train.shape      # 训练集形状
Out[16]: (120, 4)
In [17]: iris_target_train.shape    # 标签的形状
Out[17]: (120,)
In [18]: iris_data_test.shape       # 测试数据集的形状
Out[18]: (30, 4)
In [19]: iris_target_test.shape     # 测试集标签的形状
Out[19]: (30,)
```

通过上述过程可以看出，传入的参数为数据值与对应的标签，从而划分出对应的数据值。

3. 数据集预处理

数据集预处理指的是使用 sklearn 转换器对数据进行数据预处理与降维等相关操作。本节只做简答举例说明。

1）离差标准化

sklearn 中的 preprocessing 模块为数据预处理提供了许多函数，该模块中包含 MinMaxScaler 类，用于离差标准化的处理。

首先，导入需要的 Python 库，并通过 MinMaxScaler 类的 fit( )函数生成相应的规则，具体代码如下。

```
In [20]: import numpy as np
In [21]: from sklearn.preprocessing import MinMaxScaler
         Scaler = MinMaxScaler().fit(iris_data_train)    # 生成规则
```

然后，将生成的规则对象 Scaler 的 tranform( )函数应用于训练集和数据测试集，从而得到标准化的结果，具体代码如下。

```
In [22]: iris_trainScaler = Scaler.transform(iris_data_train)
In [23]: iris_testScaler = Scaler.transform(iris_data_test)
```

最后，通过对比训练集和测试集在数据进行数据标准化前后的最大值和最小值，得到相应的结论，具体代码如下。

```
In [24]: np.min(iris_data_train)      # 数据标准化前 - - 训练集 - - 最小值
Out[24]: 0.1
In [25]: np.min(iris_trainScaler)     # 数据标准化后 - - 训练集 - - 最小值
Out[25]: 0.0
In [26]: np.max(iris_data_train)      # 数据标准化前 - - 训练集 - - 最大值
Out[26]: 7.7
In [27]: np.max(iris_trainScaler)     # 数据标准化后 - - 训练集 - - 最大值
Out[27]: 1.0
In [28]: np.min(iris_data_test)       # 数据标准化前 - - 测试集 - - 最小值
Out[28]: 0.1
In [29]: np.max(iris_data_test)       # 数据标准化前 - - 测试集 - - 最大值
Out[29]: 7.9
In [30]: np.min(iris_testScaler)      # 数据标准化后 - - 测试集 - - 最小值
Out[30]: 0.0
In [31]: np.max(iris_testScaler)      # 数据标准化后 - - 测试集 - - 最大值
Out[31]: 1.0588235294117647
```

通过上述过程可以看出，经过数据标准化后，iris_data_train 的数据值完全映射到了[0，1]区间，而测试数据集 iris_data_test 测试数据集有小部分数据超过[0，1]区间的范围。

2）PCA 数据降维

数据降维的目的是在不丢失太多数据信息的前提下简化数据。下面通过代码进行说明。

首先,导入相关 Python 库,并通过其 fit( )函数制定规则,具体代码如下。

```
In [32]: from sklearn.decomposition import PC
In [33]: pca_model = PCA().fit(iris_trainScaler)
```

然后,将制定好的规则应用于训练集数据和测试数据,具体代码如下。

```
In [34]: iris_trainPca = pca_model.transform(iris_trainScaler)
In [35]: iris_testPca = pca_model.transform(iris_testScaler)
```

最后,通过 shape( )函数查看数据纬度。具体代码如下。

```
In [36]: iris_trainScaler.shape
Out[36]: (120, 4)
In [37]: iris_trainPca.shape
Out[37]: (120, 4)
In [38]: iris_testScaler.shape
Out[38]: (30, 4)
In [39]: iris_testPca.shape
Out[39]: (30, 4)
```

通过上述过程可知,数据降维可以减少数据量,加快数据的对应处理。

4. 数据模型评估

数据模型指的是在模型创建完成后,对于模型进行基本的数据模型评估,评估的好坏能在一定程度上反映模型的问题,同时为开发者提供模型选择的依据。

9.2 回归模型的应用与评价

9.2.1 回归模型的应用

回归分析研究的是自变量和因变量之间的相关关系,一般用于交通、社交、网络、金融等生产中。回归分析根据自变量预测因变量。在回归分析中,一般分为学习和预测两个阶段,学习阶段通过训练样本数据生成拟合方程,预测则是将拟合的数据方程套用到测试数据中,进行相关结果的预测。

在 sklearn 中提供了 LinearRegression 类进行回归建模,具体形式如下。

```
class sklearn.linear_model.LinearRegression(fit_intercept = True, normalize
= False, copy_X = True, n_jobs = None)
```

LinearRegression 类参数具体如表 9.4 所示。

表 9.4　LinearRegression 类参数

参　　数	说　　明
fit_intercept	bool 值,可选,默认为 True。表示是否计算该模型的截距。如果设置为 False,计算中将不使用截距(例如,数据预期已经居中)
normalize	bool,可选,默认为 False。True 为标准化开关,默认关闭,另外当上面 fit_intercept 参数为 false 时,normalize 参数会被忽略,当参数值为 true 时,回归会标准化输入参数:(X-X均值)/1×1,这个过程一般放在训练模型之前,如果参数设置为 false,也可以通过 sklearn. preprocessing. StandardScaler 进行标准化处理
copy_X	bool 值,可选,默认为 True。如果为 True,则复制 X;否则,它可能被覆盖
n_jobs	int,可选,默认值为 1,表示用于计算的作业数量,如果为−1,则代表调用所有 cpu

下面通过代码演示。

首先,将需要使用库导入,具体代码如下。

```
In [1]: from sklearn.linear_model import LinearRegression
In [2]: from sklearn.datasets import load_boston
In [3]: from sklearn.model_selection import train_test_split
```

然后,通过加载 boston 数据,取出数据集合、target(标签)、特征信息。通过 train_test_split()函数将数据进行划分,具体代码如下。

```
In [4]: boston = load_boston()
In [5]: X = boston["data"]
In [6]: y = boston["target"]
In [7]: names = boston["feature_names"]
In [8]: x_train,x_test,y_train,y_test = train_test_split(X,y,test_size = 0.2, random_
state = 125)
```

其次,通过 LinearRegression()函数创建回归模型,具体代码如下。

```
In [9]: clf = LinearRegression().fit(x_train,y_train)    # 创建回归模型
```

最后,将数据模型应用于测试数据,具体代码如下。

```
In [10]: y_pred = clf.predict(x_test)          # 预测模型训练结果
In [11]: print("预测前 10 个结果: \n",y_pred[: 10])
预测前 10 个结果:
[21.16289134  19.67630366  22.02458756  24.61877465  14.44016461  23.32107187
 16.64386997  14.97085403  33.58043891  17.49079058]
```

上述过程旨在模拟回归模型的应用。

9.2.2　回归模型的评价

sklearn 提供了不同评价函数,获取对函数的基本评价值,主要包括 R * R 值、中值绝对误差、解释方差、均值方差、平均绝对误差。平均模型的使用说明具体如表 9.5 所示。

表 9.5 平均模型的使用说明

名　称	函　数	最优值
R * R 值	metrics. r2_score	1.0
中值绝对误差	metrics. median_absolute_error	0.0
解释方差	metrics. explained_variance_score	1.0
均值方差	metrics. mean_squared_error	0.0
平均绝对误差	metrics. mean_absolute_error	0.0

通过表 9.5 可以看出,R * R 值与解释方差的值越接近 1,函数的模型也就越好。其他参数越接近 0,表示模型越好。下面将介绍不同函数的具体使用。

1. 解释方差

解释方差是一个数学概念,当分析数据中有多个变量时,单个变量与总方差之间的方差比为解释方差。通过解释方差可以反映模型的拟合情况。sklearn 提供了对应的函数接口,具体形式如下。

```
sklearn.metrics.explained_variance_score(y_true, y_pred, sample_weight = None, multioutput = 'uniform_average')
```

该函数为解释方差得分函数,该函数的返回值最优解为 1,最差为 0。explained_variance_score()函数参数具体如表 9.6 所示。

表 9.6 explained_variance_score()函数参数

参　数	说　明
y_true	类数组,形式可以为(n_samples)或者(n_samples,n_output),表示输入源数据集
y_pred	类数组,形式可以为(n_samples)或者(n_samples,n_output),表示输入预测数据集
sample_weight	类数组,用于表示样本的权重
multioutput	定义多个输出分数的集合,类数组值定义用于平均分数的权重;参数可以为 raw_values/uniform_average/variance_weighted。当参数为 raw_values 时,表示在多输入/输出情况下返回完成的分数集;如果参数为 uniform_average,表示所有分数取平均值,权重形同;如果参数为 variance_weighted,表示输出的分数都取平均值,由每个输出的方差加权使用

下面通过代码说明。

首先,导入对应的数据处理库,具体代码如下。

```
In [12]: from sklearn.metrics import explained_variance_score,
mean_absolute_error,mean_squared_error,median_absolute_error,r2_score
```

然后,将对应的参数代入函数,即可查看结果,具体代码如下。

```
In [13]: print("解释方差值:",explained_variance_score(y_test,y_pred))
解释方差值: 0.710547565009666
```

通过上述代码可以看出,解释方差 0.7 趋近于 1.0,表明该模型处于良好状态。

2. 平均绝对误差

平均绝对误差,又被称为平均绝对偏差,是所有单个观测值与算术平均值的偏差的绝对值的平均数。平均绝对误差能够避免误差相互抵消,因此可以反映实际预测误差的大小。sklearn 中计算平均绝对误差函数,具体形式如下。

```
sklearn.metrics.mean_absolute_error(y_true, y_pred, sample_weight = None, multioutput = 'uniform_average')
```

其具体参数如表 9.6 所示,具体代码如下。

```
In [14]: print("平均绝对误差: ",mean_absolute_error(y_test,y_pred))
平均绝对误差: 3.3775517360082032
```

通过上述结果发现,平均绝对误差为 3,与理想值 0 相差值为 3,说明数据离散程度比较大。

3. 均值方差

均值方差反映的是估计量与被估计量之间的差异程度。该值越小,说明模型程度越好,sklearn 中提供了对应函数用于均方误差的测量,该函数的具体形式如下。

```
sklearn.metrics.mean_squared_error(y_true, y_pred, sample_weight = None, multioutput = 'uniform_average')
```

函数的相关参数如表 9.6 所示,此处不重复讲解,通过代码进行演示,具体函数如下。

```
In [15]: print("均方误差",mean_squared_error(y_test,y_pred))
均方误差 31.15051739031563
```

通过上述代码可以看出,均方误差为 31,与理想值 0 相差较大,反映出模型对数据的预测还不够准确。

4. R * R 值

R * R 值被称为决定系数,也被称为拟合程度,该值越趋近于 1 说明拟合程度越好,具体形式如下。

```
sklearn.metrics.r2_score(y_true, y_pred, sample_weight = None, multioutput = 'uniform_average')
```

下面通过代码说明,具体代码如下。

```
In [16]: print("R * R 值",r2_score(y_test,y_pred))
R * R 值 0.7068961686076838
```

R * R 值为 0.7,表示该模型拟合程度良好,可以使用该参数进行模型使用。

回归模型的评价中,所有函数参数的列表均如表 9.6 所示,在数据模型选择时应综合考虑提供的参数进行参考。

9.2.3 回归模型的可视化

视频讲解

在实际开发中为了更好地展示模型的拟合成果,通常会将模型的测试数据与预测数据通过图形进行对比展示,这就需要之前学的数据可视化的部分,通过使用 Matplotlib 模块进行数据可视化。下面对回归模型的数据进行可视化展示。具体过程如下。

首先,导入需要使用的 Matplotlib 库,并进行画布的创建,具体代码如下。

```
import matplotlib.pyplot as plt
fig = plt.figure(figsize = (10,6))
```

然后,为了对比明显,将不同的线条设置成不同的颜色。

```
plt.plot(range(y_test.shape[0]),y_test,color = "black",linewidth = 1.5,linestyle = "-")
plt.plot(range(y_test.shape[0]),y_pred,color = "red", linewidth = 1.5, linestyle = "-")
```

最后,进行刻度的标记和图名的标识操作,并查看结果。

```
plt.xlim((0,102))
plt.ylim((0,55))
plt.legend(["真实值","预测值"])
plt.savefig("./回归.png")
plt.show()
```

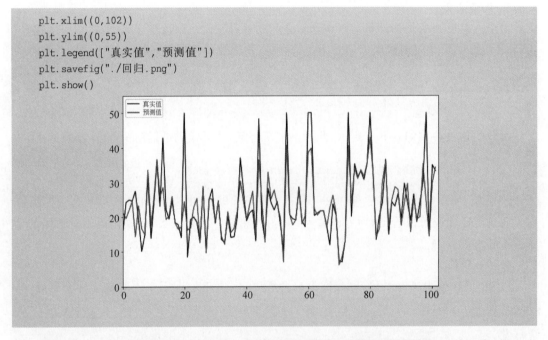

通过上述对回归模型的可视化可以看出,该模型对于数据的趋势预测基本准确,但是在数据波动的过程中,数据总是有不同程度的差距,说明拟合精确度较低。

在实际生产中,模型的图形化能够为数据展示出更好的跟随趋势,同时能够更直观地看出拟合的程度。所以数据分析师一般将数据图形化给项目参与者做展示。

9.3 聚类模型的应用与评价

9.3.1 聚类模型的创建

视频讲解

聚类算法又被称为群分析,是用来进行分类研究的一种算法,是通过研究分类对象之间的相似性进行的一种基本分类方式。

聚类算法可以分为划分法、层次法、基于密度的方法、基于网格的方法、基于模型的方法。聚类算法可以帮助销售人员从市场中区分不同的消费群体,并总结出对应消费人群的消费习惯,帮助销售人员更好地拓展市场。sklearn 中的聚类算法种类如表 9.7 所示。

表 9.7 sklearn 中的聚类算法种类

函　　数	使用范围	度量距离
Birch	大量数据,大量聚类	点之间的欧式距离
DBSCAN	大量数据,少量聚类	最近的点之间距离
KMeans	大量数据,少量聚类	点之间的距离
Spectral	少量数据,少量聚类	图的距离
Ward hierarchical	大量数据,大量聚类	点之间的距离
Agglomerative	大量数据,大量聚类	任意成对点线图之间的距离

本节中将主要讲述使用 KMeans 聚类的基本使用。

```
class sklearn.cluster.KMeans(n_clusters = 8, init = 'k - means + + ', n_init = 10, max_iter =
300, tol = 0.0001, precompute_distances = 'auto', verbose = 0, random_state = None, copy_x =
True, n_jobs = None, algorithm = 'auto')
```

KMeans() 函数参数具体如表 9.8 所示。

表 9.8 KMeans() 函数参数

参　　数	说　　明
n_clusters	int,可选,默认值为 8,生成中心体的数目
init	参数为{'k-means＋＋ ','random '或一个 ndarray}中的某一个,默认值为 k-mean＋＋,代表智能选择初始聚类中心进行 K-means 聚类,加快收敛速度;如果参数为 random,表示从数据中随机选择 k 个观测值;如果参数为一个 ndarray 参数,表示该数据是一个数据源,将合并到数据集中
n_int	整数类型,默认值为 10。表示 K-means 算法在不同种子下运行的时间。最终的结果将是 n_init 连续运行的最佳输出
max_iter	默认值为 300,该参数表示 K-means 算法的最大迭代次数
tol	浮点数,默认值为 1e-4,表示公差收敛值
precompute_distance	参数为{'auto',True,False}其中一个,预先计算距离(更快但占用更多内存)
verbose	int,默认为 0 冗长的模式

参　　数	说　　明
precompute_distances	auto：如果 n_samples × n_clusters > 1200 万，则不要预先计算距离。这相当于使用双精度的每个作业大约 100MB 的开销。 True：总是预先计算距离。 False：永远不要预先计算距离
random_state	int、RandomState 实例或 None(默认)。 用于初始化质心的生成器(generator)。如果值为一个整数，则确定一个 seed
copy_x	bool 值，可选，当预计算距离时，首先对数据进行中心处理在数值上更精确。如果 copy_x 为 True(默认值)，则不修改原始数据，确保 X 是 c 连续的。如果为 False，则在函数返回前修改原始数据，并将其放回，但可能会通过减去或者加上数据的平均值来引入较小的数值差异，在这种情况下也不能保证数据是 c 连续的，这可能会导致显著的减速
n_jobs	int 或 None，可选，默认为 None。指定计算所用的进程数。内部原理是同时进行 n_init 指定次数的计算。值为−1，则用所有的 CPU 进行运算。若值为 1，则不进行并行运算。若值小于−1，例如为−2，则用到的 CPU 数为总 CPU 数减 1
algorithm	优化算法的选择，有 auto、full 和 elkan 三种选择

下面通过代码进行基本演示，使用 K-means 模型进行建模，

首先，导入常用的基本库，将使用的 K-means 建模类导入本地，并通过使用鸢尾花数据训练数据。取出其中的数据集、标签、特性名数值，具体代码如下。

```
In [1]: from sklearn.datasets import load_iris
In [2]: from sklearn.preprocessing import MinMaxScaler
In [3]: from sklearn.cluster import KMeans
In [4]: iris = load_iris()
In [5]: iris_data = iris["data"]
In [6]: iris_target = iris["target"]
In [7]: iris_name = iris["feature_names"]
```

然后，使用 MinMaxScaler 类的 fit() 函数完成数据归一化处理，简化数据轴的坐标范围，并将数据代入 KMeans 类中进行数据建模处理，具体代码如下。

```
In [8]: scale = MinMaxScaler().fit(iris_data)
```

模型创建完成后，需要使用 transform() 函数将模型应用于数据，具体代码如下。

```
In [9]: iris_dataScale = scale.transform(iris_data)
```

在归一化模型应用之后，使用 KMeans 类进行数据的聚类应用，具体代码如下。

```
# 聚类使用
In [10]: kmeans = KMeans(n_clusters = 3, random_state = 13).fit(iris_dataScale)
```

其次，查看 KMeans 类返回的对象，具体代码如下。

```
In [11]: print("构建的模型为: ",kmeans)
构建的模型为: KMeans(algorithm = 'auto',copy_x = True,init = 'k - means + +', max_iter = 300,
n_clusters = 3,n_init = 10, n_jobs = None, precompute_distances = 'auto', random_state = 13,
tol = 0.0001, verbose = 0)
```

最后,通过 predict()函数对数据进行基本预测。预测结果代码如下。

```
In [12]: result = kmeans.predict([[1.2,1.0,1.2,1.3]])
In [13]: print("花瓣,花萼,长度宽度为 1.2,1.0,1.2,1.3 的鸢尾花预测类别为: ",result[0])
花瓣,花萼,长度宽度为 1.2,1.0,1.2,1.3 的鸢尾花预测类别为: 1
```

预测类别为 1 说明此种组合的数据概率很大,可以认为这种数据一定会出现。

9.3.2 聚类模型的评价

视频讲解

每个模型都需要进行基本评价,这样才能评定模型的试用水平,聚类模型同样不例外。在 sklearn 的 metrics 模块中提供了不同的评价函数。聚类方法的评价方法具体如表 9.9 所示。

表 9.9　聚类方法的评价方法

函　　数	最　佳　值	封 装 原 理	是否需要真实值
adjust_rand_score	1.0	ARI 评价法	YES
adjust_muntual_info_score	1.0	AMI 评价法	YES
completeness_score	1.0	V-measure 评价	YES
fowlkes_mallows_score	1.0	FMI 评价法	YES
sihouette_score	畸变程度最大	轮廓系数评价法	NO
calinski_harabaz_socre	相较最大	指数评价法	NO

下面通过代码进行说明。

首先,导入评价样本所需的库,此代码采用的是 FMI 评价法,具体代码如下。

```
In [14]: from sklearn.metrics import fowlkes_mallows_score
```

然后,通过调整参数 k 获取不同的 FMI 参数值,具体代码如下。

```
In [15]:
for i In range(2,7):
    kmeans = KMeans(n_clusters = i,random_state = 123).fit(iris_data)
    score = fowlkes_mallows_score(iris_target,kmeans.labels_)
    print("iris 数据聚 % d 类 FMI 评价分值为: % f",(i,score))
```

最后,查看代码运行结果,具体代码如下。

```
iris 数据聚 % d 类 FMI 评价分值为: % f (2, 0.7504732564880243)
iris 数据聚 % d 类 FMI 评价分值为: % f (3, 0.8208080729114153)
iris 数据聚 % d 类 FMI 评价分值为: % f (4, 0.7539699941396392)
```

```
iris 数据聚 %d 类 FMI 评价分值为: %f (5, 0.7254830776265845)
iris 数据聚 %d 类 FMI 评价分值为: %f (6, 0.614344977586966)
```

通过上述结果可以看出,k 值为 3 时,聚类效果最好。说明选择一个好的 k 值对于聚类模型的效果起了关键作用。

开发者可以使用指示评价法,进行聚类模型的评价,具体代码如下。

```
In [16]: from sklearn.metrics import calinski_harabaz_score
for i In range(2,7):
    kmeans = KMeans(n_clusters = i, random_state = 123).fit(iris_data)
    score = calinski_harabaz_score(iris_data, kmeans.labels_)
    print("iris 数据聚 %d 类 calinski_harabaz 指数为 %f" % (i, score))
iris 数据聚 2 类 calinski_harabaz 指数为 513.924546
iris 数据聚 3 类 calinski_harabaz 指数为 561.627757
iris 数据聚 4 类 calinski_harabaz 指数为 530.487142
iris 数据聚 5 类 calinski_harabaz 指数为 495.541488
iris 数据聚 6 类 calinski_harabaz 指数为 469.836633
```

其他评价方式可以通过查阅官方文档自行编码,本书不重复讲解。

视频讲解

9.3.3 聚类模型可视化

聚类模型的可视化,能够帮助开发者更好地展示聚类模型的结构,sklearn 的 TSNE() 函数可以实现多维的数据可视化展示,具体过程如下。

首先,导入将要使用的库,具体代码如下。

```
In [1]: import pandas as pd
In [2]: from sklearn.manifold import TSNE
In [3]: import matplotlib.pyplot as plt
```

然后,使用 TSNE 类对象创建 tsne 对象,具体代码如下。

```
# 创建对象
In [4]: tsne = TSNE(n_components = 2, init = "random", random_state = 177, ).fit(iris_data)
In [5]: df = pd.DataFrame(tsne.embedding_)
In [6]: df["labels"] = kmeans.labels_
In [7]: df1 = df[df["labels"] == 0]
In [8]: df2 = df[df["labels"] == 1]
In [9]: df3 = df[df["labels"] == 2]
```

最后,使用 plot 对象创建画布,并绘制基本图形,具体代码如下。

```
In [10]: fig = plt.figure(figsize = (9,6))
< Figure size 648x432 with 0 Axes >
In [11]: plt.plot(df1[0], df1[1], "bo", df2[0], df2[1], "r*", df3[0], df3[1], "gD")
Out[11]:
[< matplotlib.lines.Line2D at 0x1a24865908 >,
< matplotlib.lines.Line2D at 0x1a248de588 >,
```

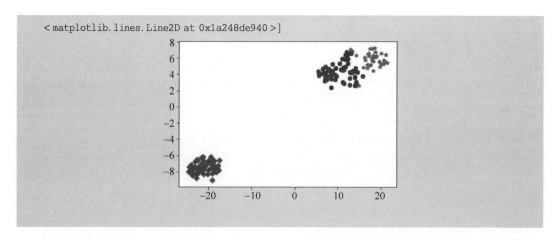

```
< matplotlib.lines.Line2D at 0x1a248de940 >]
```

通过上述结果,可以方便地看出数据的聚类,具有类似属性的数据,分布范围大致在一起。

9.4 分类模型的应用与评价

9.4.1 创建分类模型

视频讲解

在实际生活中,分类模型可以应用在数据图像识别、行为分析、物品分析等生产生活中。分类模型是根据已知数据集分类的基础上,对未分类数据的分类。Scikit-Learn 中的分类函数具体如表 9.10 所示。

表 9.10 分类模型常用函数

模　　块	函　　数	算　　法
linear_model	LogisticRegression	逻辑回归
ensemble	RandomForestClassifier	随机森林分类
tree	DecisionTreeClassifer	分类决策树
neighbors	KNeighborsClassifier	K 最近邻分类
naive_bayes	GaussianNB	高斯朴素贝叶斯
svm	SVC	支持向量机

本节主要使用 svc() 函数进行分类的基本演示,svc() 函数的形式如下。

```
class sklearn. svm. SVC(C = 1.0, kernel = 'rbf', degree = 3, gamma = 'auto_deprecated', coef0 = 0.0,
shrinking = True, probability = False, tol = 0.001, cache_size = 200, class_weight = None, verbose =
False, max_iter = − 1, decision_function_shape = 'ovr', random_state = None)
```

svc() 函数参数具体如表 9.11 所示。

表 9.11　svc() 函数参数

参　　数	说　　明
C	float 类型,可选参数,默认值为 0.1,表示误差项的惩罚参数

续表

参　　数	说　　明
kernel	string 类型,可选参数,默认值为 rbf ,指定要在算法中使用的内核类型。它必须是"linear""ploy""rbf""precomputed""预先计算"其中之一或一个可调用的矩阵
degree	int 类型,可选参数,默认值为 3。多项式 poly 函数的维度,选择其他核函数时会被忽略
coef0	float 类型,可选参数,默认值为 0.0。核函数中的独立项
shrinking	bool 类型,可选参数,默认值为 True。设置收缩启发式
probability	bool 类型,可选参数,默认值为 False。设置是否启用概率估计。这必须在调用 fit 之前启用,并且会降低该方法的速度
tol	float,可选参数,默认值为 1e−3,表示公差标准
cache_size	浮动,可选参数,指定内核缓存的大小(以 MB 为单位)
class_weight	可选参数,参数为{dict,'balanced'}其中一个。用于将类 i 的参数 C 设置为 SVC 的 class_weight[i]×C。如果没有给出,所有的类都应该有权重 1。balanced 模式使用 y 的值自动调整权重,与输入数据中的类频率呈反比,如 n_samples / (n_classes×np. bincount(y))
verbose	bool 类型,默认值为 False。设置是否启用详细输出
max_iter	int 类型,可选参数,默认值为−1。对求解器中的迭代进行硬限制,−1 表示没有限制
random_state	int, RandomState 实例或 None,可选参数,默认为 None。伪随机数生成器的种子,用于对数据进行洗牌以进行概率估计。如果是 int,random_state 是随机数生成器使用的种子;如果是 RandomState 实例,random_state 是随机数生成器;如果没有,则随机数生成器是 np. random 使用的随机状态实例

注意:其他参数本书不做讲解。

该估计器同样具有 fit()与 predcit()函数,不重复讲述。

下面通过代码进行基本说明。首先,导入需要的基本库,此代码采用 sklearn 的支持向量机进行数据的分类,同时需要对数据进行数据标准化,具体代码如下。

```
In [1]: import numpy as np
In [2]: from sklearn.datasets import load_breast_cancer
In [3]: from sklearn.svm import SVC
from sklearn.model_selection import train_test_split
from sklearn.preprocessing import StandardScaler
```

导入相关数据,并提取相关的数据集、标签、特征名,具体代码如下。

```
In [4]: cancer = load_breast_cancer()
In [5]: cancer_data = cancer["data"]
In [6]: cancer_target = cancer["target"]
In [7]: cancer_names = cancer["feature_names"]
```

将数据集进行划分为训练集、测试集、训练标签、测试标签。具体代码如下。

```
In [8]: cancer_data_train,cancer_data_test,cancer_target_train,cancer_target_test = train_
test_split(cancer_data,cancer_target)
```

在数据建模前进行数据标准化,并将数据标准模型应用于训练集和测试集,具体代码如下。

```
In [9]: stdScaler = StandardScaler().fit(cancer_data_train)
In [10]: cancer_trainStd = stdScaler.transform(cancer_data_train)
In [11]: cancer_testStd = stdScaler.transform(cancer_data_test)
```

利用分类 svm 进行数据分类模型,将标准化后的数据和相关标签进行参数代入,通过 SVC()创建分类模型,通过 print()查看相关对象,具体代码如下。

```
In [12]: svm = SVC().fit(cancer_trainStd,cancer_target_train)      # 创建模型
In [13]: print("SVM: ",svm)
SVM: SVC(C = 1.0, cache_size = 200, class_weight = None, coef0 = 0.0,
    decision_function_shape = 'ovr', degree = 3, gamma = 'auto_deprecated',
    kernel = 'rbf', max_iter = - 1, probability = False, random_state = None,
    shrinking = True, tol = 0.001, verbose = False)
```

将创建的分类模型应用于测试数据,同时查看分类。

```
In [14]: cancer_target_pred = svm.predict(cancer_testStd)          # 预测结果
In [15]: print("预测前 10 个结果为: ",cancer_target_pred[: 10])
预测前 10 个结果为: [1 1 1 1 1 1 1 1 0 0]
```

通过特征值的分类结果可以查看对应的数据。

9.4.2 分类模型的评价

分类模型同样需要进行对应的评价,分类模型的评价依据如表 9.12 所示。

视频讲解

表 9.12 分类模型的评价依据

函 数	最 佳 值	说 明
metrics. precision_score	1.0	数据精确率
metrics. recall_score	1.0	数据召回率
metrice. f1_score	1.0	F1 值
metrice. cohen_kappa_score	1.0	Cohen's Kappa 系数
metrice. roc_score	最靠近 y 轴	ROC 曲线

本代码中所演示数据集、评价参数、具体情况如下。首先,导入所需的 Python 库,评价所需的数据库,全部都在 sklearn 的 metrics 模块中,具体代码如下。

```
In [16]: from sklearn.metrics import accuracy_score,precision_score, recall_score,f1_score,
cohen_kappa_score
```

然后,使用 accuracy_score() 函数查看数据的准确率,具体代码如下。

```
In [17]: print("使用 svm 预测 breast_cancer 的数据准确率",
accuracy_score(cancer_target_test,cancer_target_pred)
使用 svm 预测 breast_cancer 的数据准确率 0.986013986013986
```

其次,使用 percision() 函数查看数据的精确率,具体代码如下。

```
In [18]: print("使用 svm 预测 breast_cancer 的数据精确率",
precision_score(cancer_target_test,cancer_target_pred))
使用 svm 预测 breast_cancer 的数据精确率 0.9893617021276596
```

接下来,使用 recall_score() 函数查看数据的召回率,具体代码如下。

```
In [19]: print("使用 svm 预测 breast_cancer 的数据召回率",
recall_score(cancer_target_test,cancer_target_pred))
使用 svm 预测 breast_cancer 的数据召回率 0.9893617021276596
```

再接下来,使用 f1_score() 函数查看数据的 F1 值,具体代码如下。

```
In [20]: print("使用 svm 预测 breast_cancer 的数据 F1 值",
f1_score(cancer_target_test,cancer_target_pred))
使用 svm 预测 breast_cancer 的数据 F1 值 0.9893617021276596
```

开发者可以通过 cohen_kappa_score() 函数查看数据的 Kappa 值,具体代码如下。

```
In [21]: print("使用 svm 预测 breast_cancer 的数据 cohen's kappa 值",
cohen_kappa_score(cancer_target_test,cancer_target_pred))
使用 svm 预测 breast_cancer 的数据 cohen's kappa 值 0.9689535388623535
```

最后,开发者可以使用 classification_report() 函数直接生成数据评估报告,具体代码如下。

```
In [22]: # 生成分类模型的评估报告
from sklearn.metrics import classification_report
print("使用 SVM 预测 iris 数据分类的报告为:\n",
    classification_report(cancer_target_test,cancer_target_pred))
使用 SVM 预测 iris 数据分类的报告为:
             precision   recall   f1-score   support
         0    0.98       0.98     0.98       49
         1    0.99       0.99     0.99       94
 micro avg    0.99       0.99     0.99       143
 macro avg    0.98       0.98     0.98       143
weighted avg  0.99       0.99     0.99       143
```

数据评估报告中左侧如"micro avg"这一列为数据的基本标签,"prcision""recall""fl-score"这三列为对象的评测值,"support"列为数据出现的总次数。通过上述报告可以看出,该分类模型几乎能够达到 100% 的分类效果。

除使用具体数据观察外，还可使用 ROC 曲线进行数据评估，该评估方法能够更加直观地查看分类模型的效果。sklearn 提供了 roc_curve( )函数能够帮助开发者进行数据展示。具体代码如下。

```
In [23]: # 绘制 ROC 曲线进行评估
from sklearn.metrics import roc_curve
import matplotlib.pyplot as plt
# 求出 ROC 曲线的 x 轴和 y 轴
fpr,tpr,thresholds = roc_curve(cancer_target_test,cancer_target_pred)
plt.figure(figsize = (10,6))
plt.xlim(0,1)
plt.ylim(0.0,1.1)
plt.xlabel("False Postive Rate")
plt.ylabel("False Postive Rate")
plt.plot(fpr,tpr,linewidth = 2, linestyle = " - ",color = "red")
plt.show()
```

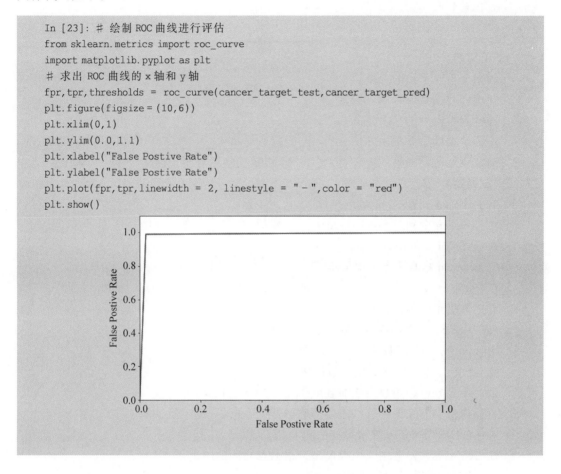

小　　结

本章主要讲述了使用 sklearn 进行数据建模的基本应用，同时讲述了三种主要的模型及其评价方法，分别是回归模型、聚类模型、分类模型的基本应用。

回归模型主要研究不同因素之间的相关关系，可以通过模型的训练预测出即将产生的结果。回归模型的评价指标十分丰富，可使用中值绝对方差、解释方差、均值方差、平均绝对误差等。

聚类模型在实际生产中应用十分广泛，能够通过分析数据的分布将数据进行不同类别的划分，从而帮助开发者解决实际开发中遇到的分类问题。聚类模型的基本评价更是具有多样性，能够使用 FMI 等评价方法进行评价。

分类模型可以根据 SVM 等基本模型接口进行创建，分类模型可以对物品、图片等数据进行分类。

希望读者能够通过学习本章简单地使用 sklearn 进行数据建模，为人工智能的学习打下基础。

习　题

一、填空题

1. 数据分析中常用的数据模型有＿＿＿＿、＿＿＿＿、＿＿＿＿。

2. 评价回归模型的常用方法有＿＿＿＿、＿＿＿＿、＿＿＿＿。（写出 3 个即可）

3. 评价聚类模型的常用方法有＿＿＿＿、＿＿＿＿、＿＿＿＿。（写出 3 个即可）

4. 评价分类模型的常用方法有＿＿＿＿、＿＿＿＿、＿＿＿＿。（写出 3 个即可）

5. 加载鸢尾花数据集的方法有＿＿＿＿，该数据集一般用于创建＿＿＿＿模型。

二、选择题

1. 有关 sklearn 说法不正确的是（　　）。

    A. sklearn 全称为 Scikit-Learn

    B. sklearn 中的函数大致分为两类

    C. sklearn 本身不支持深度学习

    D. sklearn 支持 GPU 加速

2. 有关数据集的加载说法不正确的是（　　）。

    A. sklearn 中的 datasets 数据集中包含许多经典的数据集

    B. load_wine() 函数用于创建分类模型

    C. sklearn 不支持加载实际数据集

    D. fetch_rcv1() 函数用于加载 RCV1 多标签数据集

3. 下面说法中有关聚类算法表述正确的是（　　）。

    A. 本书中列举了 6 种聚类算法

    B. KMeans() 函数创建聚类模型是根据点之间的距离

    C. FMI 评价法评价聚类模型时 1 为最佳值

    D. Birch() 函数评价聚类模型时 1 为最佳值

4. 下面有关分类算法正确的是（　　）。

    A. 分类算法的标签和回归算法完全相同

    B. 分类算法和聚类算法一样都是没有标签的

    C. 分类算法的评价一样都是需要参考真实标签

    D. 分类算法的评价可以使用均值误差判断

三、简答题

1. 什么是回归模型？

2. 聚类模型的应用场景有哪些？

3. 数据降维的主要目的是什么？

第 10 章　数据可视化进阶

本章学习目标

- 掌握 Seaborn 的使用。
- 掌握 Bokeh 的使用。
- 掌握 Pyecharts 的使用。
- 掌握空间可视化的创建。

数据可视化是数据分析中的另一个重要环节。在第 5 章讲述了 Matplotlib 的基本操作,但该库不能满足更加复杂的开发需求。通过本章的学习,读者可以掌握更高级的数据可视化接口,能最大程度地提高工作效率,同时能够绘制出更加精美的图标。

10.1　Seaborn

Seaborn 是一个基于 Matplotlib 且完全兼容 Pandas 数据结构的统计图制作库。Seaborn 库具有强大的功能,该库为开发者提供了计算多变量之间关系的面向数据集接口;该库同时支持变量类别可视化的观测和统计,如单变量或多变量可视化分布图形的绘制;Seaborn 高度抽象并精简可视化过程中对统计图形的制作,提供多个内置主题。

Seaborn 框架的宗旨是通过数据的可视化不断挖掘和理解数据。它提供的面向数据集制图函数主要是对行、列索引和数组的操作,对整个数据集进行内部的语义映射与统计整合,以此生成富于信息的图表。

10.1.1　安装

Anaconda 默认自带 Seaborn 库,如果开发者使用的是 Anaconda 开发环境,将不需要进行 Seaborn 的安装。但是,如果开发者使用的是自建虚拟环境,或者其他非 Anaconda 环境,将需要手动安装该库,安装命令如下。

视频讲解

```
pip install Seaborn
```

或者使用如下指令。

```
conda install seaborn
```

当然,还可以使用官方链接的形式进行安装。

```
pip install git + https://github.com/mwaskom/seaborn.git
```

注意：安装完成后可以使用 pip list 命令查看是否安装成功。

10.1.2 可视化数据集

在数据分析中 Seaborn 主要用于可视化数据集的分布情况展示，通过对数据的分布情况观察，可以看出已有数据的变化，进而预测数据的趋势。本节主要从单变量分布图的绘制、双变量分布图的绘制两方面演示 Seaborn 的应用。

1. 单变量分布图的绘制

开发者需使用 displot() 函数绘制单变量分布图，具体形式如下。

```
distplot(a, bins = None, hist = True, kde = True, rug = False, fit = None, hist_kws = None, kde_kws =
None, rug_kws = None, fit_kws = None, color = None, vertical = False, norm_hist = False, axlabel =
None, label = None, ax = None)
```

displot() 函数参数具体如表 10.1 所示。

表 10.1 displot() 函数参数

参　　数	说　　明
a	观测的数据，可以为一位数组或者列表
bins	int 类型的参数，表示条形的数量
hist	bool 类型的参数，表示是否绘制直方图
kde	bool 类型的参数，表示是否绘制高斯核密度曲线
rug	bool 类型的参数，表示是否在支持的轴方向上绘制 rugplot

下面通过代码说明。

使用 displot() 函数进行基本绘制时，为了让图形展示得更加形象，将使用 normal() 函数生成正态分布数据。

首先，导入 Seaborn 库并起别名，社区开发者建议使用 sns 为 Seaborn 的别名，具体代码如下。

```
import seaborn as sns
import numpy as np
```

然后，使用 normal() 函数生成 100 个正态分布数据并进行基本显示，具体代码如下。

```
x = np.random.normal(size = 1000)
sns.distplot(x)
Out[18]: < matplotlib.axes._subplots.AxesSubplot at 0x1a1a688780 >
```

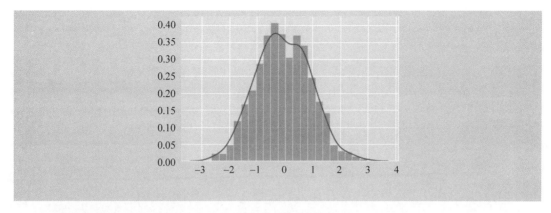

通过上述代码可以看出正态分布的基本数据情况。

2. 双变量分布图的绘制

Seaborn 除了支持单变量的图形绘制外,同时也支持绘制双变量的分布图。开发者可以使用 jointplot()函数绘制双变量,该函数的基本形式如下。

```
jointplot(x, y, data = None, kind = "scatter", stat_func = None,
color = None, height = 6, ratio = 5, space = .2, dropna = True, xlim = None,
ylim = None, joint_kws = None, marginal_kws = None, annot_kws = None, ** kwargs)
```

jointplot()函数参数具体如表 10.2 所示。

表 10.2　jointplot()函数参数

参　　数	说　　明
x	x 轴的数据,一般为 Series,或者列表形式的数据
y	y 轴的数据,一般为 Series,或者列表形式的数据
kind	表示绘制图形的类型,默认值为 scatter——散点图
stat_func	用于计算相关关系的统计量并标注图
color	表示绘制图形的颜色
size	用于设置图形的大小
ratio	表示中心图与侧边图的比例,参数越大,中心图占图比例越大
space	用于设置中心图和侧边图的间隔大小
xlim/ylim	表示 x,y 轴的范围

下面通过代码说明。

首选,导入 pandas 库,并创建一个 DataFrame 类型的测试数据,具体代码如下。

```
In [1]:
import pandas as pd
dataframe_obj = pd.DataFrame({"x": np.random.randn(1000), "y": np.random.randn(1000)})
```

然后,使用 jointplot()函数绘制双变量图,具体代码如下。

```
sns.jointplot(x = "x", y = "y", data = dataframe_obj)
Out[1]: < seaborn.axisgrid.JointGrid at 0x1a17857978 >
```

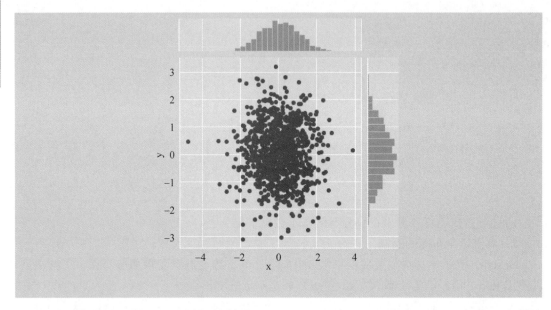

双变量图中包含每个变量的变化图形,同时又包含综合图形的变化图形,这样在一张图中能够拥有更多的信息量。

开发者绘制二维直方图时,同样可以使用 jointplot()函数,只需要指定 kind 参数为 hex 即可,具体代码如下。

```
In [2]:
sns.jointplot(x = "x",y = "y",data = dataframe_obj,kind = "hex")
Out[2]: < seaborn.axisgrid.JointGrid at 0x1a1a9db828 >
```

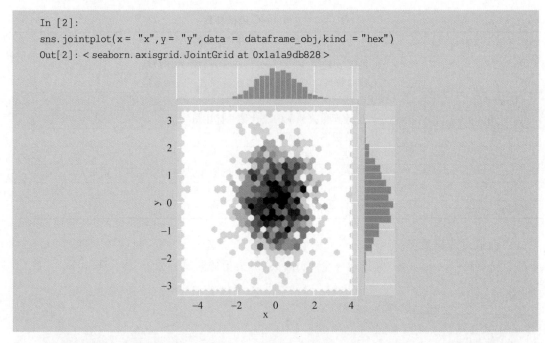

当开发者将 kind 参数设置为 kde 时,jointplot()函数将绘制核密度估计图,具体代码如下。

```
In [3]:
sns.jointplot(x = "x",y = "y",data = dataframe_obj,kind = "kde")
Out[3]: < seaborn.axisgrid.JointGrid at 0x1a1ac18080 >
```

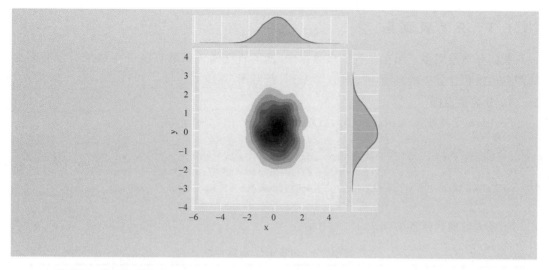

3. 绘制成对的双变量分布

在数据分析中，有时需要进行数据的双变量分布图例展示。对于双变量的展示，Seaborn 有很多支持，开发者需要使用 pairplot() 函数进行基本展示，具体代码如下。

```
In [4]:
dataset = sns.load_dataset("tips")
sns.pairplot(dataset)
Out[4]:
< seaborn.axisgrid.PairGrid at 0x1a1ae89cf8 >
```

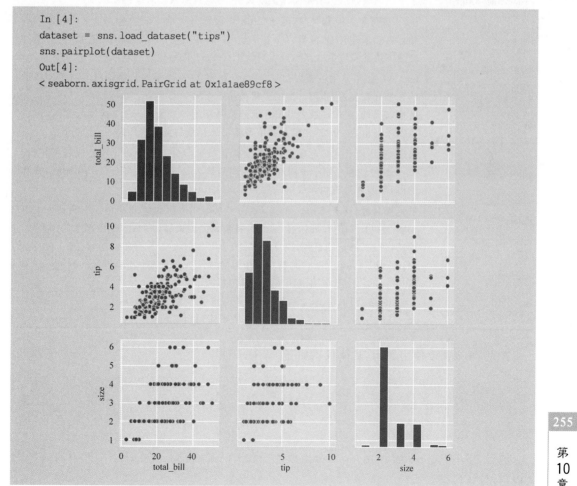

数据可视化进阶

10.1.3 分类数据集

数据分类绘图多应用在非数值型数据中,能够直接地表示数据的分类结果。分类形式的图形可以包含分类散点图、箱型图、琴型图、条形图、热点图。

1. 分类散点图

Seaborn 支持使用 stripplot()函数绘制分类散点图,具体形式如下。

```
stripplot(x = None, y = None, hue = None, data = None, order = None,
hue_order = None, jitter = True, dodge = False, orient = None, color = None,
palette = None, size = 5, edgecolor = "gray", linewidth = 0, ax = None, ** kwargs)
```

上述函数的具体参数如表 10.3 所示。

表 10.3 stripplot()函数参数

参　　数	说　　明
x,y,hue	数据或向量数据中的变量名,可选,用于长格式数据的输入
data	DataFrame、数组或数组列表
order,hue_order	字符串列表,可选,表示绘制类别级别,否则将从数据对象推断级别
jitter	float,该类型为特殊类型,可选 True/1,表示分类轴方向的抖动量。当有很多点并且它们重叠时,这样更容易看到分布。开发者可以指定抖动的数量(均匀随机变量支持的宽度的一半),或者只使用 True/1 作为良好的默认值
dodge	bool,可选,当使用色调嵌套时,将此设置为 True 将沿着分类轴将不同色调级别的条带分开。否则,每一层的点将被绘制在另一层上
orient	可选,表示朝向("v"或者"h")。这通常是从输入变量的 dtype 推断出来的,但是可以用来指定"分类"变量是数值型变量还是绘制宽格式数据
color	可选,表示所有元素的颜色,或渐变调色板的设置。调色板:调色板名称、列表或 dict,可选颜色用于不同层次的色调变量。应该是可以由 color_palette()解释的内容,或是将色调级别映射到 Matplotlib 颜色的字典
palette	调色板名称、列表或 dict,可选,颜色用于不同层次的色调变量。应该是可以由 color_palette()解释的内容,或者是将色调级别映射到 Matplotlib 颜色的字典
size	浮动,可选,标记的直径,以点为单位
edgecolor	Matplotlib color,"gray"是特殊大小写的,可选,表示每个点周围线的颜色。如果传递"gray",则亮度由点体使用的调色板决定
linewidth	float,可选,构成情节元素的灰色线条的宽度
ax	Matplotlib 轴,可选,对象绘制绘图,否则使用当前轴

首先,导入需要使用的库,具体代码如下。

```
In [1]:
import seaborn as sns
import pandas as pd
```

然后,使用 Pandas 的 read_excel()函数进行数据的读取,将 info.xlsx 文件中的数据读入内存,具体代码如下。

```
info = pd.read_excel("./info.xlsx")
```

最后,使用 stripplot()函数进行分类散点图绘制,指定参数 x、y、data,具体代码如下。

```
sns.stripplot(x = "level",y = "salary",data = info)
Out[1]: <matplotlib.axes._subplots.AxesSubplot at 0x10d9d6550>
```

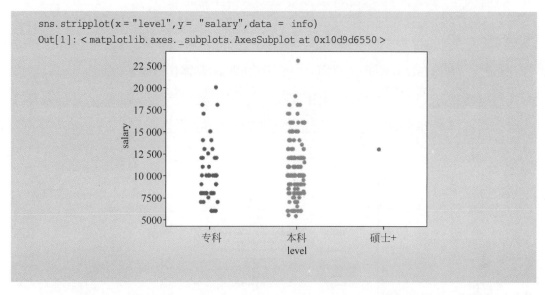

上述加载的数据为千锋教育互联科技有限公司某月的就业数据,通过上述散点分类可以看出该月的就业数据中,多数为本科学历,专科学历人数次之,硕士学历人数最少;从就业薪资水平来看,经过培训后专科学历和本科学历的就业薪资无太大差距,甚至硕士生的就业薪资不如本科或者专科学历。

stripplot()函数同时支持数据在一定范围的抖动,开发者可以通过将 jitter 参数设置为 True 开启 stripplot()函数的抖动,具体代码如下。

```
In [2]:
sns.stripplot(x = "level",y = "salary",data = info, jitter = True)
Out[2]: <matplotlib.axes._subplots.AxesSubplot at 0x10da24b38>
```

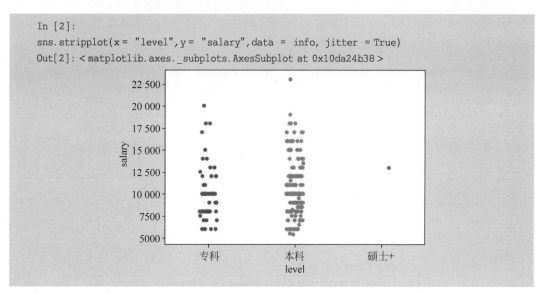

第
10
章

数据可视化进阶

Seaborn 中除了 stripplot()函数可以绘制散点图外,开发者还可以使用 swarmplot()函数完成对应的操作,具体形式如下。

```
swarmplot(x = None, y = None, hue = None, data = None, order = None,
hue_order = None, dodge = False, orient = None, color = None, palette = None, size = 5, edg
ecolor = "gray", linewidth = 0, ax = None, **kwargs)
```

该函数的具体参数如表 10.3 所示,此处不重复讲解,具体代码如下。

```
In [3]: sns.swarmplot(x = "level", y = "salary", data = info)
Out[3]: < matplotlib.axes._subplots.AxesSubplot at 0x10da6c668 >
```

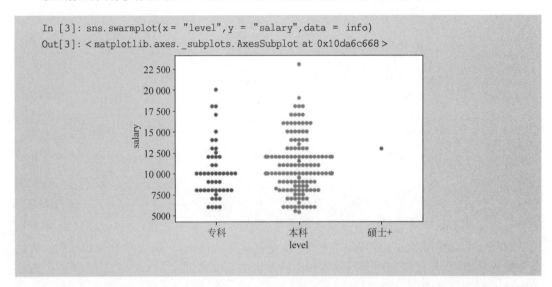

通过上述代码可以看出,使用 swarmplot()函数能够绘制散布排列点。但是此种排列并不适合大量数据的情况,因为绘制大量数据时,数据排列过宽会造成整个图形过大。

2. 箱型图

在绘制箱型图时可以使用 Seaborn 库中的 boxplot()函数,该函数基本形式如下。

```
boxplot(x = None, y = None, hue = None, data = None, order = None,
hue_order = None, orient = None, color = None, palette = None, saturation = .75,
width = .8, dodge = True, fliersize = 5, linewidth = None, whis = 1.5, notch = False,
ax = None, **kwargs)
```

boxplot()函数参数具体如表 10.4 所示。

表 10.4　boxplot()函数参数

参　　数	说　　明
staturation	浮动,可选,按原始饱和度的比例来绘制颜色。较大的补丁通常使用稍微去饱和的颜色看起来更好,但是如果想让绘图颜色与输入颜色规范完美匹配,请将此值设置为 1
width	float 类型,可选,表示不使用色调嵌套时整个元素的宽度,或主要分组变量的一个级别的所有元素的宽度
dodge	bool 类型,可选,当使用色调嵌套时,用于设置沿分类轴移动元素
fliersize	float 类型,用于表示标记异常观测的大小
linewidth	float 类型,可选的,用于设置灰色线框的宽度

下面通过代码进行说明。

```
In [4]: sns.boxplot(x = "level",y = "salary",data = info)
Out[4]: < matplotlib.axes._subplots.AxesSubplot at 0x10dc3f160 >
```

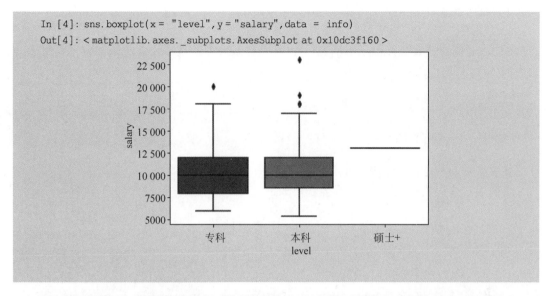

通过箱型图可以看到每类数据中的最大值和最小值,可以看到本科学生、专科学生、硕士学生之间的基本数据对比。

3. 琴型图

除了使用箱型图外,还可以使用琴型图进行查看。琴型图相对于箱型图而言,更能够展示不同类别内部数据分布的情况。琴型图的具体函数形式如下。

```
seaborn.violinplot(x = None, y = None, hue = None, data = None, order = None, hue_order = None,
bw = 'scott', cut = 2, scale = 'area', scale_hue = True, gridsize = 100, width = 0.8, inner = 'box',
split = False, dodge = True, orient = None, linewidth = None, color = None, palette = None,
saturation = 0.75,ax = None,  ** kwargs)
```

其中参数不重复说明,可以参照表 10.4。使用该函数进行基本绘制,具体代码如下。

```
In [5]: sns.violinplot(x = "level",y = "salary", data = info)
Out[5]: < matplotlib.axes._subplots.AxesSubplot at 0x1a21d86cc0 >
```

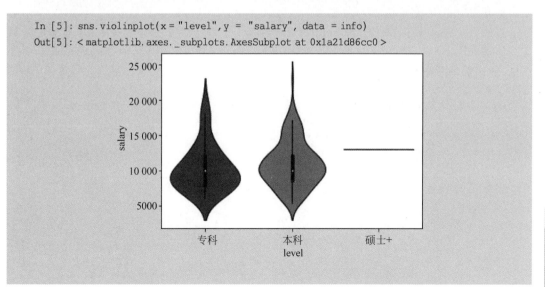

通过琴型图,可以看出各个类型数据内部的基本分布规律。专科学生多集中在 8000～9000 的数据,而本科学生多集中在 9000～10 000 的数据,硕士学生集中在 13 000～14 000。

4. 条形图

Seaborn 库为开发者提供了 barplot() 函数进行条形图的基本绘制。该函数主要用于类别内的估计,具体形式如下。

```
boxplot(x = None, y = None, hue = None, data = None, order = None, hue_order = None, orient = None,
color = None, palette = None, saturation = .75, width = .8, dodge = True, fliersize = 5, linewidth =
None, whis = 1.5, notch = False, ax = None, ** kwargs)
```

相关参数请参考表 10.4,此处不重复讲解。

下面通过代码进行基本说明,具体代码如下。

```
In [6]: sns.barplot(x = "level", y = "salary", data = info)
Out[6]: < matplotlib.axes._subplots.AxesSubplot at 0x1a21e4c1d0 >
```

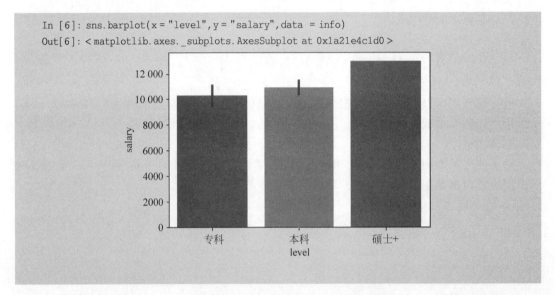

通过观察条形图,可以估计出学历与薪资的走势,可以看出硕士学生最高工资要比其他学历拥有更好的发展潜力。

当然,Seaborn 还提供了一种 pointplot() 函数用于数据走势的基本展示,其基本走势的实现原理和 barplot() 函数的实现原理大同小异,展示结果基本相同,但在表现形式上更加简洁,该函数的基本形式如下。

```
pointplot(x = None, y = None, hue = None, data = None, order = None, hue_order = None,
estimator = np.mean, ci = 95, n_boot = 1000, units = None, markers = "o",
linestyles = " - ", dodge = False, join = True, scale = 1, orient = None,
color = None, palette = None, errwidth = None, capsize = None, ax = None, ** kwargs)
```

参数说明请参考表 10.4,此处不重复讲解,具体实例如下。

```
In [7]: sns.pointplot(x = "level", y = "salary", data = info)
Out[7]: < matplotlib.axes._subplots.AxesSubplot at 0x1a21ef3320 >
```

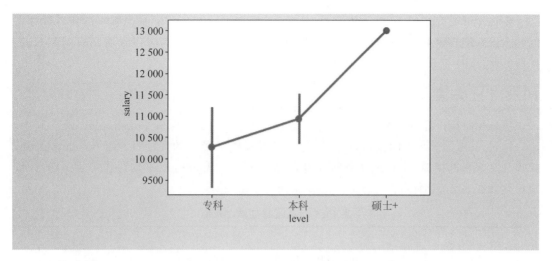

5. 热点图

画一个基本的热力图，通过热力图用来观察样本的分布情况。

```
import matplotlib.pyplot as plt
import numpy as np
np.random.seed(0)
import seaborn as sns
# 初始化参数
sns.set()
uniform_data = np.random.rand(3, 3)
heatmap = sns.heatmap(uniform_data)
plt.show()
```

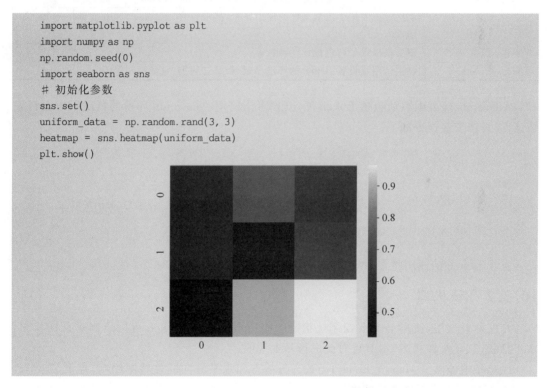

本节通过学习几种图形的基本绘制，将数据展示在不同的图表中，以此来进行数据的基本展示。

10.2 Bokeh

Bokeh 是针对现代浏览器展示开发的交互式可视化库，旨在提供优雅、简洁的通用图形结构。Bokeh 能够展示大数据流，同时能够轻松地创建交互式图标、仪表盘。

Bokeh 只支持 Python 2.7 和 Python 3.5＋版本,而对 Python 其他版本的兼容性存在问题。该库能够像 D3.js 一样制作出简单、漂亮的交互式界面,同时包含独立的 HTML 文档服务器,支持与 R 语言、Scala 语言交互。

视频讲解

10.2.1 安装

Bokeh 向用户提供了两个接口级别,分别是 bokeh. models 和 bokeh. plotting。其中,bokeh. models 为低水平的接口,该接口为开发者提供了最大的灵活性;而 bokeh. plotting 接口为高水平的接口,主要用于处理字体的格式问题。Bokeh(以下均写作 Bokeh)的详细接口列表如表 10.5 所示。

表 10.5　bokeh 详细接口列表

接　　口	说　　明
bokeh. model	该接口包括应用程序工具、符号、常用数据源等
bokeh. plotting	该接口中主要包含 figure 等相关函数
bokeh. layouts	该接口中为图形的快捷函数,如 row()、column()等函数
bokeh. io	该接口主要用于控制文件的输出显示,其中包含 out_file()和 out_notebook()等函数
bokeh. palttes	该接口提供了调色板设置函数等
bokeh. settings	该接口用于设置 Bokeh 的环境参数,如日志级别、资源控制等

Anaconda 环境中默认包括 Bokeh 库,开发者未使用 Anaconda 环境的情况下需自行安装该库,具体安装指令如下。

```
$ pip install bokeh
```

或者使用 conda 指令安装,具体指令如下。

```
$ conda install bokeh
```

关于 Bokeh 的使用将在后序章节中详细说明。

视频讲解

10.2.2 柱状图

在实际开发中,使用 Bokeh 绘制柱状图的应用十分常见,Bokeh 可以绘制垂直柱状图、水平柱状图、重叠柱状图,本节将对此进行基本说明。

Bokeh 中提供了 vbar()、hbar()函数进行垂直和水平方向的柱状图绘制,提供了 hbar_stack()函数用于绘制堆叠柱状图。

1. 垂直柱状图

垂直柱状图为图形沿 y 轴方向伸缩的柱状图。Bokeh 库中提供 vbar()函数进行该图形的绘制,该函数具体形式如下。

```
vbar(x, width, top, bottom = 0, ** kwargs)
```

vbar()函数参数列表如表 10.6 所示。

表 10.6　vbar()函数参数

参　　数	说　　明
x	竖条中心的 x 坐标
width	竖条的宽度
top	竖条的顶部 y 坐标
bottom	竖条的底部 y 坐标
** kwargs	其他参数为数据的基本属性,如线条的基本样式等

下面通过代码介绍 vbar()函数的使用。

首先,导入需要使用的拓展库,具体代码如下。

```
from bokeh.plotting import figure, show
```

其中,figure()函数用于绘制画布,show()函数用于图形生成与显示。开发者可以通过设置 figure()函数的 plot_width 参数和 plot_height 参数指定画布的长度和高度。

然后,使用 figure()绘制画布,具体代码如下。

```
p = figure(plot_width = 400, plot_height = 400)
```

通过上述代码可以看出制定的画布尺寸为 400×400 的大小。

其次,使用 vbar()函数进行柱状图的绘制,具体代码如下。

```
p. vbar(x = [1, 2, 3], width = 0.5, bottom = 0,top = [1.2, 2.5, 3.7], color = "red")
```

上述代码中使用 vbar()函数设定了柱形条的中心刻度参数 x,同时通过 width 参数指定了柱形条的宽度,通过 bottom 参数将所有柱形条的底的 y 轴刻度设置为 0,然后分别指定了三个柱形条的最高点。

最后,使用 show()函数进行图形显示,具体代码如下。

```
show(p)
```

运行结果如图 10.1 所示。

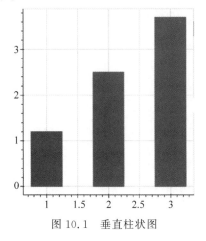

图 10.1　垂直柱状图

2. 水平柱状图

除了上述垂直柱状图外,开发者有时会使用水平柱状图,如国外的一款 CPU 跑分软件 Geekbench,在 CPU 跑分的报告中使用的就是水平柱状图,如图 10.2 所示。

图 10.2 Geekbench 跑分报告

Bokeh 为开发者提供了 hbar()函数用于水平柱状图的绘制,具体形式如下。

```
hbar(y, height, right, left = 0, ** kwargs)
```

其相关参数可参考表 10.6,下面通过代码进行基本说明。

首先,导入需要使用的拓展库,具体代码如下。

```
from bokeh.plotting import figure, show
```

然后,使用 figure()函数进行画布的基本绘制,具体代码如下。

```
p = figure(plot_width = 400, plot_height = 400)
```

其次,使用 hbar()函数完成水平柱状图的基本绘制,具体代码如下。

```
p.hbar(y = [1, 2, 3], height = 0.5, left = 0, right = [1.2, 2.5, 3.7], color = "red")
```

最后,使用 show()函数进行图形的生成与显示,具体代码如下。

```
show(p)
```

运行结果如图 10.3 所示。

3. 堆叠柱状图

堆叠柱状图多应用在数据的对比展示中,如图 10.4 所示,为千锋教育的 Python 和大数据学科同年不同班的平均薪资数据对比。通过堆叠柱状图可以更加形象地查看出不同学科的薪资差距。

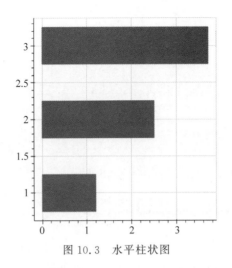

图 10.3　水平柱状图

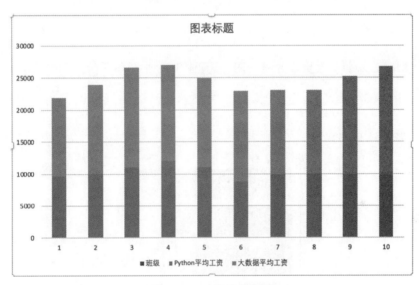

图 10.4　千锋就业数据

Bokeh 为开发者提供了 hbar_stack() 函数绘堆叠柱状图,该函数的基本形式如下。

```
hbar_stack(stackers, **kw)
```

其中,stackers 为需要绘制的数据值,**kw 为其他关键字参数,如柱状图的高度 height、柱状图的颜色 color 等。

下面通过代码说明 hbar_stack() 函数的使用。

首先,导入要使用的函数,具体代码如下。

```
from bokeh.plotting import figure, show
from bokeh.models import ColumnDataSource
```

其中,ColumnDataSource 类为 Bokeh 的基本数据类型,Bokeh 中的大多数图表、数据表中的数据类型均为 ColumnDataSource 类。

然后，将 Python 原生字典类数据，通过 ColumnDataSource 类转换成数据表需要的数据类型，具体代码如下。

```
source = ColumnDataSource(data = dict(
    y = [1, 2, 3, 4, 5],
    x1 = [1, 2, 4, 3, 4],
    x2 = [1, 4, 2, 2, 3],))
```

接着使用 figure() 函数进行画布的基本创建。

```
p = figure(plot_width = 400, plot_height = 400)
```

然后使用 hbar_stack() 函数绘制堆叠柱状图，并通过 height 参数指定柱状图的高度，通过 color 参数设置 x1 柱状图和 x2 柱状图的颜色分别为深灰色和浅灰色，具体代码如下。

```
p. hbar_stack(['x1', 'x2'], y = 'y', height = 0.8, color = ("grey", "lightgrey"), source = source)
```

最后，使用 show() 函数生成并显示图片，具体代码如下。

```
show(p)
```

运行结果如图 10.5 所示。

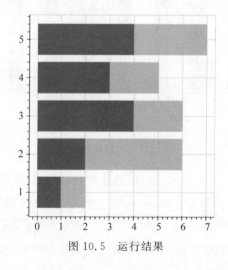

图 10.5　运行结果

视频讲解

10.2.3　散点图

实际开发中散点图多用于表示回归分析中观测模型与数据点的拟合程度，Bokeh 为满足各种开发需求提供了绘制散点图的对应接口，本节对此进行简单介绍。

1. 圆点散点图

圆点散点图是数据点的形状为实心圆点的散点图。Bokeh 提供了 circle() 函数用于绘制圆点散点图，具体形式如下。

```
circle(x, y, **kwargs)
```

该函数的具体参数如表 10.7 所示。

表 10.7　circle() 函数参数

参　　数	说　　明
x	标记中心的 x 轴坐标
y	标记中心的 y 轴坐标
**kwargs	其他相关参数

下面通过代码进行说明。

首先,导入需要使用的函数,具体形式如下。

```
from bokeh.plotting import figure, show
```

然后,使用 figure() 函数绘制画布。

```
p = figure(plot_width = 400, plot_height = 400)
```

接着,使用 circle() 函数绘制圆点散点图,设置 size 参数为 20,颜色为 navy,如下。

```
p.circle([1, 2, 3, 4, 5], [6, 7, 2, 4, 5], size = 20, color = "navy")
```

最后,使用 show() 函数生成图片并显示。

```
show(p)
```

运行结果如图 10.6 所示。

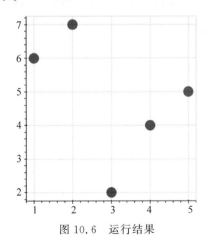

图 10.6　运行结果

2. 方形散点图

方形散点图是数据点的形状为方形点的散点图。Bokeh 提供了 square() 函数用于绘制方形散点图,该函数的具体形式如下。

```
square(x, y, size = 4, angle = 0.0, ** kwargs)
```

相关参数具体如表 10.8 所示。

表 10.8　square()函数参数

参　　数	说　　明
x	所有点的 x 轴坐标的集合
y	所有点的 y 轴坐标的集合
size	点的大小
angle	方形的倾斜角度
** kwargs	其他关键字参数

下面通过代码说明该函数的使用方法。

首先,导入需要使用的函数库,具体代码如下。

```
from bokeh. plotting import figure, show
```

然后,使用 figure()函数绘制画布,具体代码如下。

```
p = figure(plot_width = 400, plot_height = 400)
```

接着,使用 square()函数绘制方形散点图,具体代码如下。

```
p. square([1, 2, 3, 4, 5], [6, 7, 2, 4, 5], size = 20, color = "olive")
```

最后,使用 show()函数生成并显示图片,具体代码如下。

```
show(p)
```

运行结果如图 10.7 所示。

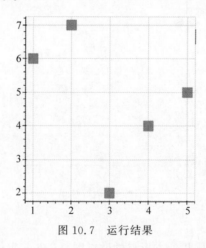

图 10.7　运行结果

10.2.4 折线图

折线图多用于观察数据的历史走势,在数据分析中通过观察源数据的历史走势可以推测出未来数据的走势,帮助数据分析师更好地完成工作。

如图10.8所示为千锋互联科技有限公司 Python 学科与大数据学科的10个班级的平均就业薪资对比情况,可以看出,Python 岗位的平均薪资低于大数据的平均薪资,并有差距逐渐拉大的趋势。

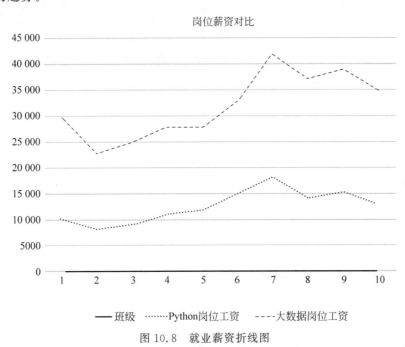

图10.8 就业薪资折线图

Bokeh 为开发者提供了 line() 函数用于绘制折线图,其具体形式如下。

```
line(x, y, **kwargs)
```

line() 函数参数具体如表10.9所示。

表 10.9 line() 函数参数

参 数	说 明
x	所有点的 x 坐标
y	所有点的 y 坐标
**kwargs	其他相关属性

下面通过代码说明 line() 函数的用法。

首先,导入需要使用的函数,具体代码如下。

```
from bokeh.plotting import figure, show
```

269

第10章

数据可视化进阶

然后，使用 figure() 函数绘制画布，具体代码如下。

```
p = figure(plot_width = 400, plot_height = 400)
```

接着，使用 line() 函数进行数据线走向的基本绘制，并通过 line_width 参数设置线宽，具体代码如下。

```
p.line([1, 2, 3, 4, 5], [6, 7, 2, 4, 5], line_width = 2)
```

最后，使用 show() 函数生成与显示图片，具体代码如下。

```
show(p)
```

折线图绘制结果如图 10.9 所示。

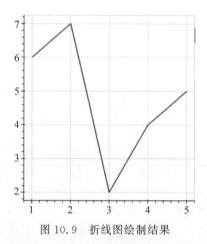

图 10.9 折线图绘制结果

10.2.5 时间轴

视频讲解

时间轴是横坐标以时间为自变量的图表，如在 iStat Menus 软件对 CPU 使用率的监控报表中，使用的就是时间轴图表，具体如图 10.10 所示。

Bokeh 中并没有提供单独的接口为开发者创建时间轴图表，而是推荐开发者使用 line() 函数绘制时间轴，下面通过代码进行说明。

首先，导入需要使用的函数库，具体代码如下。

```
import pandas as pd
from bokeh.plotting import figure, show
from bokeh.sampledata.stocks import AAPL
```

注意：上述代码中 AAPL 为 Bokeh 内置数据源。

然后，通过 Pandas 的 DataFrame 对象进行数据的基本创建，同时使用 to_datetime() 函数进行数据的时间转换，具体代码如下。

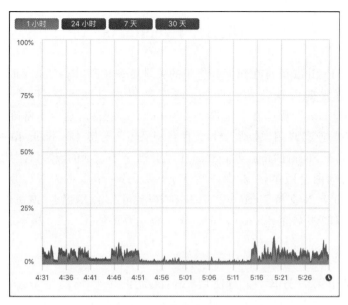

图 10.10　CPU 使用率的监控报表

```
df = pd.DataFrame(AAPL)
df['date'] = pd.to_datetime(df['date'])
```

然后,使用 figure()函数绘制画布,具体代码如下。

```
p = figure(plot_width = 800, plot_height = 250, x_axis_type = "datetime")
```

注意:x_axis_type 参数 x 轴为参数类型。

接着,通过使用 line()函数进行时间轴图表的绘制,具体代码如下。

```
p. line(df['date'], df['close'], color = 'snavy')
```

最后,使用 show()函数生成并展示图片,具体代码如下。

```
show(p)
```

时间轴绘制结果如图 10.11 所示。

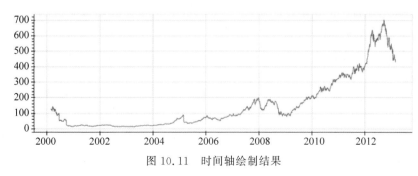

图 10.11　时间轴绘制结果

数据可视化进阶

10.3　Pecharts

Pyecharts 是 Python 语言在数据分析中的关键可视化库,Pyecharts 的出现为开发者提供了更加丰富的数据可视化解决方案,该库是根据百度开源库 Echarts 开发而成。Pyecharts 作为 Python 开源库在一定程度上为 Echarts 的推广奠定了基础。

Pyecharts 支持链式调用,囊括三十余种常见图标,支持 Notebook、Jupyter Notebook 和 JupyterLab,可集成于 Flask、Django 等 Python 主流框架,具有灵活的配置,其中超过 400＋地图。

Pyecharts 分为两个版本,一个版本为 V0.5.X,另一个版本为 V1.0.0,但两个版本并不兼容。其中,V0.5.X 支持 Python 2.7.X 和 Python 3.4.X 版本,该版本已经不再维护;而版本 V1.0.0 仅能够支持 Python 3.6＋,本书将主要讲述 V1.0.0 版本。

10.3.1　安装

视频讲解

Pyecharts 属于第三方库,本书使用 Anaconda 的生产环境。Anaconda 默认不安装 Pyecharts 库,因此开发者需自行安装。开发者可通过如下方式进行基本安装,具体指令如下。

```
$ pip install pyecharts
```

除上述方式外,开发者还可以通过源码进行相关安装,具体指令如下。

```
$ git clone https://github.com/pyecharts/pyecharts.git
$ cd pyecharts
$ pip install - r requirements.txt
$ python setup.py install
# 或者执行 python install.py
```

上述方式是通过 git 指令克隆 Pyecharts 库,通过库中的 requirements.txt 文件进行依赖环境的搭建,最后进行对应的编译安装。

安装完毕后,开发者可以通过相应指令进行查看,具体指令如下。

```
$ pip list
```

10.3.2　基本配置

视频讲解

Pyecharts 的配置十分灵活,开发者可以通过配置进行样式的定制。Pyecharts 中的配置选项分为全局配置项、局部配置项。

全局配置项主要包括动画配置、初始化配置、工具箱配置、工具箱工具配置、区域选择组件配置、标题配置、区域缩放配置、图例配置、视觉映射配置、提示框配置等。

局部配置项主要包括图元样式配置、文字样式配置、标签配置、线样式配置、分割线配置、标记点数据配置、标记点配置、标记线数据配置、标记区域数据等。

全局配置项的各项配置参数具体如表 10.10 所示,该表中列举出全局配置项的相关类型及配置说明。

表 10.10　全局配置项的基本参数说明

类　型	参　数	说　明
AnimationOpts	animation	用于开启/关闭动画,开启设置为 True,关闭为 False
	animation_threshold	用于设置动画阈值,默认参数为 2000
	animation_easing_update	用于设置动画更新的缓慢动作
	animation_delay_update	用于设置数据更新的动画延迟,默认值为 0
InitOpts	bg_color	用于设置背景颜色,默认值为 None
	width	用于设置图标画布的宽度,默认值为 900px,参数需使用 string 类型
	height	用于设置图标画布的高度,默认值为 500px,参数需使用 string 类型
	page_title	用于设置网页标题,该参数为 string 类型
ToolboxOpts	is_show	用于设置是否显示工具栏组件,如果是设置为 True,否则设为 False
	orient	用于设置 icon 的布局走向,可以为 horizontal 或者 vertical,分别表示水平方向和竖直方向
	pos_left	用于设置工具栏组件离容器左侧的距离。可以为 int 类型的数组,也可以是 string 类型百分比类型的数据,如"20%"
	pos_right	用于设置工具栏组件离容器右侧的距离。可以为 int 类型的数组,也可以是 string 类型百分比类型的数据,如"20%"
	pos_bottom	用于设置工具栏组件离容器底部的距离。可以为 int 类型的数组,也可以是 string 类型百分比类型的数据,如"20%"
	pos_top	用于设置工具栏组件离容器顶部的距离。可以为 int 类型的数组,也可以是 string 类型百分比类型的数据,如"20%"
TitleOpts	title	主标题文本,string 类型数据
	title_link	主标题跳转链接,string 类型数据
	title_target	主标题跳转链接方式,默认值为 blank,可选参数为 self、blank
LegendOpts	type_	可选参数,用来表示图片的类型。plain、scroll 分别表示普通图例、可滚动翻页的图例
	is_show	用于控制是否显示图例组件
	pos_left	用于设置图例组件离容器左侧的距离。可以为 int 类型的数组,也可以是 string 类型百分比类型的数据,如"20%"
	pos_right	用于设置图例组件离容器右侧的距离。可以为 int 类型的数组,也可以是 string 类型百分比类型的数据,如"20%"

类　　型	参　　数	说　　明
LegendOpts	pos_bottom	用于设置图例组件离容器底部的距离。可以为 int 类型的数组，也可以是 string 类型百分比类型的数据，如"20%"
	pos_top	用于设置图例组件离容器底部的距离。可以为 int 类型的数组，也可以是 string 类型百分比类型的数据，如"20%"

表 10.10 仅对配置选项进行列举，如需设置配置请参考详细开发文档。

局部配置项各项的基本配置说明如表 10.11 所示。

表 10.11　局部配置项的基本参数说明

类　　型	参　　数	说　　明
ITemStyle	color	图形的颜色，参数可以使用 RGB 参数
	color0	阴线的颜色，参数同上
	border_color	图形的描边颜色，支持的颜色参数同 color
	opacity	图形的透明度
TextStyleOpts	color	文字颜色
	font_style	文字字体风格
	font_weight	主标题文字字体的粗细
	font_family	文字字体系列
	font_size	文字字体的大小
	align	文字水平对齐方式

表 10.11 仅对配置选项进行列举，如需设置配置请参考详细开发文档。

视频讲解

10.3.3　仪表图绘制

仪表盘是数据分析中经常使用的数据展示表，一般用它来进行数据的比例展示和度量展示，例如在生活中体检使用的体重秤，均是实体仪表盘。通过仪表盘的基本展示能更好地反映数据的度量程度。

Pyecharts 中可以使用 Gauge 类进行仪表盘的基本绘制，通过指定表盘的相关属性进行数据的基本展示。Gauge 类的父类为 chart 类，chart 类的父类为 base 类，即 Gauge 类的基类为 base 类，基类中设定了一些基本参数，如宽度、高度、主题等。

在 Pyecharts 中每个图表类均有一个 add()函数，该方法能够为相应图表类实例添加不同的属性。另外，开发者可以使用 add()函数进行数据的基本配置，可以配置的参数列表如下。

```
.add(self, series_name: str,
data_pair: types.Sequence,
*,
is_selected: bool = True,
min_: types.Numeric = 0,
max_: types.Numeric = 100,
```

```
split_number: types.Numeric = 10,
start_angle: types.Numeric = 225,
end_angle: types.Numeric = -45,
label_opts: types.Label = opts.LabelOpts(formatter = "{value}%"),
tooltip_opts: types.Tooltip = None,
axisline_opts: types.AxisLine = None,
itemstyle_opts: types.ItemStyle = None,)
```

相关参数说明,具体如表 10.12 所示。

表 10.12　参数配置

参　　数	说　　　　明
series_name	系列名称,用于 tooltip 的显示,legend 的图例筛选,参数类型为 string 类型
data_pair	系列数据项,格式为(key,value)形式
is_selected	用于设置是否选中图例,bool 类型
min_	最小的数据值
max_	最大的数据值
split_number	仪表盘分割段数,参数类型为 int 类型
start_angle	仪表盘开始角度,参数类型为 int 类型
end_angle	仪表盘结束角度
label_opts	标签配置项
tooltip_opts	提示框组件配置项

在实际的开发使用过程中,Pyecharts 能够支持常规调用和链式调用,下面将分别讲述。

1. 常规调用

Pyecharts 可以通过操作类对象,实现仪表图的基本绘制,具体如下。

首先,通过使用 import 指令导入需要使用的函数和图表参数。

```
from pyecharts import options as opts
from pyecharts.charts import Gauge
```

其中,options 为常用的基本参数,Gauge 为仪表盘类。在需要使用的函数导入完成后,开发者需要使用 Gauge 类创建仪表对象,具体如下。

```
g = Gauge()
```

通过 add()函数进行数据添加,参数分别是图表名称和使用率。

```
g.add("", [("完成率", 80.6)])
```

然后,使用 set_global_opts()函数为图表添加标题。

```
g.set_global_opts(title_opts = opts.TitleOpts(title = "仪表盘 - 基本代码"))
```

其次,需要使用 render()函数进行数据渲染并生成对应的 HTML 文件。

```
g. render("仪表盘的常规调用.html")
```

最后,查看生成仪表盘如图 10.12 所示。

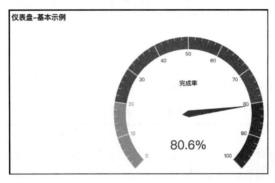

图 10.12　仪表盘

通过图 10.12 可以看出,指针在 80.6% 的位置。该表盘使用默认配置样式。下面将讲述数据的仪表盘的链式调用方式。

2. 链式调用

链式调用方式是 Pyecharts 社区为了方便开发者快速创建设计的编程方式。所谓的链式调用就是用"."运算进行方法和属性的连续调用,通过属性的基本调用,开发者可以实现快速创建图标。

下面通过代码进行说明。

首先,使用 import 工具导入相关使用库,具体代码如下。

```
from pyecharts import options as opts
from pyecharts.charts import Gauge, Page
```

然后,定义一个通过链式调用生成仪表盘实例对象的函数,具体代码如下。

```
def gauge_base():
    c = (
        Gauge()
        .add("", [("完成率", 80.6)])
        .set_global_opts(title_opts = opts.TitleOpts(title = "仪表盘 - 基本代码"))
    )
    return c
```

其次,开发者通过使用该函数创建实例对象,并调用其 render() 函数,具体代码如下。

```
c = gauge_base()
c. render("仪表盘链式调用.html")
```

最后,查看生成的仪表盘如图 10.13 所示。

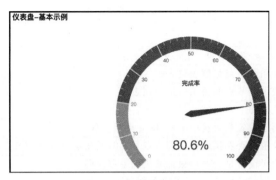

图 10.13　仪表盘

10.3.4　关系图

视频讲解

关系图在实际的数据分析中不经常使用,但关系图能够将元素之间的关系十分清楚地展示出来,具有很强的实用性。可以说,关系图是数据分析中必不可少的展示图表。本节将介绍关系图的基本绘制。

关系图主要包括关系图的节点数据项、节点间的关系数据、节点分类的类别三部分,Pyecharts 允许开发者对相关参数进行设置。关系图表的相关配置项具体如表 10.13 所示。

表 10.13　关系图表的相关配置项

类　型	参　数	说　明
GraphNode	name	用于设置项名称
	x	节点的初始化 x 值
	y	节点的初始化 y 值
	is_fixed	设置节点在默认设置中是否为固定位置
	value	数据项值
	category	数据项所在类目
	label_opts	该类目节点表的大小
GraphLink	source	边的源节点名称,string 类型
	target	边的目标节点名称,string 类型
	value	边的数值,在力引导布局中用于映射到边的长度
	linestyle_opts	关系边的线条样式
	label_opts	标签样式
	symbol	边两端的标记类型
	symbol_size	边两端的标记大小
GraphCategory	name	类别名称
	symbol	对应类别节点的图形
	symbol_size	对应类别节点的标记大小
	label_opts	标签样式

开发者在创建完成对应的关系图后,可以使用 add() 函数进行对应数据绘制,add() 函数的属性具体如表 10.14 所示。

表 10.14　add()函数的属性

属　　性	说　　明
series_name	string 类型数据,用于表示系列名称
nodes	关系图节点数据项列表
links	关系图节点间关系数据项列表
categories	关系图节点分类的类别列表
is_selected	用于设置是否选中图例,bool 类型参数
is_focusnode	设置是否在鼠标移动到节点上的时候突显节点以及节点的边和临近节点
is_roam	用于设置是否开启鼠标缩放和平移漫游
is_rotate_label	是否旋转标签,bool 类型参数,默认值为 False
layout	图的布局,可选参数,参数如下。 circular:采用环形布局。 force:采用力引导布局。 none:不采用任何形式
symbol	关键图形节点标记图形,可选参数,参数如下："roundRect""truangle""circle""rect"。 默认值为 None
edge_length	边的两个节点之间的距离,默认值为 50,int 类型

下面通过具体代码说明。

首先,导入需要使用的库,具体代码如下。

```python
from pyecharts import options as opts
from pyecharts.charts import Graph
```

上述代码从 charts 模块中导入 Graph 类,用于创建关系图表实例对象。下面将创建用于生成关系图表实例对象的函数,具体代码如下。

```python
def graph_base():
    nodes = [
        {"name": "A", "symbolSize": 10},
        {"name": "B", "symbolSize": 15},
        {"name": "C", "symbolSize": 20},
        {"name": "D", "symbolSize": 25},
        {"name": "E", "symbolSize": 30},
        {"name": "F", "symbolSize": 35},
        {"name": "G", "symbolSize": 40},
        {"name": "H", "symbolSize": 45},
    ]
    links = []
    for i in nodes:
        for j in nodes:
            links.append({"source": i.get("name"), "target": j.get("name")})
    c = (
        Graph()
```

```
        .add("", nodes, links, repulsion = 8000)
        .set_global_opts(title_opts = opts.TitleOpts(title = "关系图形的链式调用"))
    )
    return c
```

上述代码中，nodes 为创建的节点数据，其中，name 为节点的名字，symbolSize 为节点的大小。通过双层 for 循环遍历 node 节点进行点对点链接列表生成；最后生成图表对象 c，并将 c 对象返回。

定义完成后，开发者可以通过该函数创建关系图实例对象，并使用 render() 函数完成对应 HTML 文件渲染，具体代码如下。

```
c = graph_base()
c.render("关系节点.html")
```

最后，查看生成的关系图如图 10.14 所示。

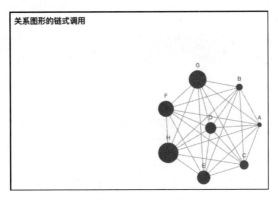

图 10.14　关系图

10.3.5　平行坐标系

平行坐标系是数据分析过程中经常使用的图表类型。平行坐标系能够将多数据、多因素的比较结果展示在同一张图上。Pyecharts 允许开发者使用 Parallel 类进行平行坐标系的图表创建。

下面通过代码演示过程。

首先，导入使用的拓展库，具体代码如下。

```
from pyecharts import options as opts
from pyecharts.charts import Parallel
```

然后，定义一个函数用于生成平行坐标系实例对象，具体代码如下。

```
def parallel_base():
    data = [
        [1, 91, 45, 125, 0.82, 34],
```

视频讲解

第
10
章

数据可视化进阶

```
            [2, 65, 27, 78, 0.86, 45],
            [3, 83, 60, 84, 1.09, 73],
            [4, 109, 81, 121, 1.28, 68],
            [5, 106, 77, 114, 1.07, 55],
            [6, 109, 81, 121, 1.28, 68],
            [7, 106, 77, 114, 1.07, 55],
            [8, 89, 65, 78, 0.86, 51, 26],
            [9, 53, 33, 47, 0.64, 50, 17],
            [10, 80, 55, 80, 1.01, 75, 24],
            [11, 117, 81, 124, 1.03, 45],
        ]
    c = (
        Parallel()
        .add_schema(
            [
                {"dim": 0, "name": "data"},
                {"dim": 1, "name": "AQI"},
                {"dim": 2, "name": "PM2.5"},
                {"dim": 3, "name": "PM10"},
                {"dim": 4, "name": "CO"},
                {"dim": 5, "name": "NO2"},
            ]
        )
        .add("天气情况", data)
        .set_global_opts(title_opts = opts.TitleOpts(title = "平行坐标系的基本使用"))
    )
    return c
```

上述函数中,data 参数为数据线的走势,该参数为 11×6 的数组数据,通过 data 的形状可以推断出平行坐标系由 11 条线和 6 个指标组成,数组 c 中创建了数据图表对象,并绑定了对应的属性。

在使用时开发者需要使用 parallel_base()类进行实例对象的创建,具体代码如下。

```
c = parallel_base()
c.render("平行坐标系的基本使用.html")
```

最后生成的结果如图 10.15 所示。

10.3.6 饼状图

视频讲解

饼状图多用于数据分析的比例展示。通过饼状图可以更加鲜明地展示出各个模块所表示数据的占比情况,Pyecharts 允许开发者通过 Pie 类创建饼状图对象。

下面通过代码说明。

首先,导入使用的函数,具体代码如下。

```
from example.commons import Faker
from pyecharts import options as opts
from pyecharts.charts import Pie
```

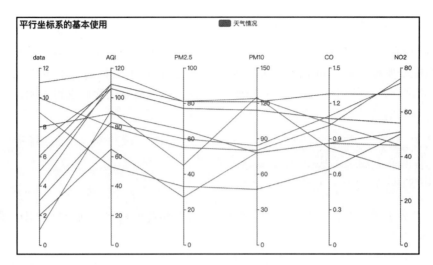

图 10.15　平行坐标系

然后,定义用于创建饼状图对象的函数,通过函数创建饼状图对象,并通过链式调用实现属性绑定,具体代码如下。

```
def pie_base():
    c = (
        Pie()
        .add("", [list(z) for z in zip(Faker.choose(), Faker.values())])
        .set_global_opts(title_opts = opts.TitleOpts(title = "饼状图基本代码"))
        .set_series_opts(label_opts = opts.LabelOpts(formatter = "{b}: {c}"))
    )
    return c
```

其次,开发者需要使用创建的绘图函数,创建饼状图实例对象,并使用实例对象的 render()函数进行数据的基本创建,具体代码如下。

```
c = pie_base()
c.render("饼状图.html")
```

最后,查看生成的饼状图如图 10.16 所示。

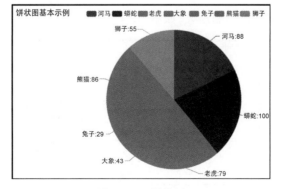

图 10.16　饼状图

数据可视化进阶

10.3.7 词云图

词云图经常会出现在重大演讲后的新闻报道中。一般通过自然语言处理后提炼出演讲中的关键词。词云图将关键词汇总展示出来,通过不同比重区分该词语的字体大小。Pyechart 允许开发者使用 WordCloud 类创建词云对象,下面通过代码进行说明。

首先,导入需要使用的函数和相关对象,具体代码如下。

```
from pyecharts import options as opts
from pyechartss.charts import Page, WordCloud
from pyecharts.globals import SymbolType
```

然后,开发者需要为词云图创建词云数据,并分配相应的权重。词云数据以二维元组列表的形式创建,具体代码如下。

```
# 创建词云数据
words = [("千锋教育", 10000),("云计算", 6181),("大数据", 4386),("网络安全", 4055),("HTML5", 2467),("Python + 人工智能", 2244),("JavaEE", 1868),("软件测试", 1484),("智能物联网", 1112),("Unity", 865),("网络营销", 847),("Go 语言", 582),("PHP", 555),("认证考试", 550)]
```

其次,在数据创建完毕后,开发者需要创建一个函数用来返回词云对象,并使用链式调用对词云对象的属性进行基本设置,具体代码如下。

```
def wordcloud_base():
    c = (
        WordCloud()
        .add("", words, word_size_range = [20, 100])
        .set_global_opts(title_opts = opts.TitleOpts(title = "千锋学科词云"))
    )
    return c
```

接着,调用 wordcloud_base()函数创建词云图片的实例对象,并使用 render()函数生成 HTML 文件,具体代码如下。

```
c = wordcloud_base()
c.render("词云.html")
```

最后,查看生成的词云图绘制结果,如图 10.17 所示。

图 10.17　词云图

10.3.8 地理地图

Pyecharts 为开发者提供了更加人性化的地理地图,开发者通过 Geo 类可以创建地图对象实例,下面通过具体代码进行说明。

首先,导入需要使用的函数及相关工具,具体代码如下。

```
from example.commons import Faker
from pyecharts import options as opts
from pyecharts.charts import Geo
```

然后,定义用于返回地理地图对象的函数,具体代码如下。

```
def geo_base():
    c = (
        Geo()
        .add_schema(maptype = "china")
        .add("geo", [list(z) for z in zip(Faker.provinces, Faker.values())])
        .set_series_opts(label_opts = opts.LabelOpts(is_show = False))
        .set_global_opts(
            visualmap_opts = opts.VisualMapOpts(),
            title_opts = opts.TitleOpts(title = "地图基本代码"),
        )
    )
    return c
```

其次,定义完成后,开发者调用函数完成地理地图对象的基本生成,并使用 render() 函数渲染,具体代码如下。

```
c = geo_base()
c.render("地图.html")
```

最后,查看生成的.html 文件(此处图片省略,请自行测试)。

10.4 空间可视化

空间可视化是近年来数据可视化中较为先进的技术,在科学计算和数据可视化过程中经常会使用空间可视化,空间可视化将数据更加形象地展示出来。

Pyecharts 提供了强大的空间可视化函数,本节主要从空间散点图、空间柱状图两个方面介绍空间可视化的基本使用。

10.4.1 空间散点图

空间散点图在数据分析中,通常用于数据分类后的空间呈现,或多因素数据的空间展示。Pyecharts 为开发者提供了 Scatter3D 类以实现空间散点图的基本绘制,下面通过代码进行说明。

首先,导入需要使用的库及相关函数,具体代码如下。

```
import random
from example.commons import Faker
from pyecharts import options as opts
from pyecharts.charts import Scatter3D
```

上述代码中,导入了对应的 Faker 库,该库中包含许多基本数据集。本例中使用了其中的颜色数据。除 Faker 库外,还使用了 options 用于设置图像的基本属性;Scatter3D 为空间散点图类,用于创建空间散点图的代码对象。

然后,创建散点图对象的生成函数,具体代码如下。

```
def scatter3d_base():
    data = [
        [random.randint(0, 100), random.randint(0, 100), random.randint(0, 100)]
        for _ in range(80)
    ]
    c = (
        Scatter3D()
        .add("", data)
        .set_global_opts(
            title_opts = opts.TitleOpts("Scatter3D - 基本代码"),
        visualmap_opts = opts.VisualMapOpts(range_color = Faker.visual_color),
        )
    )
    return c
```

其次,创建完用于生成散点图对象的函数后,开发者需要进行实例对象的生成,同时使用 render()函数进行对应图表的生成,具体代码如下。

```
c = scatter3d_base()
c.render("3d 散点图.html")
```

最后,查看生成的空间散点图,如图 10.18 所示。

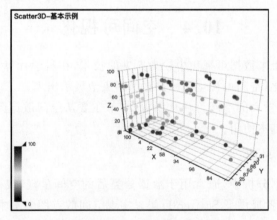

图 10.18 空间散点图

10.4.2 空间柱状体

空间柱状体可以更加直观地看出数据的高低程度。当数据过于密集时,可以通过空间柱状图描述相应的数据,开发者可以更加方便地看出数据的分布情况。Pyecharts 提供了 Bar3D 类用于生成空间柱状图,下面通过代码进行说明。

首先,导入需要使用的库,具体代码如下。

```
from example.commons import Faker
from pyecharts import options as opts
from pyecharts.charts import Bar3D
```

然后,定义用于生成空间柱状图对象的函数,具体代码如下。

```
def bar3d_base():
    data = [(i, j, random.randint(0, 12)) for i in range(6) for j in range(24)]
    c = (
        Bar3D()
        .add(
            "",
            [[d[1], d[0], d[2]] for d In data],
            xaxis3d_opts = opts.Axis3DOpts(Faker.clock, type_ = "category"),
            yaxis3d_opts = opts.Axis3DOpts(Faker.week_en, type_ = "category"),
            zaxis3d_opts = opts.Axis3DOpts(type_ = "value"),
        )
        .set_global_opts(
            visualmap_opts = opts.VisualMapOpts(max_ = 20),
            title_opts = opts.TitleOpts(title = "Bar3D - 基本代码"),
        )
    )
    return c
```

其次,开发者需要调用该函数完成空间柱状图的文件并进行渲染,具体代码如下。

```
c = bar3d_base()
c.render("3d柱状图.html")
```

最后,查看 HTML 文件,生成的柱状图如图 10.19 所示。

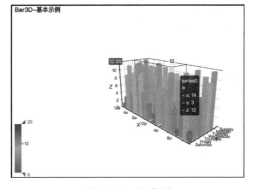

图 10.19 柱状图

小　　结

本章主要从 Seaborn、Bokeh、Pyecharts 三个方面讲述了数据可视化的应用。Seaborn 与 Bokeh 为 Anaconda 自带的数据可视化库,而 Pyecharts 需要开发者自行安装。

Seaborn 被认为是 Matplotlib 的拓展,一般将 Seaborn 视为 Matplotlib 的补充。本章中讲述了 Seaborn 的单变量分布、双变量分布和分类分布;Bokeh 为 Web 的交互式可视化库,该库能够绘制出美观的数据展示图,如重叠柱状图;Pyecharts 能够绘制出更加丰富的动态图片,该库能够满足开发者的各种需求,甚至能够完成地图绘制与空间可视化操作。

学习完本章,读者在数据可视化方面的技术将会更加完善,能够胜任更加丰富的数据可视化工作。

习　　题

一、填空题

1. Seaborn 是一个基于_____并且完全兼容_____数据结构的统计图制作库。

2. Bokeh 只能支持 Python _____版本和_____版本。

3. 使用 Pyecharts 绘制词云图时需要使用_____类。

4. 绘制空间散点图主要使用_____类。

5. _____与_____为 Anaconda 自带的数据可视化库而_____需要开发者自行安装。

二、选择题

1. 使用 Seaborn 绘制双边量的分布图表时使用的函数是(　　　)。

    A. joinplot()   B. displot()

    C. pairplot()   D. stripplot()

2. Bokeh 主要向用户提供的两个接口级别是(　　　)。

    A. bokeh. model 与 bokeh. plotting

    B. bokeh. io 与 bokeh. plotting

    C. bokeh. model 与 bokeh. io

    D. bokeh. io 与 bokeh. layouts

3. Pyecharts 的全局配置不包括(　　　)。

    A. AnimationOpts   B. InitOpts

    C. ITemStyle   D. TitleOpts

4. 空间柱状图需要使用(　　)类绘制。

    A. Bar3D   B. Scatter3D

    C. Bar3D   D. Scatter3D

三、判断题

1. Seaborn 框架的宗旨是通过数据可视化实现挖掘和理解数据。（　　）

2. Bokeh 不能够绘制重叠柱状图。（　　）

3. Pyecharts 可以支持 Python 2.3 和 2.7 版本。（　　）

4. 空间可视化能够更加形象地展示数据。（　　）

四、简答题

1. 如何理解 Seaborn 中的单变量分布和双变量分布？

2. Bokeh 有何优点？

3. Pyecharts 有何特点？

第 11 章　数据分析案例——就业分析

本章学习目标
- 熟悉数据分析的基本流程。
- 掌握数据处理的基本方法。
- 掌握常用的图表分析。

前 10 章讲述了数据分析中常用工具的使用,本章旨在巩固读者对前面所学工具的运用,通过分析实际案例加深理解。

视频讲解

11.1　项目案例分析

本章项目主要分析千锋教育某月学生的就业数据,通过对就业数据的分析得出相关结论,用于推断近期就业形势并对千锋教育课程做出相关反馈。

为了让管理者更好地了解 2019 年 6 月的就业数据,数据分析师将对就业数据中的就业城市分布、就业曲线、状态、就业薪资与学历关系做出基本的数据分析。

1. 就业城市分布

就业城市分布是对学生的就业城市分布的相关统计。从城市分布可以看出不同城市的人才需求。

2. 就业曲线

就业曲线为该月中每天的就业人数绘制出的就业走势图。通过该图可以推断看出对应的就业规律。

3. 状态

就业学生状态指的是学生在千锋学习时的就业状态。通过对就业状态的分析,企业可以看出不同状态学生的就业形势。

4. 就业薪资与学历关系

就业薪资与学历关系能够反映不同学历的学生之间的就业差距。企业可以参考该数据对生源适当调整。

视频讲解

11.2　数据获取

本章项目的数据来源于千锋官网的就业信息,通过爬虫技术获取千锋官网的就业数据。千锋教育官网如图 11.1 所示。

通过单击"就业喜报"按钮跳转到千锋就业信息页面,具体如图 11.2 所示。在该界面中分为学科分类就业信息栏(如图 11.3 所示)和月份分类就业信息栏(如图 11.4 所示)两大块。本书数据来源于按月划分的信息栏。

图 11.1　千锋教育官网

图 11.2　千锋就业信息页面

数据分析案例——就业分析

图 11.3　学科分类就业信息

图 11.4　月份分类就业信息

通过 F12 键调用浏览器控制台,查看数据加载的形式,如图 11.5 所示。

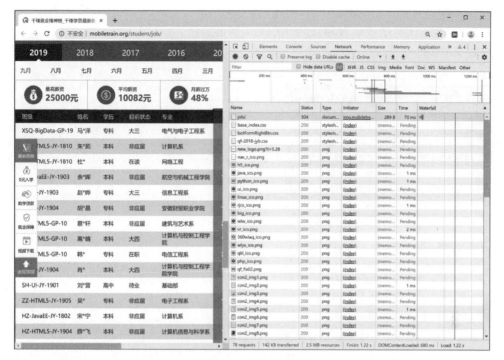

图 11.5　浏览器控制台

为了便于观察数据加载形式,需要单击浏览器控制台的 Clear 按钮,清空控制台加载的数据。清空后的控制台具体形式如图 11.6 所示。

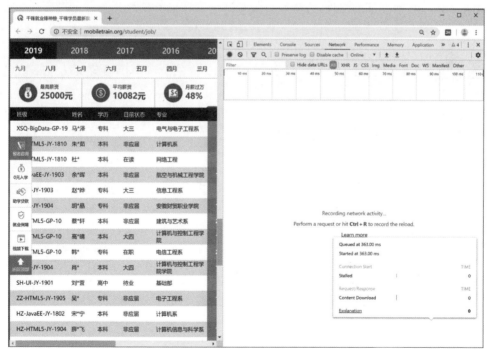

图 11.6　清空后的控制台

数据分析案例——就业分析

由于千锋界面默认显示最新数据,所以只需要单击"六月"即可,单击后观察控制台变化,可以加载 xhr 文件的控制台,具体如图 11.7 所示。

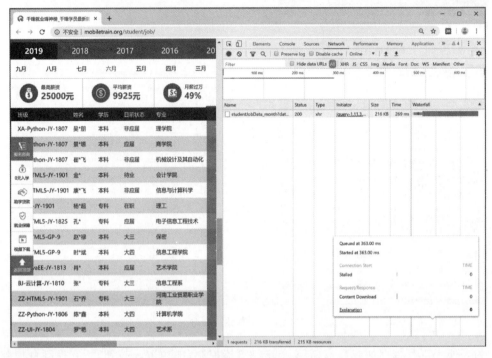

图 11.7　加载 xhr 文件的控制台

单击 Name 栏数据下的文件,查看数据加载详情,如图 11.8 所示。

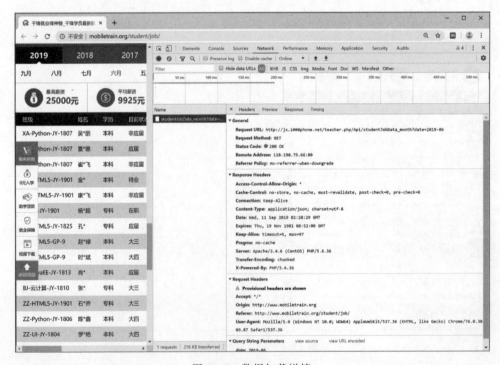

图 11.8　数据加载详情

通过上述方式查看数据详情,可以看出数据的获取链接、服务器地址和响应端口。然后单击 Preview 按钮进行数据预览,如图 11.9 所示。

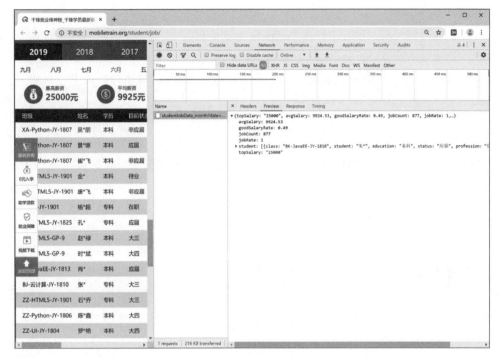

图 11.9　数据预览

单击数据中的 student 将数据展开,如图 11.10 所示。

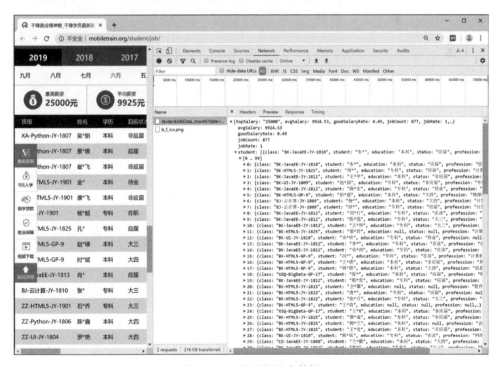

图 11.10　展示的基本数据

数据分析案例——就业分析

获取数据源并保存到 data.json 文件中,具体过程如下。

首先,导入需要使用的 requests 库,用于向千锋服务器发送 HTTP 请求,具体代码如下。

```
import requests
```

然后,将获取的数据源链接赋值给 url,为请求数据做准备,具体代码如下。

```
♯ 数据源 URL
url = "http: //jx.1000phone.net/teacher.php/函数/studentJobData_month?date = 2019 - 06"
```

最后,将获取的数据解码后存入 data.json 文件,至此数据源获取并保存完成。

```
with open( "data" + ".json", "w") as f:
    f.write(requests.get(url).content.decode('unicode_escape'))
```

上述代码将 decode 设置为 unicode_escape 参数,目的是将数据源中的 unicode 字符反编码,主要是针对其中的汉字进行处理。使用浏览器打开 data.josn,具体数据如图 11.11 所示。

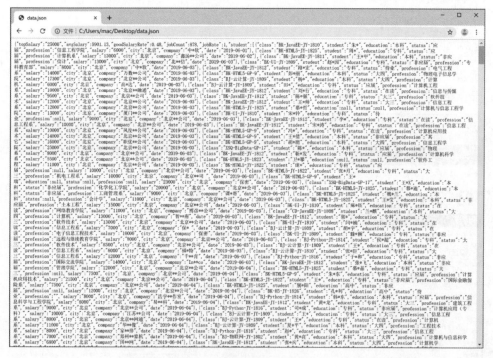

图 11.11　data.json 数据

通过观察该数据可以看出,data.josn 数据中包括最高薪资、平均薪资、就业率、就业条数、优秀薪资比率、学生信息。学生信息又包括班级、姓名、学历、状态、专业、就业薪资、就业城市、公司名称、就业日期。如果通过浏览器不方便查看的话可以使用名字为"JSON-handle"的 Google Chrome 插件进行查看,如图 11.12 所示。

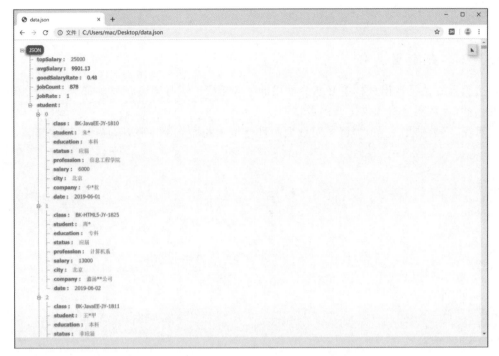

图 11.12　使用 JSON-handle 查看源数据

11.3　数 据 处 理

本节讲述对数据源的处理,主要包括相关数据类型的转换、去除重复值和缺失值处理三个方面。

11.3.1　数据类型的转换

数据下载完成后,需要将数据转换成分析所需的数据形式,以供数据处理。对于千锋教育就业信息的数据转换,主要是将数据从源数据中抽取出来进行数据类型的转换。

首先,使用 Pandas 读取之前爬取的数据,具体代码如下。

视频讲解

```
import pandas as pd
data = pd.read_json("./data.json")
```

注意:使用 Pandas 读取数据后,data 参数的数据类型为 Series 型。

然后,将需要的 student 主体信息提取出来,具体代码如下。

```
student = data["student"]
```

由于源数据为 list 类型,需要取出数据并通过列表推导式将数据重新整合为 DataFrame 数据类型,具体代码如下。

数据分析案例——就业分析

```
data = pd.DataFrame([ i for i in  student])
```

视频讲解

11.3.2　去除重复值

去除重复值是数据分析中必然会使用的处理手段。去除重复值能够最大程度地降低数据冗余性，为数据分析提供优质的数据源。

首先，需要使用 count() 函数对数据源进行整体数据测量并观察，具体代码如下。

```
In [1]: data.count()
Out[1]:
city            876
class           876
company         876
date            876
education       861
profession      804
salary          876
status          862
student         876
dtype: int64
```

通过 count() 函数的计算结果可以看出，数据总数为 876，但是 education、profession、status 三项中有缺失值。为了避免有重复值，先使用 drop_duplicates() 将重复值删除，具体代码如下。

```
In [2]: data.drop_duplicates()
Out[2]:
```

	city	class	company	date	education	profession
	salary	status	student			
1	北京	BK-JavaEE-JY-1810	中＊软	2019－06－01	本科	信息工程学院
	6000	应届	朱＊			
2	北京	BK-HTML5-JY-1825	鑫汤＊＊公司	2019－06－02	专科	计算机系
	13000	应届	周＊			
3	北京	BK-JavaEE-JY-1811	北＊＊信	2019－06－03	本科	信计
	13000	非应届	王＊甲			
4	北京	BK-UI-JY-1809	中＊软	2019－06－03	专科	专科教育部
	8000	非应届	赵＊园			
...						

注意：由于数据量过大，此处只截取部分数据。

数据去重完成后需要处理数据中的缺失值，11.3.3 节将会讲述项目中的缺失值处理。

视频讲解

11.3.3　缺失值处理

缺失值的处理十分重要，如果数据源中存在缺失值，在数据处理过程中程序将会报错，处理后的数据效果将会大打折扣，使数据观察者得出错误结论。

本项目中使用 isnull() 函数与 sum() 函数进行数据统计，通过查看相应结果可以看出数据的缺失数量,具体代码如下。

```
In [3]: data.isnull().sum()
Out[3]:
city          0
class         0
company       0
date          0
education     15
profession    72
salary        0
status        14
student       0
dtype: int64
```

通过上述结果可以看出,education、profession、status 三项数据均有缺失值,缺失数量分别为 15、72、14。此项目中为了不减少数据量,使用 filllna() 函数填充缺失值,将 education、profession、status 三项数据缺失值分别填充为"高中""非计算机专业""待业"参数,具体代码如下。

```
In [4]:
data["education"] = data["education"].fillna(value = "高中")
data["profession"] = data["profession"].fillna(value = "非计算机专业")
data["status"] = data["status"].fillna(value = "待业")
```

在数据处理完后,需要再次查看,以对比填充数据的结果,保证数据处理完全,具体代码如下。

```
In [5]: data.isnull().sum()
Out[5]:
city          0
class         0
company       0
date          0
education     0
profession    0
salary        0
status        0
student       0
dtype: int64
```

通过两次对比发现,数据中缺失值已经被处理完,不需要进行再次处理。至此,数据处理已完成。

11.4　数据分析

在 11.2 节与 11.3 节中已经对数据的获取和数据处理做出了基本说明,本节将对数据做最后的分析和可视化处理。本项目分析如 11.1 节中所述,主要从学员的就业城市分布、就业曲线、状态、就业薪资与学历关系方面做基本分析。

1. 就业城市

分析就业城市可以使用 Pyecharts 绘制地图,通过观察具体的地区分布可以看出数据的基本,具体步骤如下。

首先,将城市数据提取出来,具体代码如下。

```
In [6]: city_list = set(data["city"])
```

然后,需要定义城市数据处理函数,该函数需要将数据处理成如[(城市名,数值),(城市名,数值)]形式。此处使用双层 for 循环实现,具体代码如下。

```
In [7]:
def city_num(city_list,data_list):
    city_count = []
    for i in city_list:
        num = 0
        for j in data_list:
            if j = = i:
                num = num + 1
        city_count.append((i,num))
    return city_count
In [8]: data_city = city_num(city_list,data["city"])
```

接着,使用 Pyecharts 绘制学员就业地区分布图,具体代码如下。

```
In [9]:
from pyecharts import options as opts                        # 导入配置选项
from pyecharts.charts import Geo                              # 导入 Geo 类
def geo_base():
    c = (
        Geo()
        .add_schema(maptype = "china")                        # 指定使用中国地图
        .add("千锋学员就业地域图", data_city)
        .set_series_opts(label_opts = opts.LabelOpts(is_show = False))
        .set_global_opts(
            visualmap_opts = opts.VisualMapOpts(max_ = 240),  # 设置图例最大值为 240
        )
    )
    return c
c = geo_base()
c. render_notebook()
```

上述代码使用 Geo 类的链式调用,配置图形的基本属性。如设置图例的最大值为 240,用于调整数据的整体颜色(读者可自行运行代码生成图片)。

2. 就业曲线

就业曲线图可以帮助就业老师分析全国校区的就业形势,从而调整就业策略。

首先,提取就业数据的日期,并通过去重操作获得纯净的日期数据值,具体代码如下。

```
In [10]:
date_getjob = list(set(data["date"]))
date_getjob.sort()           ♯ 需要将日期排序
```

然后,将对应日期中的就业人数通过 for 循环统计出来,并生成相应的字典型数据,具体代码如下。

```
In [11]:
date_data = {}
for i in date_getjob:
    sum_num = 0
    for j in data["date"]:
        if  i = = j:
            sum_num = sum_num + 1
    date_data[i] = sum_num
```

接着,需要将数据排序,具体代码如下。

```
In [12]:
date_data1 = list(date_data.keys())
date_data1.sort()
a = {}
for i in date_data1:
    a[i] = date_data[i]
In [13]:
Out [13]:
{'2019 - 06 - 01': 6,
'2019 - 06 - 02': 2,
'2019 - 06 - 03': 106,
'2019 - 06 - 04': 34,
'2019 - 06 - 05': 29,
'2019 - 06 - 06': 33,
'2019 - 06 - 07': 4,
'2019 - 06 - 10': 73,
'2019 - 06 - 11': 31,
'2019 - 06 - 12': 27,
'2019 - 06 - 13': 28,
'2019 - 06 - 14': 52,
'2019 - 06 - 16': 2,
'2019 - 06 - 17': 99,
'2019 - 06 - 18': 32,
'2019 - 06 - 19': 30,
'2019 - 06 - 20': 55,
'2019 - 06 - 21': 31,
'2019 - 06 - 24': 70,
'2019 - 06 - 25': 29,
'2019 - 06 - 26': 33,
```

数据分析案例——就业分析

```
'2019 - 06 - 27': 21,
'2019 - 06 - 28': 43,
'2019 - 06 - 29': 2,
'2019 - 06 - 30': 4}
```

最后,将整理好的就业数据通过 line()函数进行可视化处理,具体代码如下。

```
In [14]:
from bokeh. plotting import figure
from bokeh. io import output_notebook, push_notebook, show
output_notebook()
p = figure(plot_width = 800, plot_height = 250, x_axis_type = "datetime")
p. line(pd. DatetimeIndex(a. keys()),list(a. values()))
handle = show(p, notebook_handle = True)
p. title. text = "New Title"
push_notebook(handle = handle)
```

上述代码中,通过 figure()函数绘制一块宽度为 800px、高度为 250px 的图形,x 轴为时间轴参数类型,并使用 line()函数将 a 字典中的数据绘制到图形中。最后将数展示的图片通过 handle 传递给 push_notebook()函数处理。最终生成就业时序图如图 11.13 所示。

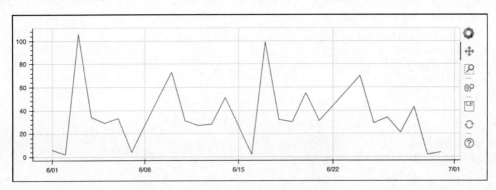

图 11.13　就业时序图

通过就业趋势走向图可以看出,2019 年 6 月千锋教育的就业走向从月初到月底,整体数据比较平稳,第一周与第三周就业趋势较猛;从总体数据看,每周一至周三就业人数较多,周四至周五就业人数较少。当月中 6 月 3 日就业人数最高,就业人数突破百人。

3. 状态

分析学生的状态有利于就业老师对就业数据的整体把控,通过查看学生的状态结构表能够适时地调整招生对象。

首先,将学生的状态信息从数据源中提取并去重,具体代码如下。

```
data_statue = set(data["status"])
```

然后,查看提取状态信息,具体代码如下。

```
In [15]: data_statue
Out[15]: {'在职', '在读', '大三', '大二', '大四', '应届', '待业', '非应届'}
```

其次,将不同状态的学生进行分类,具体代码如下。

```
In [16]:
data_zaizhi = data[data["status"] == "在职"]
data_zaidu = data[data["status"] == "在读"]
data_dasan = data[data["status"] == "大三"]
data_daer = data[data["status"] == "大二"]
data_dasi = data[data["status"] == "大四"]
data_yingjie = data[data["status"] == "应届"]
data_daiye = data[data["status"] == "待业"]
data_feiyingjie = data[data["status"] == "非应届"]
```

接着,将不同类别的信息提取出来,并使用 count() 对数据进行汇总,具体代码如下。

```
In [17]:
a = [["在职",data[data["status"] == "在职"].count().student],
    ["在读",data[data["status"] == "在读"].count().student],
    ["大三",data[data["status"] == "大三"].count().student],
    ["大二",data[data["status"] == "大二"].count().student],
    ["大四",data[data["status"] == "大四"].count().student],
    ["应届",data[data["status"] == "应届"].count().student],
    ["待业",data[data["status"] == "待业"].count().student],
    ["非应届",data[data["status"] == "非应届"].count().student]
    ]
In [18]:
Out[18]:
[['在职', 5],
 ['在读', 118],
 ['大三', 132],
 ['大二', 7],
 ['大四', 101],
 ['应届', 144],
 ['待业', 141],
 ['非应届', 228]]
```

最后,使用 Pie 类对数据进行绘制,具体代码如下。

```
In [19]:
a = [['在职', 5],
 ['在读', 121],
 ['大三', 135],
 ['大二', 7],
 ['大四', 100],
 ['应届', 147],
 ['待业', 142],
```

第11章

数据分析案例——就业分析

```
['非应届', 229]]
from pyecharts import options as opts
from pyecharts.charts import Pie
def pie_base():
    c = (
        Pie()
        .add("status",a)
        .set_global_opts(title_opts = opts.TitleOpts(title = "饼状图基本代码"))
    )
    return c
c = pie_base()
c.render_notebook()
```

上述代码通过 Pie 类创建饼状图对象,最终生成的学生状态分析图如图 11.14 所示。

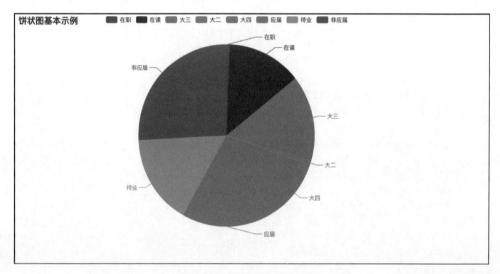

图 11.14　学生状态分析图

4. 就业薪资与学历分析

通过就业薪资和学历的分析可以帮助学校控制生源。

首先,将数据处理成只有学历和薪资的数据表,此处使用 drop()函数进行删除,具体代码如下。

```
In [20]: f =
data.drop(['city',"class","company","date","profession","student"],axis = 1)
```

然后,将处理完成的数据通过 violinplot()绘制成琴型,具体代码如下。

```
In [21]:
import matplotlib.pyplot as plt
import seaborn as sns
plt.rcParams["font.sans - serif"] = ["SimHei"]  # 不添加这句将会报错
sns.violinplot(x = "education",y = "salary",data = d)
```

最后,查看绘制的琴型图如图 11.15 所示。

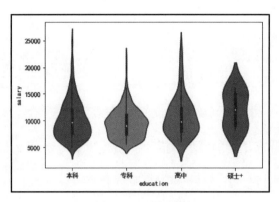

图 11.15　琴型图

通过琴型图的数据可以看出,不同学历间的就业薪资也是不同的,2019 年 6 月中的就业数据表明,最高薪资出现在本科学历中,但是最高学历的同学的薪资分布明显优于其他学历的同学。本科生薪资分布集中在 7000 元左右,而专科生更高一些。

小　　结

本章主要讲述了通过爬虫技术获取数据后,使用数据类型转换、去除重复值、缺失值处理等方法进行数据处理,最后通过图表的形式做出客观的数据分析,最后得出结论。

数据分析案例——就业分析

图书资源支持

感谢您一直以来对清华版图书的支持和爱护。为了配合本书的使用,本书提供配套的资源,有需求的读者请扫描下方的"书圈"微信公众号二维码,在图书专区下载,也可以拨打电话或发送电子邮件咨询。

如果您在使用本书的过程中遇到了什么问题,或者有相关图书出版计划,也请您发邮件告诉我们,以便我们更好地为您服务。

我们的联系方式:

地　　址:北京市海淀区双清路学研大厦 A 座 714

邮　　编:100084

电　　话:010-83470236　010-83470237

客服邮箱:2301891038@qq.com

QQ:2301891038(请写明您的单位和姓名)

资源下载:关注公众号"书圈"下载配套资源。

资源下载、样书申请

书圈

获取最新书目

观看课程直播